动物育种中的 统计计算（第二版）

梅步俊◎著

中国农业科学技术出版社

图书在版编目（CIP）数据

动物育种中的统计计算 / 梅步俊著 . --2 版 . --北京：中国农业科学技术出版社，2021.10

ISBN 978-7-5116-5432-8

Ⅰ. ①动…　Ⅱ. ①梅…　Ⅲ. ①动物–遗传育种–统计核算　Ⅳ. ①Q953

中国版本图书馆 CIP 数据核字（2021）第 145685 号

责任编辑	张国锋
责任校对	贾海霞
责任印制	姜义伟　王思文

出 版 者	中国农业科学技术出版社
	北京市海淀区中关村南大街 12 号　邮编：100081
电　　话	（010）82106625（编辑室）　（010）82109702（发行部）
	（010）82109709（读者服务部）
传　　真	（010）82106625
网　　址	http://www.castp.cn
经 销 者	各地新华书店
印 刷 者	北京建宏印刷有限公司
开　　本	185 mm×260 mm　1/16
印　　张	22.625
字　　数	460 千字
版　　次	2021 年 10 月第 2 版　2021 年 10 月第 1 次印刷
定　　价	98.00 元

2ND PREFACE
第二版前言

自《动物育种中的统计计算：Julia 语言应用》第一版于 2016 年出版以来，得到业界同行的一致肯定。五年来动物育种领域又有了许多新的进展，Julia 语言也已经由 0.4 版发展到现在的 1.6 版。国内也有了 Julia 语言的专门讨论社区，Julia 语言的语法发生了许多变化，已有的许多代码不能够顺利运行。本书是第二版，将原有代码用 Julia 1.6 进行了改写，并补充许多新的内容和代码，主要有 Julia 语言新的语法、基因组分析代码实例、稀有变异模拟及分析代码、非加性效应模拟及分析代码、Julia 语言和 R 语言混合编程等内容。应许多读者要求，提供全书大部分章节的源代码。但是，由于撰写时间有限，没有涉及机器学习（深度学习）及并行计算方面的内容，在这两个领域快速发展的时代，确实是一种遗憾，有待在下一版本或其他论著中进一步完善。

本书的出版发行获得国家自然科学基金项目（31760660）、内蒙古自治区自然科学基金项目（2019MS03092）、内蒙古自治区肉羊遗传评估方法与应用工程技术研究中心、河套学院引进人才科研启动项目（HYRC2014003）、内蒙古自治区高等学校"青年科技英才支持计划"（NJYT－17－A21）、巴彦淖尔市科技创新基金项目、巴彦淖尔市科技计划项目（BKZ2016）、河套学院"教师教"和"学生学"专项研究项目（HTXYJXY18018）、内蒙古自治区科技计划项目（2020GG0201）、巴彦淖尔市科协飞翔计划、内蒙古自治区科技厅项目巴彦淖尔市肉羊遗传评估云平台构建（2020GG0201）、河套学院畜牧业大数据研究中心、巴彦淖尔市肉羊育种能力建设博士科研工作站等项目支持。

希望本书的再次修订出版，能推进 Julia 语言在中国动物育种领域的发展，衷心希望本书能成为一本对广大动物育种工作者有价值的参考书。由于作者水平有限，书中难免有许多疏漏和不足，希望广大读者不吝赐教。

梅步俊

2021 年 4 月 5 日

第一版前言

现代动物育种中涉及大量统计问题。由于该领域研究对统计基础依赖性强，系统回顾并梳理动物育种中的统计方法有助于研究者把握这些方法的发展脉络，汲取前人的经验、智慧和教训。统计方法使家畜育种完成了从艺术到科学的变革，在这一过程中，许多科学家做出了杰出贡献。大多数家畜育种问题涉及一系列的定量分析方法和纷繁的数学、统计学计算。例如，选种选配过程可以看做是一个决策问题，可以用线性规划求解；在海量的基因表达数据中挖掘出有生物学意义的基因表达模式，实际上是模式识别问题，可以使用聚类分析；预测家畜未来的生产性能或育种值是典型的统计推断问题，育种学家通常使用Henderson的理论解决此类问题。目前，家畜育种中的统计方法依然是许多学术会议的重要议题之一。

一、发展初期成果

将统计方法应用到家畜遗传育种的历史最早可以追溯到 Galton（1822—1911）和 Pearson（1857—1936）的研究，这些工作实际上早于孟德尔定律被重新发现。1889 年，Galton 在研究祖先与后代身高之间的关系时发现，身材较高的父母，他们的孩子也较高，但这些孩子的平均身高并没有他们父母的平均身高高；身材较矮的父母，他们的孩子也较矮，但这些孩子的平均身高却比他们父母平均身高高。Galton 把这种后代的身高向中间值靠近的趋势称为"回归现象"。Galton 的这项研究为"遗传力"和"预期选择反应"等概念奠定了基础。两个极端亲本群体性状平均值的差异类似于选择差，其子代群体平均值的差异等于选择反应。后代和亲本之间的统计回归是遗传力，Falconer（1913—2004）将选择响应（即遗传获得量 GS）对选择差的比值称为现实遗传力。同时，Galton 的工作也促进了线性模型在动物育种中的应用，即便到 21 世纪，动物育种中使用的主要还是线性模型。但是使用非线性模型重新分析 Galton 的数据发现：父—女、父—子、母—女和母—子身高的回归在 67~68 英寸（1 英寸=2.54 厘米）处有弯曲。这也说明在不知道明确原因的情况下，依然可以使用统计遗传模型准确地估计遗传参数。Pearson 一生写了大量关于性状进化的论文，Henderson 在此基础上发表了预测选择偏差的著名论文。Pearson 关于选择如何影响群体方差-协方差结构的论文深刻地影响了 Henderson，Henderson 发展了在正态分布假设和特定选择强度条件下，如何计算方差减小的公式。选择对遗传方差的影响被称为"Bulmer"效应。但是 Pearson 的公式只是近似值，只适合于候选个体没有亲缘关系和理想分布的情况。但家畜育种中，候选家畜间往往有亲缘关系，信息量也不相等。如参加后裔测定的公畜可能有几千个有记录的后代，而青年公畜往往没有任何后裔生产记录。因此Pearson只提供了比较理想选择方案时的近似公式。

历史上，遗传学面临的一个重要问题是如何统一连续变异的性状和孟德尔性状。Toyama Kametaro（1867—1918）在研究家蚕时发现了第一个动物中的孟德尔性状；Yule（1871—1951）第一次统一了连续变异和孟德尔性状，虽然他的观点Pearson并不认同。Fisher和Wright无疑是现代家畜数量遗传学的重要奠基人，他们也是数量遗传学历史上著名的牵扯个人恩怨，充斥恶意人身攻击的Fisher-Wright学术论战的当事人。Fisher（1930）提出了数量遗传学中广泛使用的无穷小模型（infinitesimal model）和方差分析。Wright（1921）使用通径分析和相关分析，提出了近交系数（F）；他还推导出孟德尔群体的特性，还包括存在突变的情况下，有限群体随机交配时等位基因频率的分布。Wright还将物理学中描述扩散现象的Fokker-Planck方程（也称为Kolmogorov向前方程）引入群体遗传学。

Fisher的无穷小模型在动物育种中居于重要地位。假设有K个位点，个体的位点k（$k=1，2，\cdots，K$）贡献A等位基因效应a_k（固定值）到基因型值u（加性值）：

$$u = W_1a_1 + W_2a_2 + \cdots + W_Ka_K$$

式中，W是随机指示变量，0、1、2对应该位点的aa、Aa和AA。如果群体处于哈代温伯格（HW）平衡，三种基因型的频率分别为$(1-p_k)^2$、$2(1-p_k)p_k$和p_k^2，这里p_k为位点k随机抽取A等位基因的概率。u的边缘分布依赖于K个位点的联合基因型概率分布。由于u是随机变量的线性组合，如果W是相互独立的（基因型间连锁平衡），随着K的增加，u的分布收敛于正态分布，但是连锁不平衡（LD）会降低收敛率。因为u的均值和方差是有限的，$K \to \infty$时单个位点的效应和频率一定变得无限小，取极限时$u \sim N(m，\sigma_u^2)$，此处m的典型值为0，σ_u^2是加性遗传方差（多基因）。Wright使用相关分析，Malécot使用概率计算分别建立了"配子相似"概念。在此基础上，20世纪60年代Henderson提出奶牛的动物模型，这个模型实际是Fisher模型的向量扩展形式，加性效应u变为育种值向量u，加性遗传方差σ_u^2变为$A\sigma_u^2$，此处A是个体间没有近交情况下的加性关系矩阵。A矩阵也可以反映亲缘关系，其元素是两个个体随机抽取一个位点，其等位基因是血缘同源（Identity By Descent，IBD）概率的2倍。

育种值概念的提出也得益于Fisher的另一项贡献，即位点平均基因替代效应。Lush在其家畜育种学课上讲授了这一概念，后来Falconer也在其《数量遗传学导论》一书中介绍了它。和上面相同，假设K个位点处在哈代温伯格（HW）平衡状态，显性效应d_k，$1-p_k$ $=q_k$，u的平均值为$E(u) = \sum_{k=1}^{K}[a_k(p_k - q_k) + 2d_kp_kq_k]$。$k$位点平均基因替代效应为$\alpha_k=$

$a_k+d_k(q_k-p_k)$，其 AA、Aa 和 aa 的育种值分别为 $2q_k\alpha_k$、$(q_k-p_k)\alpha_k$、$-2p_k\alpha_k$。个体育种值 u 为所有位点育种值之和。育种值依赖于 HW 假设，其计算公式中的频率和显性偏差是不独立的。因此一般情况下，只有加性效应可以遗传给后代，育种学家最感兴趣的也是 a_k，狭义的 u 是只包含加性效应的随机变量（无穷小育种值），可以被定义为所有 a_k 之和。在基因组学出现以前，由于观察不到基因和等位基因效应，推断育种值是传统育种学的核心问题。直到今天，将数量遗传学应用到家畜育种实践时也很少考虑基因，统计方法在家畜育种学中依然起着重要作用，在广泛应用的 Henderson 方法中，也只有 A 矩阵考虑遗传（基因）因素。即使在基因组时代，由于使用标记检测 QTL 需要投入大量经费，企业没有利润可言，因此目前对单个基因对复杂性状的影响依然知之甚少。

二、动物育种中主要问题

在缺乏性状的遗传背景知识时，数量遗传学可以作为获得家畜遗传价值概括性评价的基础。随着人类对生物体代谢途径、基因网络和基因组结构等知识的不断增加，传统数量遗传学方法就略显简单。由于性状之间遗传和环境因素的关联性，我们要使用统计方法合理地分析影响选择的多种效应，就必须使用复杂的多元分析方法。Ronald Fisher（1890—1972）奠定了自然选择的基本理论。动物育种学认为选择进展和加性方差-协方差呈正比，在这一观点的启发下，Alan Robertson（1920—1989）进一步发展了自然选择理论，Crow、Kimura 和 Edwards 在文章中给出了该理论较为容易理解的描述。统计方法也是这些自然选择理论的基础，模型的参数估计强依赖于加性遗传假设前提。如果存在非加性遗传变异，为了在模型中考虑未知基因间复杂的交互作用，许多理论的假设都是不切实际的。由于小群体和选择导致的 LD 使剖分遗传方差组分变得很困难。如果基因网络正好处在 LD 中，推断特定基因对遗传方差的贡献也会变得很麻烦。变异可能产生于直接的代谢途径，也可能间接来源于由 LD 引起的基因间的相关性。群体遗传学创始人之一的 Sewall Wright（1889—1988）引入通径分析来区分直接效应和间接效应，但是这种方法实际上需要考虑基因之间相互关系的背景知识。

现在，我们使用生产性能记录、系谱记录和分子标记信息研究性状的遗传基础，推断家畜遗传价值，寻找基因组区域和表型之间的关联性（即基因组选择）。动物育种中常见的生产性能数据包括：肉用家畜的生长率、采食量；绵羊和山羊的剪毛量和品质；乳用家畜的产奶量、乳成分、繁殖性能和长寿性；多胎品种（如鸡和猪）的产蛋量和产仔数。家畜患病记录（如奶牛乳房炎）往往很难获得，常使用替代变量进行研究，如牛奶的体细胞数（SCC）、体表的寄生虫数量。其他性状，如生存或长寿性状可用删失数据统计方法来处理，即只知道家畜在 t 时刻存活，t 时刻以后的状态未知；再比如计数性状（如产仔数）

或分类性状（如产犊难易性，疾病发展阶段）。因此，家畜育种中的统计模型除使用正态分布外，也使用其他分布，如使用双指数或 t 分布可以使分析更具鲁棒性。

三、动物育种中主要方法

现代育种学之父 Lush（1896—1982）认为：可能所有的基因都影响复杂性状。即使在基因组学飞速发展的今天，我们依然不太清楚大多数复杂性状的基因数量，基因的作用机制、等位基因频率及效应等。统计方法将基因组对某个表型的全部效应概括为"基因型值"。表型可由一些数学模型来表示，其中最重要的就是模型中的加性遗传值部分，也被称为育种值。但是，遗传值或模型的其他组分不能被直接观察到，必须由家畜个体及其亲属数据来推断。因为线性模型易于使用，较非线性模型计算强度小，结果便于解释、应用，所以家畜育种中的统计推断过程往往使用线性模型。如果使用大量的基因组标记，理论上可以由此计算家畜的分子相似性，而不再需要详细的系谱记录。但是标记的基因组相似性并不能完全代表致因变异的遗传相似性，除非标记和 QTL 间有强的 LD。QTL 也是表示基因组区域和表型有统计显著性关系的抽象概念。动物育种中的标记辅助推断可能最早是 Neiman-Sorensen 和 Robertson 在分析牛群体变异时提出的。

虽然许多性状是多基因遗传模式，但是标准的全基因组关联分析（GWAS）却基于表型和单个标记间的回归分析。GWAS 结果往往不会出现大量的统计显著性变异，只能解释部分性状变异。不能拒绝 GWAS 中的零假设往往被认为是多基因模型的佐证，但是从因果论证的角度看是不充分的。动物育种数据集可能非常大，如奶牛泌乳记录，且是多元变量（同一模型同时考虑多个性状），多数变量是正态分布（牛奶中的体细胞数浓度和乳房炎指标对数变换后近似为正态分布），但是少数为非正态分布（如离散性状）。数据结构为横断面或纵向数据（肉鸡生长曲线），而且极度不平衡，存在不随机缺失数据。例如，由于选择、生殖障碍或疾病，有第一泌乳期数据的奶牛不一定有第二泌乳期数据。由于一些优秀公牛有更多的后代，数据不完全是随机的，遗传效应的数值不能从环境效应中完全区分出来。家畜育种中的另一个难题是限性性状。

Lush 首先将数学模型用在动物育种中，他使用通径分析处理模型中的隐变量。动物育种中的模型往往包括固定效应和随机效应。随机效应包括无穷小模型的 u，或加性遗传模型的显性和上位效应，群效应、重复测量数据的永久环境效应、窝效应。随机效应是表型之间相关和重复测量数据之间相关性的原因。随机效应的分布由遗传和环境因素的分布参数（方差和协方差）决定。可以将公畜作为固定效应也可以作为随机效应，除非公畜完全近交，公畜的育种值是固定值，但形成配子时不同的等位基因是随机抽样的，会导致遗传上不同的后代。将公畜作为随机效应可以估计育种值，估计的均方误差更稳定，减少预测的过拟合，甚至可以估计没有记录个体的育种值。动物模型中需要估计育种值的个体超过样本数，在基因组时代情况依然一样。但基因组分析模型与数量遗传基本假设有冲突，基因组分析模型使用固定的基因型数据和随机标记效应。大多数动物育种模型认为数据是正态的，有大量的加性基因和微小的替代效应。但是如果认为有无限多的位点或等位基因，发现显著效应的概率就应该是 0，但是这明显与分子生物学结果不符，所以 MAS（辅助标记选择）将 QTL 概念引入动物育种中。

理论上有两种非加性基因效应，显性和上位效应。Comstock 和 Robinson 提出北卡罗林那设计Ⅰ、Ⅱ、Ⅲ估计基因平均显性效应。实际育种中，显性效应主要应用在交配方案问题。但是当显性效应作为随机效应时，因为难以收集携带两个家系等位基因的亲属数据，如全同胞或堂（表）兄妹数据，所以很难获得精确的方差估计。在非近交情况下，加性方差可由 A 阵构建的显性关系矩阵估计，在近交情况下计算较为复杂。杂交品种往往使用固定效应模型，也可以使用 SNP 标记估计显性基因组方差，但是由于标记不等于 QTL，标记显性方差和遗传方差是有区别的。假设两个等位基因之间无显性，且处于哈代温伯格平衡和 LE 状态，表型 y 和两个位点等位基因数的线性回归模型为：

$$E(y \mid X_1, X_2) = \beta_0 + \beta_1 X_1 + \beta_2 X_2 + \beta_{12} X_1 X_2$$

式中，X_1 和 X_2 表示给定位点 A 等位基因的数量，$E(. \mid .)$ 是条件期望。如果回归系数 β_{12} 为 0，则模型变为加性模型。位点 1 的等位基因替代效应为：

$$\frac{\partial E(y \mid X_1, X_2)}{\partial X_1} = \beta_1 + \beta_{12} X_2$$

上式表示其决定于位点 2 的拷贝数。整个群体该性状的平均值为：

$$E(y \mid X_1, X_2) = \beta_0 + 2p_1\beta_1 + 2p_2\beta_2 + 4p_1p_2\beta_{12}$$

因此

$$\frac{\partial E(y)}{\partial p_1} = 2(\beta_1 + 2p_2\beta_{12})$$

和育种值类似，上位效应也依赖于等位基因频率。除非 β_{12} 非常大，当一个等位基因为稀有基因时，基因频率的改变对平均值的影响主要依赖于加性效应项。即使上位效应对性状有影响，大部分遗传方差也是加性的。因为复杂性状实际上是不同基因编码的酶协同代谢反应的结果，Michaelis-Menten 动力学表明底物浓度和反应速率之间是非线性关系，并以非线性方式影响基因产物。近来的文献报道了使用基因组数据发现数量性状中大量基因上位作用的证据。研究中轻易忽略高阶上位作用是不正确的，Taylor 和 Ehrenreich 报道酵母中 5 个基因之间的交互作用。但是 Hill 等指出大量上位作用的上位方差非常小，可能的原因是：如果上位作用具有重要的生物学意义，但是上位效应方差却小于加性效应方差的原因可能是方差组分解释遗传结构的能力是有限度的。Lush 指出因为基因间的重组，所以针对上位效应的选择是无效的。因此，育种学家也主要关注育种值对遗传进展的影响，而忽略上位作用在育种中的作用。虽然，Fisher 早已提出上位作用的概念，但直到 Cockerham 和 Kempthorne 才将这种交互作用剖分为上位组分。Cockerham 使用正交多项式，Kempthorne 使用 IBD 概率，他们假设在大的随机群体，且不存在连锁的情况下研究上位作用。上位方差依据影响性状的位点数，可以被剖分为若干正交组分。例如，两个位点时，上位方差是加性×加性、加性×显性、显性×加性、显性×显性效应之和。Henderson 使用以上结论推断显性和上位遗传效应，并且用 BLUP 预测总的遗传值。

20 世纪 60 年代，许多家畜或家禽的母体遗传效应逐渐引起育种学家的兴趣。20 世纪 80 年代，动物育种学的主要研究内容是不同环境的方差异质性。表观遗传学一直没有引起统计家畜育种学家的注意，但是 Neugebauer 建立了以系谱为基础的模型，考虑了父系和母系印记加性效应及其协方差，发现基因组印记可以解释高达 25% 的加性方差。

四、目前的主要成就

Lush 使用通径系数，建立了评估奶牛公畜遗传值的公式，该模型假设遗传和环境方差是已知的。Robertson 研究表明，Lush 的统计量是群体信息和数据的加权平均值，实际上体现了贝叶斯统计思想。假设公畜的传递力（TA）为 $s \sim N(m, v_s)$，如果公畜有 n 个后代，其平均生产性能减去群体平均值为 $\bar{y} - \mu$，TA 的估计为加群平均数：

$$\hat{s} = \left[\frac{1}{\vartheta_s} + \frac{n}{\vartheta_e} \right]^{-1} \left[\frac{1}{\vartheta_s} m + \frac{n}{\vartheta_e} (\bar{y} - \mu) \right]$$
$$= m + n (n + \alpha)^{-1} (\bar{y} - \mu - m)$$

此处，$\alpha = \dfrac{4 - h^2}{h^2}$，$h^2$ 为狭义遗传力。上式是公畜 TA 条件分布的平均值，在已知后代记录时，回归系数 $b = n \left(n + \dfrac{v_e}{v_s} \right)^{-1}$ 依赖于公畜信息数（n）和不确定性测度 $v_{cond} = \left[\dfrac{1}{v_s} + \dfrac{n}{v_e} \right]^{-1} = v_e \left[n + \dfrac{v_e}{v_s} \right]^{-1}$，等于 $Var(s - \hat{s})$，Henderson 将其称为预测误方差，此外，Henderson 引入了最佳预测（BP）、最佳线性预测（BLP）、最佳线性无偏预测（BLUP）。估计遗传参数常用的方法有最小范数二次无偏估计、ML 和 REML 等。

20 世纪，频率学派和似然函数为基础的方法在动物育种中居于主要地位。随着 MCMC 方法的出现，贝叶斯方法的灵活性和功效也体现在动物育种中。最著名的 MCMC 方法是 Gibbs，虽然其只适用于某些特定的情况。Sorensen 使用 Gibbs 模拟选择过程中加性遗传方差的变化。随后，贝叶斯方法被用在遗传学的许多领域，如基因定位、QTL 检测、群体分化、系统发育分析、序列比对和动植物基因组选择。一些非线性方法被用来分析动物育种中的分类或计数性状、生存数据和纵向数据。鲁邦分布和混合模型（Mixture Model）也出现在动物育种研究中。除了在科学研究中，实践中动物育种极少出现完全随机交配的情况，群体在历史上的选择过程也不完全知道。选择和选配如何影响遗传参数估计和预测育种值是育种中的重要问题。

随着基因组测序技术的发展，大量的二等位基因标记数据出现，动物育种学进入基因组选择时代。Meuwissen 提出了基因组选择的 Bayes A 和 Bayes B 方法。通过将数据分为训练集（模型拟合）和测试集（预测），可以由训练集估计标记效应或遗传值，预测测试集的表型值。Meuwissen 的工作为其后的贝叶斯基因组预测奠定了基础，其后又出现了一系列贝叶斯线性回归方法，如 Bayesian Lasso、Bayes C 和 Bayes R，这些回归模型基本相同，只是标记先验分布的假设不同。Meuwissen 的另一项贡献是引入交叉验证。为了结合非测序家畜数据和测序家畜数据，提出单步 BLUP（SS-BLUP）。但是这些方法并没有考虑非加性遗传方差，检测交互作用模型需要密集的计算。由于 $n<p$ 问题或缩减模型，上位效应的回归系数接近于 0，但是基因组分析比传统的数量遗传学分析存在更多的交互作用。再生核希尔伯特空间回归（RKHS）和神经网络可以利用非加性效应。实际上，BLUP 和 G-BLUP 也是 RKHS 的特例。

五、关于本书

本书是我在美国爱荷华州立大学（ISU）动物科学系访学期间所著，较为系统地收集了一些国际上该领域最新的科研、教学成果。在美国期间，我有幸聆听了多位 ISU 教授的课程。几位教授深入浅出的讲解加深了我对动物遗传育种学科知识体系的了解，在庆幸自己专业上有所收获的同时，也深深地感觉到我国动物遗传育种教学与科研方面的相对落后。与国内的动物遗传育种专业课程相比，ISU 的课程更为翔实，也更注重知识间的内在联系及与科研前沿的联系性，许多我们司空见惯的基本概念、原理实际上有着更为深刻的内涵；在强调学生基本功的同时，ISU 的课程注重学生实际操作能力的培养，学生所掌握的知识、技能几乎和学科前沿没有距离。ISU 的研究生在经过 1~2 年的系统培养后，多数人就已具备从事该领域前沿研究的能力，其人才培养的效率之高也是国内许多高校所不能比拟的。ISU 动物遗传育种学科所从事的许多研究项目往往植根于整个知识体系，来源于学科知识内在的不完善性或相互矛盾的部分，可以说其项目具有"内生性"和"原创性"的特点。这种状况与国内许多项目往往机械跟踪他人成果，强依赖于生物学试剂、仪器的发展，科研项目较强的路径、资源依赖而缺乏真正创新性的状况截然不同。

我国介绍动物遗传育种统计方法的著作较少，主要是中国农业大学动物科技学院张勤教授的《动物遗传育种中的计算方法》。张勤教授计算方法的课程我断断续续地听了三遍，这门课程难度较大，再加上我天资愚钝，聆听了这门课许多遍之后，才逐渐觉得自己在这方面的基础扎实起来。相信这本书也是国内动物遗传育种领域许多研究者的必读书籍之一。这本书我读过很多遍，每重读一次都会觉得受益匪浅。但是书中的方法在理论上都很抽象，需要较高深的统计学和概率论基础，所以较难理解。相信许多初学者和我当年一样面对书中抽象的公式、算法时也会一头雾水，不知道如何用计算机语言有效地实现这些方法；张勤教授的书成书于 2007 年，八年来动物育种学已经从主要利用表型数据的"BLUP"世代，发展到基因组选择时代。虽然不能割裂传统育种学与基因组数据分析的关系，但是目前动物遗传育种中的许多研究内容、方法已经和以前不尽相同。基于以上这几点，我觉得有必要将近些年动物育种中新出现的统计方法做一下总结；为了弥合实际应用和抽象公式、算法之间的"鸿沟"，本书大部分内容均配有 Julia 语言代码。这些代码既有便于读者理解，但运行效率较低的示意性代码，也有经过一定优化的代码，并尽可能为程序增加注释，书中的许多代码可以直接用于科学研究。衷心希望本书能成为一本对广大动物育种工作者有价值的参考书。

本书的出版发行得到国家自然科学基金"畜禽全基因组关联分析中基因间交互作用检测方法研究"（项目批准号：31460594），国家留学基金委项目"畜禽全基因组关联分析中统计问题研究"（项目批准号：201308155140），河套学院教学研究项目"试验统计学在线智能化考试系统的设计与开发"（项目批准号：HTXYJZ14005）支持。由于作者水平有限，书中一定有许多错误和不足，希望广大读者不吝赐教。

梅步俊

Contents

第一章　Julia 语言使用说明

随着基因组测序技术的发展，基因组测序成本不断降低，基因组测序数据逐渐在动物育种中广泛使用，这些进展增加了我们对分子水平数量性状的遗传机理的认识，为进一步提高育种效率奠定了基础，特别是对那些使用现行的育种方法效率不高或不能获得理想改良效果的性状。然而，新的理论和方法一般都会涉及大量复杂的运算，这一方面有赖于高性能的计算机硬件设备的发展，另一方面需要有适应动物育种特点的先进的计算方法。同时，伴随着遗传育种理论和方法的不断发展，新的计算方法也不断出现。一方面，动物育种理论和方法的发展产生了新的计算问题；另一方面，不断涌现的新的计算方法又催生了动物育种理论和方法的新发展。因此，计算技术、方法的研究一直是动物育种理论研究和应用研究中不可或缺的关键技术领域。不掌握这些技术方法，就不具备真正理解现代动物育种理论和方法的基础，也就难以开展较为深入的研究。

虽然有许多现成的软件或程序可以解决动物育种中的诸多问题，但是由于实践中会出现林林总总的计算问题，编写程序仍然是育种工作者或育种理论研究者的必备技能。同时，由于新的计算理论、技术和算法层出不穷，所以在很多情况下，没有现成的软件或程序可以实现动物育种学研究者创造新的方法或改善现有计算效果的意图。因此，掌握若干计算机语言，并能用其解决育种学问题，往往是研究动物育种学前沿问题的基础。据统计，目前仍被广泛使用的计算机语言有 90 多种，依据这些语言的不同特点及不同研究领域的传统，特定领域会使用不同的计算机语言。美国农业部资助的"Animal Genome"数据库项目（http：//www.animalgenome.org/ tools/share/）收集了 94 种遗传学分析软件。威斯康星大学麦迪逊分校网页（http：//pages.stat.wisc.edu/~yandell/statgen/software/）收集了生物学各个领域的软件。在动物育种中，广泛使用的计算机语言有 C++（包括 C）、Fortran、Java、MATLAB、AWK、Python、Visual Basic、R、Perl、Shell 等。这些语言可初略地分为编译型语言和解释性语言。前者程序执行速度快，但对于一般的动物育种学研究者而言学习及编写程序的难度较大，开发周期也相对较长。后者对不同系统平台的兼容性较好，借助特定的函数库，开发特定程序的周期较短，但此类语言在运行程序时需要专门有一个解释器，每个语句都是在执行的时候才翻译，执行一次就要翻译一次，因此效率比较低。但这些区别也不能一概而论，部分解释型语言的解释器，通过在运行时动态优化代码，甚至能够获得超过编译型语言的性能。

一、关于 Julia

　　Julia 语言是高性能、动态编译的高级计算机语言。它具有极强的灵活性，适合于解决数值和科学计算问题，拥有与传统的静态型语言相媲美的执行速度。Julia 语言的开发目的是创建一个功能强大、易用性好和高效的单一语言环境。

　　Julia 语言受 NumFOCUS 资助，其创始人为若干精通 Matlab 科学计算的编程人员，创立此项目的初衷据称是由于不满意现有的编程工具。该项目大约于 2009 年中开始，目前的版本为 v1.6.0（2021 年 3 月），其源代码，及各种平台的可执行文件及专业编译器 Juno 可在 http：//julialang.org 网站下载。Julia 语言可以通过基于网页的 Jupyter（IJulia）交互环境执行，方便在教学等情景下展示执行结果，也可以通过 JuliaHub（https：//juliahub.com/ui/Home），在线执行 Julia 代码。读者可以在 https：//juliapackages.com/c/biology 网页查看 Julia 语言可用的生物学软件包。Julia 是新的高性能、编译型、动态交互式的高级编程语言，Julia 集中了许多计算机语言的优点，"它拥有类似于 C 语言一样的执行速度，拥有如同 Ruby 语言的动态性，又有 Matlab 般熟悉的数学记号和线性代数运算能力，兼具像 Python 般的通用性，又像 R 语言一样擅长于统计分析，并有 Perl 般处理字符串的能力和 shell 等胶水语言的特点，并易于学习"。目前已有多所国际知名高校的数值计算或统计学课程结合 Julia 语言进行讲解，如斯坦福大学的"应用矩阵方法"（Introduction to Matrix Methods；课程代码：EE103）和麻省理工学院的"线性代数"（Linear Algebra；课程代码：18.06）。爱荷华州立大学动物科学系 2015 年 5 月在其开设的"家畜基因组预测"（Genomic Prediction in Livestock）短期课程中结合 Julia 语言进行了讲解。开普敦大学的 Julia 科学编程课（Julia Scientific Programming）。国内也有 Julia 语言社区（https：//cn.julialang.org/）。国际上有专门使用 Julia 语言开发生物学软件包的专门项目，如 BioJulia、OpenMendel 等。使用 7 种标准检查程序，Julia 语言的运行速度接近于 C 语言及 Fortran 语言（见下图），但其编写数值计算程序的速度却快得多。一般情况下，Julia 语言运行数值计算程序时的速度也接近于 C++，是 R 语言速度的 100 倍，MATLAB 语言的 1 000 倍。

二、Julia 语言的下载

　　Julia 语言是属于 GNU 系统的一个自由、免费、源代码开放的软件，是一个主要用于科学计算的高性能语言。作为一个免费的软件，它有 Windows、Linux（Ubuntu 和 Fedora 等）、Mac OS X 版本，均可免费下载和使用。Julia 的官方网站是 http：//julialang.org/。在官方网站可以下载到 Julia 的安装程序、外挂程序、文档和课程。Julia 的安装程序中只包含基础模块，其他外在模块可以通过 https：//julialang.org/packages/获得。

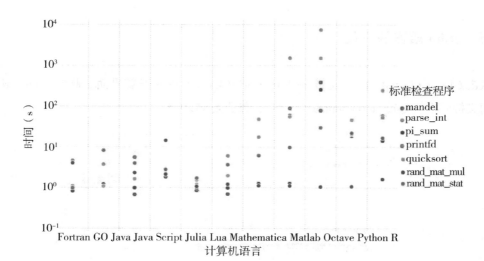

11 种常见计算机语言相对于 C 语言运行标准检查程序时间

注：设 C 语言的运行时间为 1.0；C 和 Fortran 语言使用 gcc 4.8.2 进行编译；C、Fortran 和 Julia 使用 OpenBLAS v0.2.13；Python 运行 rand_ mat_ stat 和 rand_ mat_ mul 使用 NumPy v1.9.2 库函数。

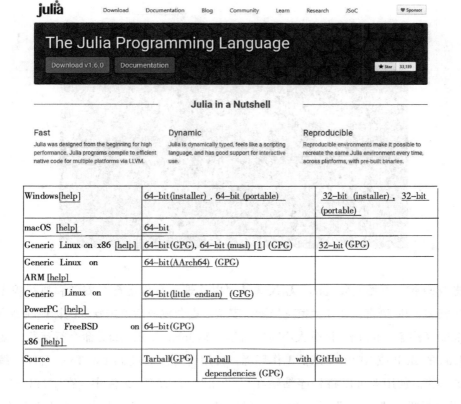

三、Julia 语言的安装

点击 64-bit（installer）下载 julia-1.6.0-win64.exe，进入安装界面。此外，Julia 还提供了长期支持版本（Long-term support，LTS），目前是 v1.0.5。

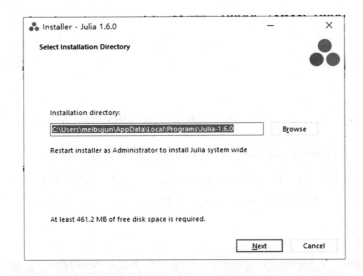

点击 Next 键，开始安装 Julia，建议选择"以管理员身份运行"安装和执行程序。如果是第一次安装 Julia 语言，建议大家选择默认安装。安装完成后点击软件图标或在命令行模式下输入 julia（注意 Julia 语言区分大小写）可以启动 Julia shell，Julia 命令行运行界面如上图所示。Julia 的 shell 或 REPL 是默认工作环境，使用者可以通过 Just in Time（JIT）编译器进行交互式操作。使用者可以将程序粘贴在以".jl"为后缀的文件中，在"julia>"后输入";"使提示符变为"shell>"后，输入"程序名（英文）.jl"，点击"回车键"后运行程

序，输入"CTRL + D"或"quit（）"，回车后退出程序，输入"]"进入程序包安装模式。终止当前的程序运行输入"CTRL + C"；清屏（变量仍然保留在内存中）输入"CTRL + L"；清除内存中的变量输入"workspace（）"，输入 help 或?（函数名），可以获得相应函数的说明。

例1 hello. jl 程序代码如下：

println（"Hello, Julia World!"）

在命令行模式下：

julia>*include（"hello. jl"）*

或在"**julia>**"后输入"；（英文状态下分号）"进入"**shell>**"提示符，直接输入：

shell>*julia hello. jl*

输出结果为：

Hello，Julia World！

例2 args. jl 程序代码如下：

forarg in ARGS

　　println（arg）

end

shell>*julia args. jl par1 par2 par3*

输出结果为：

par1

par2

par3

四、Julia 语言包（Packages）

Julia 语言借鉴了许多其他语言的优点，如 R、MATLAB、Python 和 Perl 等。所有的 Julia 语言函数和数据集也都是保存在包（Packages）里面的。只有当一个包被载入时，它的内容才可以被访问。这样做一是为了高效（完整的列表会耗去大量的内存并且增加搜索的时间），二是为了帮助包的开发者防止命名时和其他代码中的名字冲突。Julia 所有的标准包都保存在 Julia 安装文件夹的 \ Users \ 用户名 \ .julia \ packages 目录下。全世界有许多作者贡献了许多 Julia 语言扩展包，涉及许多不同学科：生物信息学、化学、天文学、金融学、语言学、机器学习、数学、统计学以及高性能计算等。可使用"Pkg. dir（）"命令查看存放 Julia 语言包的的文件夹路径；可以用"Pkg. status（）"或"Pkg. installed（）"命令查看已经安装的 Julia 语言包及其版本，如上述命令输出错误信息，如"ErrorException（"Unable to read www. it-ebooks. info directory METADATA." ）"，可以使用"Pkg. init（ ）"重新建立 Julia 语言包的存放文件夹；使用 Pkg. update（ ）更新已经安装的语言包；使用"Pkg. add（语言包名，英文）"增加新的 Julia 语言包，使用"using 语言包名"调用该语言包函数。

可以使用 ENV["JULIA_PKG_SERVER"] = "https://mirrors. bfsu. edu. cn/julia/static"改为国内源，安装下载程序包速度较快，但需要慎用，因为可能程序包出现版本冲突问题。

如增加 2 维画图能力，画 100 个 0~1 的随机数分布图：

julia > import Pkg

julia > *Pkg. add("Winston")*

julia > *using Winston*

julia > *plot(rand(100))*

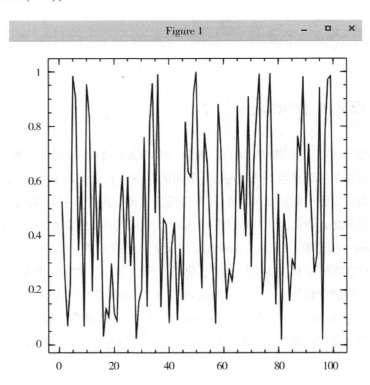

五、安装和使用 Ijulia

IJulia（https：//github. com/JuliaLang/IJulia. jl）是整合 IPython 前端和 Julia 语言的交互式网页编程环境，允许用户通过 Jupyter 或 IPython 的强大图形界面使用 Julia 语言。用户可在一个文件中同时使用代码、格式化文本、数学公式和多媒体。IJulia 文件也可加载 NBInclude 包单独运行。

julia > *Pkg. add("IJulia")*

julia >*Pkg. build("IJulia")*

可以使用两种方式启动 IJulia:

julia >*using IJulia*

julia > *notebook( )*

或

julia >*jupyter notebook*

安装 IJulia 前需要先安装 Python 3.0.0 以上版本（https：//www. python. org/downloads/）或 Anaconda3。Internet Explorer 浏览器对 IJulia 的支持不好。建议使用 Firefox 6 以上版本或 Chrome 13 以上版本。运行 IJulia 的 notebook 后，如程序没有响应，输入框显示"In［＊］"，如果仍然有问题建议关闭防火墙或允许访问 127.0.0.1。如 IJulia 包括多个 Julia 版本，可使用如下语句移除不想使用的版本：

>conda activate base #cmd 进入 base 环境下运行

>jupyter kernelspec list

>jupyter kernelspec remove kernel_ name # 可以连写多个

六、Julia 语言基础

本章需要加载的 Julia 包

using Pkg

Pkg. add（"Distributions"）

Pkg. add（"StatsBase"）

Pkg. add（"LinearAlgebra"）

Pkg. add（"Printf"）

Pkg. add（"ProgressMeter"）

Pkg. add（"SparseArrays"）

Pkg. add（"DataFrames"）

Pkg. add（"Gadfly"）

Pkg. status（）

using Distributions

using StatsBase

using LinearAlgebra

using Printf   #格式化输出

using ProgressMeter

using SparseArrays

using DataFrames

using Gadfly

using DelimitedFiles

注意使用 Pkg. add（"程序包名"）安装特定程序包只需要运行一次。

（一）Julia 语言基础

In [1]：*1+1*

Out[1]：2

In [2]：*ans* #ans 输出最后一次计算结果

Out[2]：2

In [3]：*r = range(0, step* = 0. 1, *stop* = 1)   #使用 range

Out[3]：0. 0: 0. 1: 1. 0

In [4]：*r = 0: 0. 1: 1*   #以上等同

Out[4]：0. 0: 0. 1: 1. 0

In [5]: *sin. (r)* #可以将 range 输出作为矩阵使用, 求 sin 函数值, 注意 sin 右下角有".", 表示元素级操作

Out[5]: 11-element Vector{Float64}:

    0. 0

    0. 09983341664682815

    0. 19866933079506122

    0. 29552020666133955

    0. 3894183423086505

    0. 479425538604203

    0. 5646424733950354

    0. 644217687237691

    0. 7173560908995228

    0. 7833269096274834

    0. 8414709848078965

In [6]: *map(sin, r)*　　#使用 Map 将函数应用于数组元素

Out[6]: 11-element Vector{Float64}:

    0. 0

    0. 09983341664682815

    0. 19866933079506122

    0. 29552020666133955

    0. 3894183423086505

    0. 479425538604203

    0. 5646424733950354

    0. 644217687237691

    0. 7173560908995228

    0. 7833269096274834

    0. 8414709848078965

In [7]: *u = range(-10, 10; step = 1)*

    y = u. ^2　　#求平方

Out[7]: 21-element Vector{Int64}:

    100

     81

     64

```
                  49
                  36
                  25
                  16
                   9
                   4
                   1
                   0
                   1
                   4
                   9
                  16
                  25
                  36
                  49
                  64
                  81
                 100
```

In [8]: *reduce(+, u)*   #Reduce 和 Map-Reduce, 元素的总和

Out[8]: 0

In [9]: *reduce(*, u)*   #u 中元素的乘积

Out[9]: 0

In [10]: *reduce(+, 1 : 1000000)*   #大数据测试

Out[10]: 500000500000

In [11]: *n = 1_000_000*

　　　　mapreduce(x -> x^2, +, 1: n) #平方和

Out[11]: 333333833333500000

In [12]: *reduce(+, (1: n). ^2)*   #首先创建一个平方向量, 有内存分配的时间, 所以较慢

Out[12]: 333333833333500000

（二）注释

Julia 语言中用 "#" 单行注释只需要一个井号。

多行注释：

In [13]: #=

只需要以"#="开始"=#"结束。

=#

以下运算在 IJulia notebook 中执行。

(三) 矩阵 (包括向量)

In [14]: # 定义双精度浮点空矩阵

v = *Array{Float64, 1} ( )*

u = *Array{Float64, 1} (undef, 5)*

U = *Array{Float64, 2} (undef, 3, 5)*

Out[14]: 3×5 Matrix{Float64}:

0.0	2.11736e−315	0.0	2.3227e−315	0.0
0.0	0.0	0.0	0.0	2.19402e−315
0.0	0.0	2.19248e−315	2.36028e−315	0.0

In [15]: u = *fill(2.2, 5)*

Out[15]: 5−element Vector{Float64}:

2.2

2.2

2.2

2.2

2.2

In [16]: *a, b = 1, 2*

[a, b]

Out[16]: 2−element Vector{Int64}:

1

2

In [17]: *a, b = b, a*

[a, b]

Out[17]: 2−element Vector{Int64}:

2

1

In [18]: # 而完成交换不必如此繁琐

a = 1

b = 2

temp = a

        a = b

        b = temp

        [a, b]

Out[18] : 2−element Vector{Int64} :

      2

      1

In [19] : #定义矩阵

      matrix = [1 2; 3 4]

Out[19] : 2×2 Matrix{Int64} :

        1   2

        3   4

In [20] : *X = [1 2*

          3 4]

Out[20] : 2×2 Matrix{Int64} :

        1   2

        3   4

二维数组以分号分隔维度.

In [21] : *matrix = [1 2; 3 4]*

Out[21] : 2×2 Array{Int64, 2} :

        1   2

        3   4

In [22] : *X =[1 2*

          3 4]

      X′X   *#X 矩阵转置后乘 X*

Out[22] : 2×2 Array{Int64, 2} :

        10   14

        14   20

数组存储一列值, index 从 1 开始.

In [23] : *a = Int64[ ]*

Out[23] : 0−element Array{Int64, 1}

一维数组可以以逗号分隔值的方式声明。

In[24] : *b = [4, 5, 6]*

输出包含 3 个 Int64 类型元素的数组: [4, 5, 6]

Out[24]: 3-element Array{Int64, 1}:

4

5

6

In [25]: *b[1]*

Out[25]: 4

用 end 可以直接取到最后索引，可用作任何索引表达式。

In [26]: *b[end]*

Out[26]: 6

使用 push！和 append！往数组末尾添加元素。

In [27]: *push! (a, 1)*

Out[27]: 1-element Array{Int64, 1}:

1

In [28]: *push! (a, 2)*

Out[28]: 2-element Array{Int64, 1}:

1

2

用 pop 弹出末尾元素。

In〔29〕: *pop！（b）*

Out〔29〕: 6

以叹号结尾的函数名表示它会改变参数的值。

In [30]: *arr = [5, 4, 6]*

Out[30]: 3-element Array{Int64, 1}:

5

4

6

In [31]: *sort(arr)*

arr 还是〔5,4,6〕。

Out[31]: 3-element Array{Int64, 1}:

4

5

6

In [32]: *sort! (arr)*

arr 现在是[4,5,6]。

Out[32]: 3-element Array{Int64, 1}:

       4

       5

       6

可以用 range 初始化数组。

In [33]: $a = collect(1:5)$

Out[33]: 5-element Array{Int64, 1}:

       1

       2

       3

       4

       5

用 length 获得数组长度。

In [34]: $length(a)$

Out[34]: 5

可以将 tuples 元素分别赋给变量。

In [35]: $a, b, c = (1, 2, 3)$

现在,a 是 1,b 是 2,c 是 3。

Out[35]: (1, 2, 3)

字典(Dictionaries)

In [36]: $empty\_dict = Dict()$

Out[36]: Dict{Any, Any} with 0 entries

也可以用字符串创建字典。

In [37]: $filled\_dict = ["one" => 1, "two" => 2, "three" => 3]$

Out[37]: Dict{ASCIIString, Int64} with 3 entries:

      "two"   => 2

      "one"   => 1

      "three" => 3

使用 get(dictionary, key, default_value),可以提供默认值来避免异常。

In[38]: $get(filled\_dict, "one", 4)$

Out[38]: 1

In[39]: $[1:2:10]$ #等差数列向量

Out[39]：[1, 3, 5, 7, 9]

In[40]：*ones(2, 3)*　　#2×3 维的"1"矩阵

Out[40]：[1.0 1.0 1.0

　　　　1.0 1.0 1.0]

In [41]：*zeros(2, 3)*　　#2×3 维的"0"矩阵

Out[41]：[0.0 0.0 0.0

　　　　0.0 0.0 0.0]

In [42]：*A = round(randn(2, 3), 2)*　　#2×3 维的随机矩阵,保留两位有效数字

Out[42]：[−0.18 −0.93 −0.86

　　　　−0.63 0.89 0.39]

In [43]：*A[1, 2] = 1000*　　#将 A 矩阵的 1 行 2 列元素变成 1000

Out[43]：[−0.18 1000.0 −0.86

　　　　−0.63 0.89 0.39]

In [44]：*a = cell(2)；a[1] = 10；a[2] = "hello"*　　#构建杂合矩阵

Out[44]： Out[24]：{ 10, "hello"}

In [45]：*M = Array(Float64, 2, 3)*　　#未初始化的矩阵

Out[45]：2×3 Array{ Float64, 2}：

　　　　2.22719e−314　2.22728e−314　2.22727e−314

　　　　2.22722e−314　2.22729e−314　2.22714e−314

In [46]：*fill!(M, 3.0)*　　#矩阵 M 填补元素

Out[46]：2×3 Array{ Float64, 2}：

　　　　3.0　3.0　3.0

　　　　3.0　3.0　3.0

In [47]：*I = eye(3)*　　#3×3 维的单位矩阵

Out[47]：3×3 Array{ Float64, 2}：

　　　　1.0　0.0　0.0

　　　　0.0　1.0　0.0

　　　　0.0　0.0　1.0

In [48]：*M2 = vcat(M, I)*　　#垂直合并矩阵 M 和 I

Out[48]：5×3 Array{ Float64, 2}：

　　　　3.0　3.0　3.0

　　　　3.0　3.0　3.0

　　　　1.0　0.0　0.0

0.0   1.0   0.0

0.0   0.0   1.0

In [49]: *M2 = reshape(M2, 3, 5)*   #重新制定矩阵形状

Out[49]: 3×5 Array{Float64, 2}:

3.0   0.0   3.0   0.0   0.0

3.0   0.0   0.0   3.0   0.0

1.0   3.0   1.0   3.0   1.0

In [50]: *M3 = copy(M2)*   #复制矩阵

Out[50]: 3×5 Array{Float64, 2}:

3.0   0.0   3.0   0.0   0.0

3.0   0.0   0.0   3.0   0.0

1.0   3.0   1.0   3.0   1.0

In [51]: *M3[2: end, [1, 3]]*   #子矩阵

Out[51]: 2×2 Array{Float64, 2}:

3.0   0.0

1.0   1.0

In [52]: *b = rand(5, 5)*

rows = [1, 3]

columns = [3: size(b, 2)]

b[rows, columns]   #子矩阵

Out[52]: 2×3 Array{Float64, 2}:

0.917754   0.545996   0.285527

0.93761   0.422556   0.982648

In [53]: *x = [1: 3]*

s = Float64[x[i] ^2 + 1 for i = 1: length(x)]   #隐式循环构建矩阵

Out[53]: 3−element Array{Float64, 1}:

2.0

5.0

10.0

In [54]: *a = [1, 2, 3]*

*a. * a*   #矩阵元素级操作

Out[54]: 3−element Array{Int64, 1}:

1

　　　　4

　　　　9

In [55]: *m = [1 2 3]*

　　　　println(repmat(m, 2, 3))　　　#水平方向重复矩阵构建新矩阵

　　　　println(repeat(m, inner = [2, 3]))　　　#垂直方向重复矩阵构建新矩阵

Out[55]: [1 2 3 1 2 3 1 2 3

　　　　　1 2 3 1 2 3 1 2 3]

　　　　[1 1 1 2 2 2 3 3 3

　　　　　1 1 1 2 2 2 3 3 3]

In[56]: *a = [10. 0 1. 0]*

　　　　b = [0. 1 0. 2; 0. 3 0. 4]

　　　　broadcast(+, a, b)　　　#矩阵广播操作

Out[56]: 2×2 Array{ Float64, 2} :

　　　　10. 1　1. 2

　　　　10. 3　1. 4

In [57]: *spzeros(2, 3)*　　　#2×3 维的稀疏矩阵

Out[57]: 2×3 sparse matrix with 0 Float64 entries:

In [58]: *S = speye(2, 3)*　　　#2×3 维的单位稀疏矩阵

Out[58]: 2×3 sparse matrix with 2 Float64 entries:

　　　　[1, 1]　　=　　1. 0

　　　　[2, 2]　　=　　1. 0

In [59]: *findnz(S)*　　　#稀疏矩阵的指数和元素

Out[59]: ([1, 2], [1, 2], [1. 0, 1. 0])

In [60]: *D = matrix(S)*　　　#稀疏矩阵转变为满矩阵

Out[60]: 2×3 Array{ Float64, 2} :

　　　　1. 0　0. 0　0. 0

　　　　0. 0　1. 0　0. 0

In [61]: *sparse(D)*　　　#满矩阵转变为稀疏矩阵

Out[61]: 2×3 sparse matrix with 2 Float64 entries:

　　　　[1, 1]　　=　　1. 0

　　　　[2, 2]　　=　　1. 0

In [62]: *X = [1 2; 3 4]*

　　　　kron(X, X)　　　# 矩阵 Kronecker 乘法

Out[62] : 4×4 Array{Int64, 2} :

$$\begin{array}{cccc} 1 & 2 & 2 & 4 \\ 3 & 4 & 6 & 8 \\ 3 & 6 & 4 & 8 \\ 9 & 12 & 12 & 16 \end{array}$$

In [63] : $y = [3, 10]$

$X'X \backslash\backslash X'y$ #解 $X'X\beta = X'y$ 方程组

Out[63] : 2-element Array{Float64, 1} :

4. 0

−0. 5

In [64] : $rank(X)$ #矩阵的秩

Out[64] : 2

In [65] : $println(trues(2, 3))$ #2×3 维的"true"矩阵

Out[65] : Bool[true true true

true true true]

In [66] : $isposdef(X'X)$ #判读矩阵是否正定

Out[66] : true

In [67] : $eig(X'X)$ #广义特征值矩阵和广义特征值向量

Out[67] : ([0. 133931, 29. 8661],

2×2 Array{Float64, 2} :

−0. 817416   0. 576048

0. 576048   0. 817416)

In [68] : $chol(X'X)$ # 矩阵 Cholesky 分解

Out[68] : 2×2 Array{Float64, 2} :

3. 16228   4. 42719

0. 0   0. 632456

In [69] : $a = [1 \ 4 \ 5$

$5 \ 5 \ 1$

$2 \ 2 \ 4]$

$sortrows(a, \ by = x -> (x[2], x[1]), rev = true)$ #依矩阵第二列元素进行排序

Out[69] : 3×3 Array{Int64, 2} :

5   5   1

1   4   5

   2　　2　　4

In [70]：*a＝[3, 7, 9]*

   find(x->x>4, a)　　　　#查找矩阵 a 中大于 4 的元素

Out[70]：2-element Array{Int64, 1}：

   2

   3

（四）函数

用关键字"function"和"end"可创建一个新函数。

In [71]：*d = [1, 2, 3]*

Out[71]：3-element Array{Int64, 1}：

   1

   2

   3

In [72]：*function change1(y)*

    y = y + [2, 2, 2]

  end

  function change2(y)

    y = y. +[1, 2, 3]

  end

  function change3(y)

   y[1] = y[1]+1

  end

Out[72]：change3 (generic function with 1 method)

In[73]：*change1(d)*

  println(d)

  change2(d)

  println(d)

  change3(d)

  println(d)

Out[73]：[1, 2, 3]

   [1, 2, 3]

   [2, 2, 3]

可以定义接收可变长参数的函数。

In [74]: *function varargs(args···)*

　　　　　　return args

　　　　　　# 关键字 return 可在函数内部任何地方返回

　　end

Out[74]: varargs (generic function with 1 method)

In [75]: *varargs(1, 2, 3)*

Out[75]: (1, 2, 3)

定义可选参数的函数

In [76]: *function defaults(a, b, x = 5, y = 6)*

　　　　return " $ a $ b and $ x $ y"

　　　end

Out[76]: defaults (generic function with 3 methods)

In[77]: *defaults('h', 'g')*

Out[77]: "h g and 5 6"

（五）控制流

if 语句，用来判定所给定的条件是否满足，根据判定的结果（真或假）决定执行。

In [78]: *some_var = 5*

　　ifsome_var > 10

　　　println("some_var is totally bigger than 10. ")

　　elseifsome_var < 10　　# elseif 是可选的

　　　　println("some_var is smaller than 10. ")

　　else　　　　　　　　# else 也是可选的

　　　　println("some_var is indeed 10. ")

　　end

Out[78]: some_var is smaller than 10.

For 循环，Iterable 类型包括 Range，Array，Set，Dict，以及 String。

In [79]: *for animal = ["dog", "cat", "mouse"]*　　#"="可用"in"代替

　　　　println(" $ animal is a mammal")

　　　　#可用" $ "将变量或表达式转换为字符串

　　　End

Out[79]: dog is a mammal

　　　　cat is a mammal

　　　　mouse is a mammal

While 循环

In [80]: *x = 0*

    while x < 4

      println(x)

      x += 1   # x = x + 1

    end

Out[80]: 0

      1

      2

      3

（六）类型

用户可以用"typeof"函数获得值的类型。

In [81]：*typeof(5)*

Out[81]：Int64

用户还可以自定义类型，用"type"和"end"关键字定义新的类型。

In [82]：*type Tiger*

      taillength∷Float64

      coatcolor #不附带类型标注的相当于"∷Any"

    end

构造参数是 Tiger 类型的函数。

In [83]: *tigger = Tiger(3.5, "orange")*

Out[83]: Tiger(3.5, "orange")

"<:"是类型集成操作符.

abstract Cat   #抽象类型,抽象类型不能被实例化,但是可以有子类型。

In [84]: *type Lion <: Cat   #Lion 是 Cat 的子类型*

      mane_color

      roar∷String

    end

Julia 语言支持面向对象编程的基本特征，如继承性、多态性等。

（七）文件读写

例如，由 TXT 文件读取矩阵，文件第一行是变量名，分隔符为逗号，可以作为数字或字符串读入数据。

In [85]：*; cat data.txt*

Out[85]: age, weight

      12, 110

      54, 165

      26, 131

In [86]: $d = readdlm("data. txt", ', ', header = true)$

Out[86]: (

      3×2 Array{Float64, 2}:

      12. 0   110. 0

      54. 0   165. 0

      26. 0   131. 0,

      1×2 Array{String, 2}:

      "age"   "weight")

In[87]: $d = readdlm("data. txt", ', ', String, header = true)$

Out[87]: (

      3×2 Array{String, 2}:

      "12"   "110"

      "54"   "165"

      "26"   "131",

      1×2 Array{String, 2}:

      "age"   "weight")

Readdlm 函数有时读取不了大数据文件, 可通过下列函数读取大数据文件.

```
function read_genotypes(file, nrow, ncol, header = true)
    f = open(file)
    if header = = true
        readline(f)
        nrow = nrow - 1
    end
    mat = zeros(Int64, nrow, ncol)
    for i = 1: nrow
        mat[i, :] = int(split(readline(f)))
        if(i%1000 = = 0)
            println("This is line ", i)
        end
```

```
      end
      close(f)
      return mat
end
```

可使用下列函数写带变量名的数据文件。

In [88]: *myheader = d[2]*

f = open("datanew2. txt", "w")

writedlm(f, myheader)

writedlm(f, newdata)

close(f)

可使用下列函数向文件写二进制数据.

In [89]: *writedlm("datanew. txt", d, " ")*

In [90]: *x = 123*

y = 314

myfile = open("file. bin", "w")

write(myfile, x)

write(myfile, y)

close(myfile)

可使用下列函数读取二进制数据文件.

In [91]: *myfile2 = open("file. bin")*

x2 = read(myfile2, Int64)

y2 = read(myfile2, Int64)

close(myfile2)

Julia 语言格式化输出文件.

In [92]: *outfile = open("new. txt", "w")*

write(outfile, @ sprintf("%0. 3f", . 9999))

close(outfile)

(八) 画图功能

使用 Gadfly 包保存图片, 需要提前安转 Cairo, Fontconfig 包。

using Pkg

Pkg. add("Cairo")　#安装时间较长

Pkg. add("Fontconfig")

In[93]: *Random. seed!(0)*　　#随机数种子

$response = rand(10)$ #产生 10 个随机数

$covariate = rand(10)$

$myplot = plot(x = covariate, \; y = response, \; Geom. point)$ #散点图

$draw(PNG("myplot. png", \; 4inch, \; 3inch), myplot)$ #以 png 格式保存图片

In[94]: $plot(y = [1, 2, 3])$

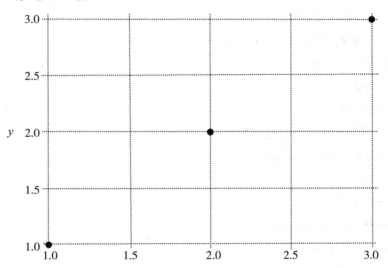

In[95]: $potx = rand(30)$

$poty = rand(30)$

$Gadfly. plot(x = potx, \; y = poty)$

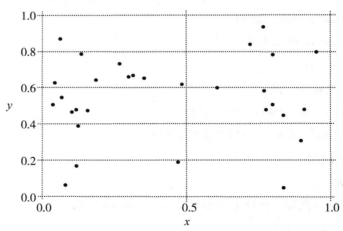

In[96]: $plot(x = covariate, \; y = response, Geom. point, Geom. line)$ #折线图

In[97]: $plot(x = covariate, \; y = response, Geom. point, Geom. smooth(method =: lm))$ #直线拟合

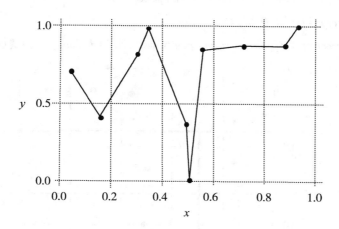

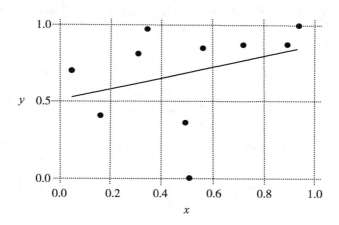

In[98]：*plot(x = covariate, y = response, Geom. point, Geom. smooth(method =: loess))* #曲线拟合

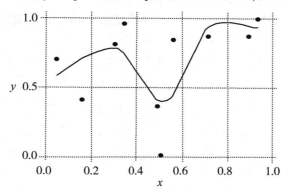

In[99]: *plot(x = covariate, y = response, Geom. point,*

    yintercept = [0. 2, 0. 6], Geom. hline,

    xintercept = [0. 3], Geom. vline(color = "red", size = 1. 5mm))   #增加垂直和水平线

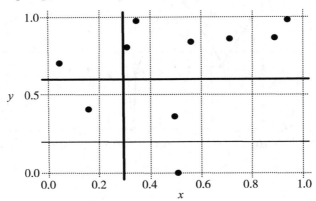

In[100]: *plot([x->3x+4], 0, 5)* #x 轴(0, 5) 范围内截距为 4, 斜率为 3 的直线

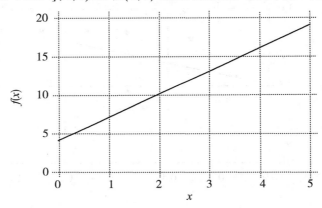

In[101]: *plot(x = covariate, y = response, Geom. point,*

    layer([x->0. 25x+0. 5], 0, 1))   #散点图 x 轴(0, 1) 范围内增加直线

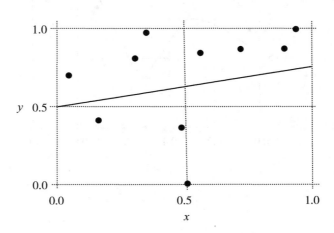

In[102]: *plot(x = covariate, y = response, Geom. point,*

  layer([x->0. 25x+0. 5] , 0, 1),

  Guide. xlabel("Covariate"),   #X 轴名称

  Guide. ylabel("Response"),   #Y 轴名称

  Guide. title("Plotting"))   #图的名称

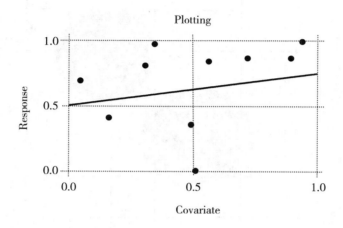

In[103]: *plot(x = covariate, y = response,*

  Guide. xlabel("Respondent"), *Guide. ylabel("Age")*,

  *Geom. errorbar, ymin = response−1. 96 * std(response)*,   #增加 1. 96 倍标准差误差线

  *ymax = response+1. 96 * std(response)*, *Geom. smooth, Geom. point)*

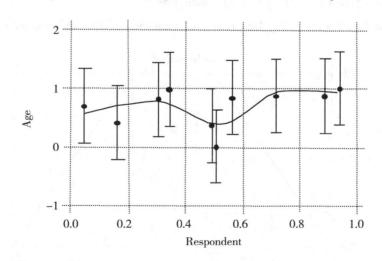

In[104] *p = plot( )*

  push!(p, layer(x = [2, 4] , y = [2, 4] , size = [1. 4142] , color = [colorant"gold"])) push!(p, Coord.cartesian(fixed=true))

push!(p, Guide.title("My Awesome Plot"))

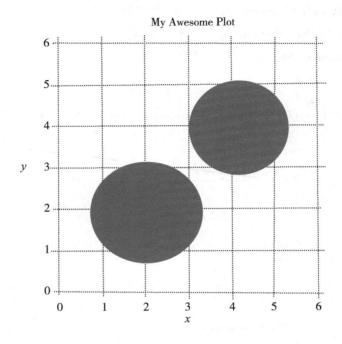

In[105] *using Compose*

p1 = plot(x=[1, 2], y=[3, 4], Geom.line)

p2 = plot(x=[1, 2], y=[4, 3], Geom.line)

title(hstack(p1, p2), "my latest data", Compose.fontsize(18pt), fill(colorant"red"))

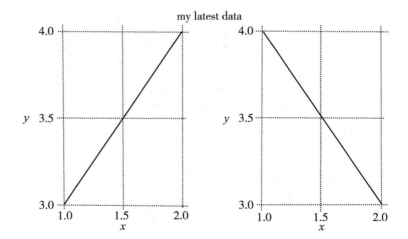

In[106] *using Plots* #Plots 包与 Gadfly 等包同时使用, 可能出现冲突

gr( )

x = 1: 10; y = rand(10, 2)

plot(x, y, title = "Two Lines", label = ["Line 1" "Line 2"], lw = 3)

xlabel! ("My x label")

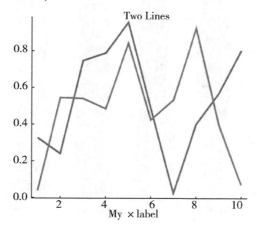

In[107] *p1 = plot(x, y) #折线图*

p2 = scatter(x, y)#散点图

p3 = plot(x, y, xlabel = "This one is labelled", lw = 3, title = "Subtitle")

p4 = histogram(x, y) #柱状图

plot(p1, p2, p3, p4, layout = (2, 2), legend = false)

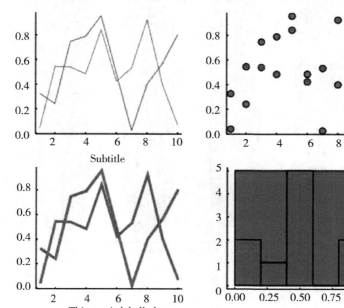

In[108] $y = rand(100, 4)$

$violin(["Series 1" "Series 2" "Series 3" "Series 4"], y, leg = false)$ #小提琴图

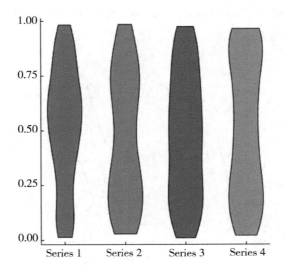

In[109] $boxplot!(["Series 1" "Series 2" "Series 3" "Series 4"], y, leg = false)$ #箱线图

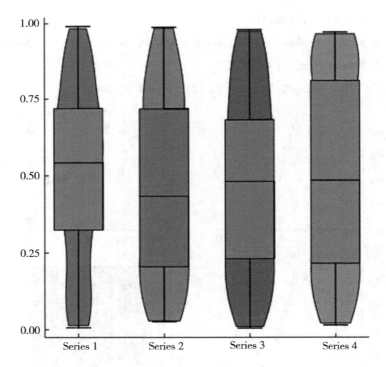

In[110] $xs = range(0, 2\pi, length = 10)$

$data = [sin.(xs) cos.(xs) 2sin.(xs) 2cos.(xs)]$

```
        labels = ["Apples" "Oranges" "Hats" "Shoes"]
        markershapes = [:circle, :star5]
markercolors = [
    :green :orange :black :purple
    :red    :yellow :brown :white
]
plot(
    xs,
    data,
    label = labels,
    shape =markershapes,
    color =markercolors,
    markersize = 10
)
```

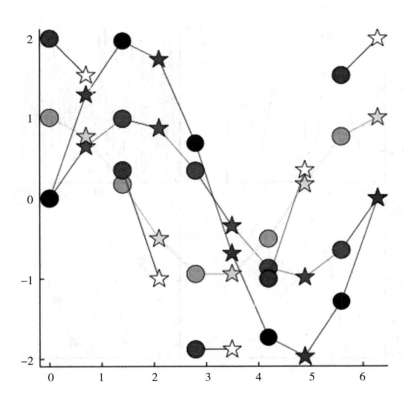

In[111] *mutable struct MyType end*

```
@ recipe function f( : : MyType, n: : Integer = 10; add_marker = false)
    linecolor    --> : blue
    seriestype   : =   : path
    markershape --> ( add_marker ? : circle : : none)
    delete! ( plotattributes, : add_marker)
    rand( n)
end
mt = MyType( )
plot(
    plot( mt),
    plot( mt, 100, linecolor = : red),
    plot( mt, marker = ( : star, 20), add_marker = false),
    plot( mt, add_marker = true)
)
```

In[112] histogram(randn(1000), nbins = 20)   #柱状图

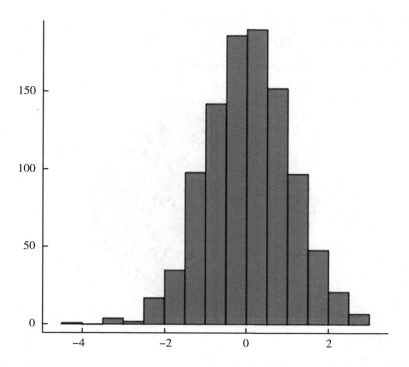

In[113] *plot(rand(100) ／ 3,　reg ＝ true,　fill ＝ (0,　: green))*

　　　　　scatter! (rand(100) , markersize ＝ 6,　c ＝: orange)

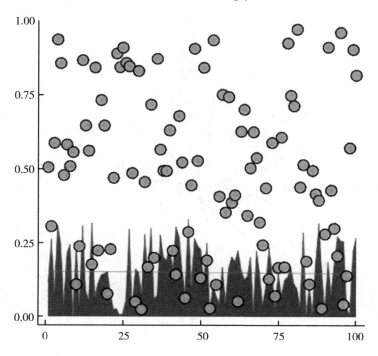

In[114] *x* = *["Nerds", "Hackers", "Scientists"]*

y = *[0. 4, 0. 35, 0. 25]*

pie(x, y, title = "The Julia Community", l = 0. 5)

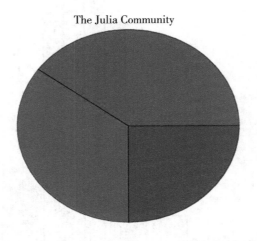

In[114]#极坐标图

Θ = range(0, stop = 1. 5π, length = 100)

r = abs. (0. 1 * randn(100) + sin. (3Θ))

plot(Θ, r, proj = : polar, m = 2)

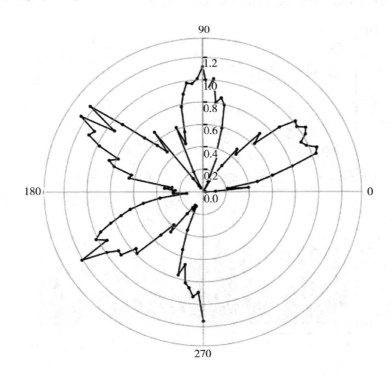

In[115] #网状图

```
using Pkg
#Pkg. add( "GraphRecipes")
usingGraphRecipes
using Plots
n = 15
const A = Float64[ rand( ) < 0. 5 ? 0 : rand( ) fori = 1: n, j = 1: n]
fori = 1: n
    A[ i,  1: i−1] = A[ 1: i−1,  i]
    A[ i,  i] = 0
end
graphplot( A,
            markersize = 0. 2,
            node_weights = 1: n,
            markercolor = range( colorant"yellow",  stop = colorant"red",  length = n),
            names = 1: n,
            fontsize = 10,
            linecolor = : darkgrey
            )
```

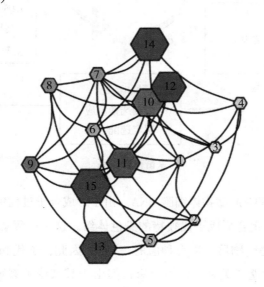

第二章　系谱数据处理方法

收集系谱和表型信息是确定育种目标的前提，利用这些数据可以评定家畜的种用性能。例如将马的跳跃性能作为育种的目标性状时，需要搜集有关跳跃的数据；将猪的繁殖率作为育种目标时，需要记录产仔数性状的数据。因此，在动物育种中，系谱是评价家畜种用价值的重要信息。家畜育种的目的就是设法将优良性状一代一代地遗传下去。当我们想要追踪或干预这一过程时，记录亲子关系，即系谱就是至关重要的工作。即使在分子生物学技术快速发展的今天，系谱依然发挥着基础性作用，并可以借助这些技术更为准确地鉴定家畜的亲缘关系。

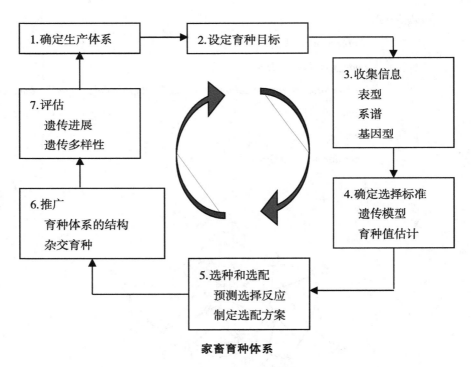

家畜育种体系

精子和卵子各含有 50% 的动物体细胞 DNA。由于形成合子过程中染色体一般是随机组合的，这 50% 的 DNA 随机组合形成子代独特的染色体组。这一过程意味着每个子代从其父系和母系平均遗传一半的遗传物质（即育种值的一半）。因此，子代和其父母之间的遗传关系是 0.5，这即所谓的加性遗传关系，即两个家畜间由于其亲缘关系而共享的遗传物质比例。值得注意的是传统数量遗传学认为：孟德尔抽样效应是导致同一父母的后代（全同胞）的表型存在差异的主要原因。

几种亲缘类型间的加性遗传关系

亲缘类型	近似的遗传物质共享比例（%）
父母/子代	50
祖/孙	25
曾祖/孙	12.5
全同胞	50
半同胞	25
同卵双胞胎	100

两个亲属间的加性遗传关系在动物育种中有非常重要的意义。例如，母亲与女儿间的加性遗传关系是0.5，它们平均分享了50%的DNA。这意味着母亲的性状可以预测女儿的性状，反过来亦然，女儿的性状也可用于计算她母亲的育种值。同时，该性状的遗传力也发挥着重要的作用。高遗传力的性状和低遗传力的性状相比，家畜之间的加性遗传关系对育种工作有更大的影响。例如，母马的体高具有高的遗传力（0.6），可以较为准确地预测女儿体高。然而，母马授精成功率的遗传力只有0.1，这意味着女儿对母亲的预测价值较低，尽管它们之间的加性遗传关系是0.5。因此，谱系可以为育种工作提供较为丰富的信息。

系谱（pedigree）亦称家系，是指记录家畜各世代成员数目、亲属关系以及有关遗传性状或遗传病在该家系中分布情况的图示，狭义上也指由共同祖先繁殖所得的后代，可以有多种形式，如横式系谱、竖式系谱、结构式系谱和箭头式系谱等。在医学遗传学上是指亲缘关系较近家族成员的某一遗传病发病情况的调查。系谱分析有助于区别单基因病和多基因病。另外，由于存在遗传的异质性，表现型相同或相似的遗传病常可由遗传方式不同而加以区别。因此，系谱分析也有助于区分某些表现型相似的遗传病以及同一遗传病的不同亚型。

第一节　近交系数与亲缘系数

近交系数（inbreeding coefficient）是指根据近亲交配的世代数，将基因的纯化程度用百分数来表示即为近交系数，也指个体由于近交而造成异质基因减少时，同质基因或纯合子所占的百分比，也叫近交系数，通常以 F 或 f 来表示。近交系数的概念最初由 S. Wtight（1921）提出时是作为结合的配子间遗传性的相关而定义的，后来才由 G. Malcot（1948）给予上述定义，现在已广泛应用这个定义。亲缘系数（coefficient of kinship）K 是两个个体之间遗传关系的一个度量，定义为两者从一个共同祖先获得一个相同基因的概率。Karigl 在 1981 年提出了一个计算亲缘系数的递推算法。利用近交系数可计算近交群体中隐性遗传病的发病率，隐性致病因子杂合子的比例及遗传负荷等。亲缘系数在基因连锁分析中有重要的应用。根据个体间加性遗传相关 α，利用公式：

$$r_{XY} = \frac{a_{XY}}{\sqrt{a_{XX}a_{YY}}}$$

计算两个体间的亲缘系数。为了计算加性遗传关系和近交系数，定义"Pedigree"和"PedNode"类型：

```
mutable struct PedNode
    seqID :: Int64   #为每个个体指定整数
    sire :: String   #公畜字符串 ID
    dam :: String    #母畜字符串 ID
    f :: Float64   #近交系数
end
```

```
mutable struct Pedigree
    currentID :: Int64   #排序的 ID
    idMap :: Dict {AbstractString, PedNode}
    #关键字为字符串 ID
    aij :: SparseMatrixCSC {Float64, Int64} #
    以稀疏矩阵储存近交系数矩阵
    setNG :: Set
    setG :: Set
    counts
end
```

计算个体近交系数的 Julia 代码：

```
function calcInbreeding!(ped :: Pedigree, id :: UTF8String)
    @printf "calcInbreeding for: %s \n" id
    if ped.idMap[id].f > -1.0
        return ped.idMap[id].f
    end
    sireID = ped.idMap[id].sire
    damID  = ped.idMap[id].dam
    if (sireID == "0"//damID == "0")
        ped.idMap[id].f = 0.0
    else
        ped.idMap[id].f = 0.5×calcAddRel!(ped, sireID, damID)
    end
end
```

计算加性遗传关系的 Julia 代码：

```
function calcAddRel!(ped :: Pedigree, id1 :: UTF8String, id2 :: UTF8String)
```

@ printf "calcRel between %s and %s \n" id1 id2

if id1 == "0" || id2 == "0"　　　　　　#加性遗传关系为0

　　return 0. 0

end

old, yng = ped. idMap[id1]. seqID<ped. idMap[id2].seqID ?(id1, id2) : (id2, id1)

oldID = ped. idMap[old]. seqID

yngID = ped. idMap[yng]. seqID

ifped. aij[oldID, yngID] >0. 0　　　　#如果前面已经计算该个体

ped. counts[2] += 1

　　　return ped. aij[yngID, oldID]

end

ped. counts[1] += 1

if old == yng　　　　　　　　　　#计算对角线 a_{ii}

　　aii = 1. 0 + calcInbreeding! (ped, old)

　　ped. aij[oldID, oldID] = aii

　　return (aii)

end

sireOfYng = ped. idMap[yng]. sire

damOfYng = ped. idMap[yng]. dam

aij = 0. 5×(calcAddRel! (ped, old, sireOfYng) + calcAddRel! (ped, old, damOfYng))

ped. aij[yngID, oldID] = aij

ped. aij[oldID, yngID] = 1. 0

return(aij)

end

设有下列系谱：

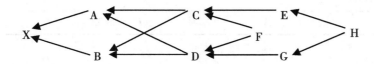

一、近交系数

1. X 个体

（1）父母 A 和 B 的共同祖先有：C、D、F、H；它们均为非近交个体（判断一个个体是否为近交个体的依据是看其父母是否有共同祖先，如果双亲只知道一方或均未知则默认其为非近交个体），因此，$F_C=0$，$F_D=0$，$F_F=0$，$F_H=0$。

（2）其通径链，各通径链的系数，近交系数 F_X 为

通径链	共同祖先的近交系数	n_1+n_2+1	通径链的系数
A←C→B	$F_C=0$	3	$(1/2)^3$
A←D→B	$F_D=0$	3	$(1/2)^3$
A←C←F←D→B	$F_F=0$	5	$(1/2)^5$
A←D←F←C→B	$F_F=0$	5	$(1/2)^5$
A←C←E←H→G→D→B	$F_H=0$	7	$(1/2)^7$
A←D←G←H→E→C→B	$F_H=0$	7	$(1/2)^7$
		$F_X=21/64$	

2. A 个体

（1）父母 C 和 D 的共同祖先有 F 和 H，且 $F_F=0$，$F_H=0$。

（2）其通径链，各通径链的系数，近交系数 F_A 为

通径链	共同祖先的近交系数	n_1+n_2+1	通径链的系数
C←F→D	$F_F=0$	3	$(1/2)^3$
A←E←F→G→D	$F_H=0$	5	$(1/2)^5$
		$F_A=5/32$	

3. B 个体

与 A 个体同父同母，因此与 A 相同，$F_B=5/32$。

其余个体 C、D、E、F、G、H 均为非近交个体，$F_C=0$，$F_D=0$，$F_E=0$，$F_F=0$，$F_G=0$，$F_H=0$。

二、加性遗传相关

（1）将系谱中的个体按照世代从高到低分别从左到右、从上到下排列，并将个体的双亲编号列于个体的上方。

（2）利用公式

$$F_x = \frac{1}{2}a_{x_s x_d} \qquad a_{xx} = 1+F_x \qquad a_{xy} = a_{yx} = \frac{1}{2}(a_{xy_s}+a_{xy_d})$$

计算两个体间的加性遗传相关。其中，x、y 分别表示任意一个个体；x_s、x_d 分别表示 x 个体的父亲和母亲；y_s、y_d 分别表示 y 个体的父亲和母亲。个体间的加性遗传相关：

亲本		H	H		EF	EF	CD	CD	AB
子代	H	E	G	F	C	D	A	B	X
H	1	1/2	1/2	0	1/4	1/4	1/4	1/4	1/4
E		1	1/4	0	1/2	1/8	5/16	5/16	5/16
G			1	0	1/8	1/2	5/16	5/16	5/16
F				1	1/2	1/2	1/2	1/2	1/2
C					1	5/16	21/32	21/32	21/32
D						1	21/32	21/32	21/32
A							37/32	21/32	29/32
B								37/32	29/32
X									85/64

（3）利用公式

$$F_X = a_{XX}-1$$

计算每个个体的近交系数：$F_H = 1 - 1 = 0$，$F_E = 1 - 1 = 0$，$F_G = 1 - 1 = 0$，$F_F = 1 - 1 = 0$，$F_C = 1 - 1 = 0$，$F_D = 1 - 1 = 0$，$F_A = 37/32 - 1 = 5/32$，$F_B = 37/32 - 1 = 5/32$，$F_X = 85/64 - 1 = 21/64$。

根据个体间加性遗传相关数据，利用亲缘系数的计算公式，计算两个体间的亲缘系数为：

	E	G	F	C	D	A	B	X
H	1/2	1/2	0	1/4	1/4	$\sqrt{2/37}$	$\sqrt{2/37}$	$2/\sqrt{85}$
E		1/4	0	1/2	1/8	$2.5/\sqrt{74}$	$2.5/\sqrt{74}$	$2.58\sqrt{85}$
G			0	1/8	1/2	$2.5/\sqrt{74}$	$2.5/\sqrt{74}$	$2.5/\sqrt{85}$
F				1/2	1/2	$2/\sqrt{74}$	$2/\sqrt{74}$	$4/\sqrt{85}$
C					5/16	$5.25/\sqrt{74}$	$5.25/\sqrt{74}$	$5.25/\sqrt{85}$
D						$5.25/\sqrt{74}$	$5.25/\sqrt{74}$	$5.25/\sqrt{85}$
A							21/37	$58/\sqrt{74}\sqrt{85}$
B								$58/\sqrt{74}\sqrt{85}$

第二节　分子血缘相关矩阵及其逆矩阵计算

分子血缘相关矩阵（numerator relationship matrix）或加性遗传相关矩阵（Additive genetic relationship matrix）及其逆矩阵计算在动物育种学教学及种畜的遗传评估中有重要意义。A 矩阵的构建方法如下，对于一个由 n 个个体组成的群体，所有个体间的加相遗传相关可用一个矩阵表示为：

$$A = \begin{bmatrix} a_{11} & a_{12} & \cdots & a_{1n} \\ a_{21} & a_{22} & \cdots & a_{2n} \\ \vdots & \vdots & \vdots & \vdots \\ a_{n1} & a_{n2} & \cdots & a_{nn} \end{bmatrix}$$

其中 a_{ij}（$=a_{ji}$）为个体 i 和个体 j 之间的加性遗传相关矩阵。由于其中的元素是 Wright 计算亲缘相关系数公式中的分子部分，因而又称为分子血缘相关矩阵。

根据如下 2 个递推公式可以计算 A 中的每一个元素：

$$a_{ii} = 1 + 0.5a_{s_i d_i} = 1 + f_i$$

$$a_{ij} = 0.5\ (a_{is_j} + a_{id_j})$$

式中，s_i 和 d_i 表示个体 i 的父亲和母亲；

s_j 和 d_j 表示个体 j 的父亲和母亲；

$a_{s_i d_i}$ 为 s_i 和 d_i 间的加性遗传相关（当个体 i 的双亲或一个亲本未知时，$a_{s_i d_i} = 0$）；

a_{is_j} 和 a_{id_j} 分别为个体 i 与 s_j 和 d_j 间的加性遗传相关（当个体 j 的父亲未知时，$a_{is_j} =$

0；当个体 j 的母亲未知时，$a_{id_j} = 0$）；

f_i 为个体 i 的近交系数。

一、A 矩阵构建步骤

例如有如下系谱：

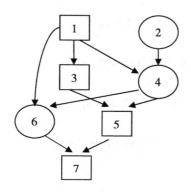

（1）所有个体按个体号、父亲号和母亲号列成一个 3 列表，如下。

个体号	父亲号	母亲号
1	—	—
2	—	—
3	1	—
4	1	2
5	3	4
6	1	4
7	5	6

列表时需注意如下事项。

① 在个体一列中应包括所有在父亲和母亲列中出现的个体。

② 在个体一列中应保证后代绝不会出现在亲代之前，也就是说后代的编号不能大于亲代编号，一般可按出生日期来排序。

③ 为便于编写计算机程序，个体可用自然数从 1 开始连续编号。

（2）对于双亲未知的个体，假定它们都是非近交个体，且彼此无血缘关系，称这些个体为基础群（base population）。

（3）计算 **A** 矩阵中的各个元素：

$a_{11} = 1$

$a_{12} = a_{21} = 0$

$a_{13} = \dfrac{1}{2}(a_{11}+0) = 0.5 = a_{31}$

$a_{14} = \dfrac{1}{2}(a_{11}+a_{12}) = \dfrac{1}{2}(1+0) = 0.5 = a_{41}$

$a_{15} = \dfrac{1}{2}(a_{13}+a_{14}) = \dfrac{1}{2}(0.5+0.5) = 0.5 = a_{51}$

$a_{16} = \dfrac{1}{2}(a_{11}+a_{14}) = \dfrac{1}{2}(1+0.5) = 0.75 = a_{61}$

$a_{17} = \dfrac{1}{2}(a_{15}+a_{16}) = \dfrac{1}{2}(0.5+0.25) = 0.375 = a_{71}$

$a_{22} = 1$

$a_{33} = 1+0 = 1$ （个体 3 有一亲本未知）

$a_{23} = \dfrac{1}{2}(a_{21}+0) = \dfrac{1}{2}(0+0) = 0 = a_{32}$

$a_{24} = \dfrac{1}{2}(a_{21}+a_{22}) = \dfrac{1}{2}(0+1) = 0.5 = a_{42}$

$a_{34} = \dfrac{1}{2}(a_{31}+a_{32}) = \dfrac{1}{2}(0.5+0) = 0.25 = a_{43}$

$a_{35} = \dfrac{1}{2}(a_{33}+a_{34}) = \dfrac{1}{2}(1+0.25) = 0.625 = a_{53}$

$a_{36} = \dfrac{1}{2}(a_{31}+a_{34}) = \dfrac{1}{2}(0.5+0.25) = 0.375 = a_{63}$

$a_{37} = \dfrac{1}{2}(a_{35}+a_{36}) = \dfrac{1}{2}(0.625+0.375) = 0.5 = a_{73}$

$a_{44} = 1+\dfrac{1}{2}a_{12} = 1+0 = 1$

$a_{45} = \dfrac{1}{2}(a_{43}+a_{44}) = \dfrac{1}{2}(0.25+1) = 0.625 = a_{54}$

$a_{46} = \dfrac{1}{2}(a_{41}+a_{44}) = \dfrac{1}{2}(0.5+1) = 0.75 = a_{64}$

$a_{47} = \dfrac{1}{2}(a_{45}+a_{46}) = \dfrac{1}{2}(0.625+0.75) = 0.6875 = a_{74}$

$$a_{55} = 1 + \frac{1}{2}a_{34} = 1 + 0.25 = 1.25$$

$$a_{56} = \frac{1}{2}(a_{51} + a_{54}) = \frac{1}{2}(0.5 + 0.625) = 0.5625 = a_{65}$$

$$a_{57} = \frac{1}{2}(a_{55} + a_{56}) = \frac{1}{2}(1.125 + 0.5625) = 0.84375 = a_{75}$$

$$a_{66} = 1 + \frac{1}{2}a_{14} = 1 + 0.25 = 1.25$$

$$a_{66} = 1 + \frac{1}{2}a_{14} = 1 + 0.25 = 1.25$$

$$a_{67} = \frac{1}{2}(a_{65} + a_{66}) = \frac{1}{2}(0.5625 + 1.25) = 0.90625$$

$$a_{77} = 1 + \frac{1}{2}a_{56} = 1 + 0.28125 = 1.28125$$

将以上元素代入矩阵 A 中得：

$$
A = \begin{bmatrix}
1 & 0 & 0.5 & 0.5 & 0.75 & 0.75 & 0.625 \\
  & 1 & 0 & 0.5 & 0.25 & 0.25 & 0.25 \\
  &   & 1 & 0.25 & 0.625 & 0.75 & 0.5 \\
  &   &   & 1 & 0.625 & 0.75 & 0.6875 \\
  &   &   &   & 1.125 & 0.5625 & 0.84375 \\
  &   &   &   &   & 1.25 & 0.90625 \\
  &   &   &   &   &   & 1.28125
\end{bmatrix}
$$

由上述矩阵还可看出，个体 5、6、7 为近交个体，其近交系数分别为 0.125、0.25 和 0.28125。

计算 A 矩阵的 Julia 代码：

```
function Hashpedigree(ped::Pedigree)        #依据个体号排列系谱
    n = ped.currentID - 1
    seqIDM = Array(Int64, n)
    seqIDK = Array(String, n)
    seq = 0
    for i = keys(ped.idMap)
        seq = seq + 1
        rowseq = ped.idMap[i].seqID
        seqIDK[rowseq] = i
```

```
            seqIDM[ rowseq] = seq
        end
        return seqIDK, seqIDM
    end
function Amatrix( ped: : Pedigree)
    n  = ped. currentID − 1
    A  = spzeros( n, n)
    A[ : , : ] = 0. 0
    pos   = Int64[ 0, 0, 0, 0]
    tem   = collect( keys( ped. idMap) )
    seqIDK, seqIDM = Hashpedigree( ped)
    for i = 1: n
        ind1, tem2 = next( tem, seqIDM[ i] )
        for j = i: n
        ind2, tem4 = next( tem, seqIDM[ j] )
        sire11  = ped. idMap[ ind1] . sire
        pos[ 1]  = sire11 == "0" ? 0: ped. idMap[ sire11] .seqID
        dam11    = ped. idMap[ ind1] . dam
        pos[ 2]  = dam11 == "0" ? 0: ped. idMap[ dam11] .seqID
        sire22  = ped. idMap[ ind2] . sire
        pos[ 3]  = sire22 == "0" ? 0: ped. idMap[ sire22] .seqID
        dam22    = ped. idMap[ ind2] . dam
        pos[ 4]  = dam22 == "0" ? 0: ped. idMap[ dam22] .seqID
        if ( i == j)
            if ( pos[ 1] == 0)  | | ( pos[ 2] == 0)
                A[ i, j] = 1. 0
        elseif  ( pos[ 1] * pos[ 2] ! = 0)
            A[ i, j] = 1+0. 5 * A[ pos[ 1] , pos[ 2] ]
        end
    elseif ( i! = j)
        if ( pos[ 3] * pos[ 4] ! = 0)
            A[ i, j] = 0. 5 * ( A[ i, pos[ 3] ] + A[ i, pos[ 4] ] )
            A[ j, i] = A[ i, j]
```

```
    elseif ( pos[3]! = 0)  && ( pos[4] == 0)
        A[ i, j] = 0. 5 * A[ i, pos[3] ]
        A[ j, i] = A[ i, j]
    elseif ( pos[3] == 0)  && ( pos[4]! = 0)
        A[ i, j] = 0. 5 * A[ i, pos[4] ]
        A[ j, i] = A[ i, j]
  elseif ( pos[3] == 0)  && ( pos[4] == 0)
        A[ i, j] = 0. 0
        A[ j, i] = A[ i, j]
        end
      end
    end
  end
  return ( A)
end
```

二、A^{-1}矩阵的直接构建

（1）非近交群体构建A^{-1}矩阵的方法。

Henderson（1975）提出了一个对于非近交群体可以从系谱直接构建A^{-1}（不需要先构建 A ）的简捷方法。一般的过程为，将个体 i 在加性遗传关系矩阵中的部分改写为：

$$A_i = \begin{bmatrix} A_{i-1} & A_{i-1}q_i \\ q'_i A_{i-1} & 1+f_i \end{bmatrix}$$

i 的父母已知时，q_i 为两个元素都等于 1/2 的向量；一个父母已知时，q_i 只有一个元素 为1/2；双亲都未知时，q_i 为两个元素都等于 0 的向量。A_i 的逆矩阵可写为如下形式：

$$A_i^{-1} = \begin{bmatrix} A_{i-1}^{-1} & 0 \\ 0 & 0 \end{bmatrix} + \begin{bmatrix} -q_i \\ 1 \end{bmatrix} a^{ii} \begin{bmatrix} -q'_i & 1 \end{bmatrix}$$

此处，$a^{ii} = (a_{ii} - q' A_{i-1} q)^{-1}$。如果双亲均已知：

$$a^{ii} = \left[1 + f_i - \left(\frac{1+f_{si}}{4} + \frac{1+f_{di}}{4} + f_i \right) \right]^{-1}$$

$$= \left[\frac{1}{2} - \frac{f_{si}}{4} - \frac{f_{di}}{4} \right]^{-1}$$

$$= \frac{4}{2 - f_{si} - f_{di}}$$

个体 i 对 A^{-1} 的贡献为：$\frac{a^{ii}}{4}$ 加到 (s_i, s_i)，(s_i, d_i)，(d_i, s_i) 和 (d_i, d_i)；$\frac{-a^{ii}}{2}$ 加到 (i, s_i)，(i, d_i)，(s_i, i) 和 (d_i, i)；a^{ii} 加到 (i, i)。只有一个亲本已知时，如只知道公畜时：

$$a^{ii} = \left[1 - \frac{1 + f_{si}}{4} \right]^{-1}$$

$$= \left[\frac{3}{4} - \frac{f_{si}}{4} \right]^{-1}$$

$$= \frac{4}{3 - f_{si}}$$

个体 i 对 A^{-1} 的贡献为：$\frac{a^{ii}}{4}$ 加到 (s_i, s_i)；$\frac{-a^{ii}}{2}$ 加到 (i, s_i) 和 (s_i, i)；a^{ii} 加到 (i, i)。当父母亲均未知时 $a^{ii} = 1$，即加 1 到 (i, i)。一般矩阵求逆算法的复杂性为 $O(n^3)$，而 Henderson 算法的复杂性为 $O(n)$，这主要是因为：q_i 很容易从系谱构建；q_i 最多只有两个非零元素。

综上所述，构建方法和步骤概括如下：

① 如同构建 A 矩阵一样，构建所有个体的系谱列表；

② 将 A^{-1} 矩阵设置为零矩阵（即所有元素设置为 0）；

③ 对于每一个个体，根据其双亲已知与否，计算下列数值并将它们加到 A^{-1} 中的标定位置上。

如果双亲已知：

要加的数值	A^{-1} 中的位置
2	(i, i)
−1	(i, s)，(s, i)，(i, d)，(d, i)
$\frac{1}{2}$	(s, s)，(d, d)，(s, d)，(d, s)

其中，i 表示个体，S 和 D 分别为 i 的父亲和母亲，(i, i) 为 A^{-1} 中的第 i 行第 i 列上的元素，其他类推。

如只有一个亲本已知：

要加的数值	A^{-1} 中的位置
4/3	(i, i)

（续表）

要加的数值	A^{-1}中的位置
-2/3	(i, p)，(p, i)
1/3	(p, p)

其中 p 表示个体 i 的已知亲本。

如双亲未知，则将 1 加到 A^{-1} 中 (i, i) 位置上。

前述 A 矩阵中，5、6、7 三个个体为近交个体，因而用上述方法构建 A 矩阵不正确，但可以构建除该 3 个个体之外的其他个体组成的 A^{*} 矩阵的逆阵 A^{*-1}。其中：

$$A^{*} = \begin{bmatrix} 1 & 0 & 0.5 & 0.5 \\ 0 & 1 & 0 & 0.5 \\ 0.5 & 0 & 1 & 0.25 \\ 0.5 & 0.5 & 0.25 & 1 \end{bmatrix}$$

构建方法如下。

① 根据个体分别计算有关元素值。

1：$(1,1) = 1$

2：$(2,2) = 1$

3：$(3,3) = \dfrac{4}{3}$ 　　　$(1,3) = \dfrac{-2}{3}$ 　　　$(1,1) = \dfrac{1}{3}$

　　$(4,4) = 2$ 　　　$(1,4) = -1$ 　　　$(2,4) = -1$

4：$(1,1) = \dfrac{1}{2}$ 　　　$(2,2) = \dfrac{1}{2}$ 　　　$(1,2) = \dfrac{1}{2}$

② 将上述涉及同一元素的有关数值相加得：

$(1,1) = 1 + \dfrac{1}{3} + \dfrac{1}{2} = \dfrac{11}{6}$；$(1,2) = \dfrac{1}{2}$；$(1,3) = \dfrac{-2}{3}$；$(1,4) = -1$

$(2,2) = 1 + \dfrac{1}{2} = \dfrac{3}{2}$；$(2,3) = 0$；$(2,4) = -1$

$(3,3) = \dfrac{4}{3}$；$(3,4) = 0$

$(4,4) = 2$

于是：

$$A^{*-1} = \begin{bmatrix} \dfrac{11}{6} & \dfrac{1}{2} & \dfrac{-2}{3} & -1 \\[2mm] \dfrac{1}{2} & \dfrac{3}{2} & 0 & -1 \\[2mm] \dfrac{-2}{3} & 0 & \dfrac{4}{3} & 0 \\[2mm] -1 & -1 & & 2 \end{bmatrix}$$

用 Julia 直接求逆，操作方法如下：

In [1]：A = [1 0 0.5 0.5; 0 1 1 0.25; 0.5 0 1 0.25; 0.5 0.5 0.25 1]

Out[1]:4x4 Array{Float64,2}：

1.0	0.0	0.5	0.5
0.0	1.0	1.0	0.25
0.5	0.0	1.0	0.25
0.5	0.5	0.25	1.0

In [2]：inv(A)   #直接求逆

或 pinv(A)   #广义逆

Out[2]:4x4 Array{Float64,2}：

2.0	0.4	−1.2	−0.8
1.0	1.2	−1.6	−0.4
−0.666667	1.11022e−16	1.33333	0.0
−1.33333	−0.8	1.06667	1.6

与上述结果基本相同。

（2）一般群体构建 A^{-1} 的方法。

A 矩阵可以分解为 A=LL′，其中 L 为下三角矩阵，它又可进一步写为 L=TD，其中 D 为对角线矩阵，其对角线元素等于 L 阵中对角线元素，T 为下三角矩阵，其对角线元素全为 1，因而 A^{-1} 可写为：

$$A^{-1} = (LL')^{-1} = (TDDT')^{-1} = T'^{-1}D^{-2}T^{-1}$$

由此建立 A^{-1} 的步骤如下

① 建立 T^{-1}，Henderson 证明 T^{-1} 中的对角线元素全为 1，在其第 i 行上，第 i 个个体的每一亲本所对应的元素为 −0.5，其余元素为 0。

对于上例来说，有：

$$T^{-1} = \begin{bmatrix} 1 & & & & & & \\ 0 & 1 & & & & & \\ -0.5 & 0 & 1 & & & & \\ -0.5 & -0.5 & 0 & 1 & & & \\ 0 & 0 & -0.5 & -0.5 & 1 & & \\ -0.5 & 0 & 0 & -0.5 & 0 & 1 & \\ 0 & 0 & 0 & 0 & -0.5 & -0.5 & 1 \end{bmatrix}$$

② 建立 D^{-2}。D^{-2} 是一对角线矩阵，设 δ_i 为其对角线上的第 i 个元素，因为 D 矩阵的对角线元素等于 L 矩阵的对角线元素，故有

$$\delta_i = \frac{1}{l_{ii}^2} \quad (\text{对角线矩阵的逆阵是将各元素求倒数})$$

其中，l_{ii} 是 L 矩阵的第 i 个对角线元素。Henderson 证明：

$$l_{ii} = \begin{cases} [0.5 - 0.25(f_s + f_d)]^{0.5} \\ (0.75 - 0.25 f_p)^{0.5} \\ 1 \end{cases}$$

上式中三行分别对应于个体的双亲 s 和 d 已知，个体 i 一个亲本 p 已知，个体 i 双亲未知时。其中 f_s，f_d 和 f_p 分别为 s，d 和 p 的近交系数。

根据 A 矩阵构建已知 $f_1 = f_2 = f_3 = f_4 = 0$，$f_5 = 0.125$，$f_6 = 0.25$，$f_7 = 0.28125$。

由此，

$l_{11} = 1$；$l_{22} = 1$；$l_{33} = (0.75 - 0.25 f_1)^{0.5} = \sqrt{0.75}$；

$l_{44} = [0.5 - 0.25(f_1 + f_2)]^{0.5} = \sqrt{0.5}$；$l_{55} = [0.5 - 0.25(f_3 + f_4)]^{0.5} = \sqrt{0.5}$；

$l_{66} = [0.5 - 0.25(f_1 + f_4)]^{0.5} = \sqrt{0.5}$；$l_{77} = [0.5 - 0.25(f_5 + f_6)]^{0.5} = \sqrt{0.40625}$

所以，

$\delta_1 = 1$；$\delta_2 = 1$；$\delta_3 = \dfrac{1}{0.75}$；$\delta_4 = \dfrac{1}{0.5}$；$\delta_5 = \dfrac{1}{0.5}$；$\delta_6 = \dfrac{1}{0.5}$；$\delta_7 = \dfrac{1}{0.40625}$

故

$$D^{-2} = \begin{bmatrix} 1 & & & & & & \\ & 1 & & & & & \\ & & \dfrac{1}{0.75} & & & & \\ & & & \dfrac{1}{0.5} & & & \\ & & & & \dfrac{1}{0.5} & & \\ & & & & & \dfrac{1}{0.5} & \\ & & & & & & \dfrac{1}{0.40625} \end{bmatrix}$$

③ 计算 A^{-1}。

$$A^{-1} = (T')^{-1} D^{-2} T^{-1}$$

$$A^{-1} = \begin{bmatrix} 2.3333 & 0.5000 & -0.6667 & -0.5000 & 0 & -1.0000 & 0 \\ 0.5000 & 1.5000 & 0 & -1.0000 & 0 & 0 & 0 \\ -0.6667 & 0 & 1.8333 & 0.5000 & -1.0000 & 0 & 0 \\ -0.5000 & -1.0000 & 0.5000 & 3.0000 & -1.0000 & -1.0000 & 0 \\ 0 & 0 & -1.0000 & -1.0000 & 2.6154 & 0.6154 & -1.2308 \\ -1.0000 & 0 & 0 & -1.0000 & 0.6154 & 2.6154 & -1.2308 \\ 0 & 0 & 0 & 0 & -1.2308 & -1.2308 & 2.4615 \end{bmatrix}$$

计算 A^{-1} 矩阵的 Julia 代码：

```julia
function AInverse(ped::Pedigree)
    n = ped.currentID - 1
    Ai = spzeros(n,n)
    pos = Int64[0,0,0]
    q   = [0.5,0.5,1.0]
    for ind in keys(ped.idMap)
        sire = ped.idMap[ind].sire
        dam  = ped.idMap[ind].dam
        pos[1] = sire=="0" ? 0 : ped.idMap[sire].seqID
        pos[2] = dam =="0" ? 0 : ped.idMap[dam ].seqID
        pos[3] = ped.idMap[ind].seqID
        if pos[1]>0 && pos[2]>0
            q[1] = -0.5
            q[2] = -0.5
```

```
        d = 4.0/(2 - ped. idMap[sire].f - ped. idMap[dam].f)
    elseif pos[1]>0
        q[1] = -0.5
        q[2] = 0.0
        d = 4.0/(3 - ped. idMap[sire].f)
    elseif pos[2]>0
        q[1] = 0.0
        q[2] = -0.5
        d = 4.0/(3 - ped. idMap[dam].f)
    else
        q[1] = 0.0
        q[2] = 0.0
        d = 1.0
    end
    for i=1:3
        ii = pos[i]
        if ii>0
          for j=1:3
            jj = pos[j]
            if jj>0
                Ai[ii,jj] += q[i] * q[j] * d
              end
            end
          end
        end
      end
    return (Ai)
end
```

第三节　计算实例

使用"mkPedigree"函数对系谱中的个体进行排序，使子代位于亲代之后。

function code!(ped:: Pedigree, id:: UTF8String)　　#对个体号进行重新编码

```
        if ped. idMap[ id] . seqID! = 0
            return
        end
        sireID = ped. idMap[ id] . sire
        damID   = ped. idMap[ id] . dam
        if sireID! = "0" && ped. idMap[ sireID] . seqID = = 0
            code! ( ped, sireID)
        end
        if damID! = "0" && ped. idMap[ damID] . seqID = = 0
            code! ( ped, damID)
        end
        ped. idMap[ id] . seqID = ped. currentID
        ped. currentID += 1
    end
    function fillMap! ( ped: : Pedigree, df)        #依据个体新编码填充系谱信息
        n = size( df, 1)
        for i in df[ : , 2]
            if i! = "0" && ! haskey( ped. idMap, i)
                ped. idMap[ i] =PedNode( 0, "0", "0", −1. 0)
            end
        end
        for i in df[ : , 3]
            if i! = "0" && ! haskey( ped. idMap, i)
                ped. idMap[ i] =PedNode( 0, "0", "0", −1. 0)
            end
        end
        j=1
        for i in df[ : , 1]
            ped. idMap[ i] =PedNode( 0, df[ j, 2], df[ j, 3], −1. 0)
            j+=1
        end
    end
    function mkPed( pedFile: : String)        #调用以上函数生成系谱
```

$df = readtable(pedFile, eltypes=[UTF8String, UTF8String, UTF8String], separator=″,$

　　$header=false)$

$idMap = Dict()$

$aij = spzeros(1,1)$

$setNG = Set()$

$setG = Set()$

$counts = zeros(2);$

$ped = Pedigree(1, idMap, aij, setNG, setG, counts)$

$fillMap!(ped, df)$

$for\ id\ in\ keys(ped.idMap)$

　　$code!(ped, id)$

end

$n = ped.currentID - 1$

$ped.aij = spzeros(n, n)$

$for\ id\ in\ keys(ped.idMap)$

　　$calcInbreeding!(ped, id)$

end

$return(ped)$

end

　　使用上诉"Amatrix"函数计算分子血缘相关矩阵，其输出结果使用稀疏矩阵存储，可使用"round（full（A），2）"转化为保留2位小数的满矩阵。以下图所示系谱为例，其重新编码的系谱如下：

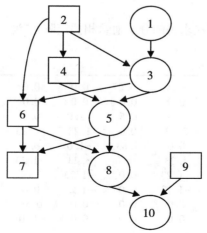

原 ID Original ID	新 ID New ID	父 ID Male ID	母 ID Female ID
" 8"	7	" 6"	" 5"
" 4"	5	" 2"	" 0"
" 1"	2	" 0"	" 0"
" 5"	6	" 4"	" 3"
" 2"	1	" 0"	" 0"
" 6"	4	" 2"	" 3"
" 7"	8	" 6"	" 5"
" 10"	10	" 9"	" 8"
" 9"	9	" 0"	" 0"
" 3"	3	" 2"	" 1"

其分子血缘相关矩阵 A 为：

1.0	0.0	0.5	0.75	0.5	0.5	0.63	0.63	0.0	0.31
0.0	1.0	0.5	0.25	0.0	0.25	0.25	0.25	0.0	0.13
0.5	0.5	1.0	0.75	0.25	0.63	0.69	0.69	0.0	0.34
0.75	0.25	0.75	1.25	0.38	0.56	0.91	0.91	0.0	0.45
0.5	0.0	0.25	0.38	1.0	0.63	0.5	0.5	0.0	0.25
0.5	0.25	0.63	0.56	0.63	1.13	0.84	0.84	0.0	0.42
0.63	0.25	0.69	0.91	0.5	0.84	1.28	0.88	0.0	0.64
0.63	0.25	0.69	0.91	0.5	0.84	0.88	1.28	0.0	0.44
0.0	0.0	0.0	0.0	0.0	0.0	0.0	0.0	1.0	0.5
0.31	0.13	0.34	0.45	0.25	0.42	0.64	0.44	0.5	1.0

使用"AInverse"函数直接求得的分子血缘相关矩阵 A$^-$ 为：

2.33	0.5	−0.5	−1.0	−0.67	0.0	0.0	0.0	0.0	0.0
0.5	1.5	−1.0	0.0	0.0	0.0	0.0	0.0	0.0	0.0
−0.5	−1.0	3.0	−1.0	0.5	−1.0	0.0	0.0	0.0	0.0
−1.0	0.0	−1.0	3.23	0.0	1.23	−1.23	−1.23	0.0	0.0
−0.6	0.0	0.5	0.0	1.83	−1.0	0.0	0.0	0.0	0.0
7	0.0	−1.0	1.23	−1.0	3.23	−1.23	−1.23	0.0	−1.16
0.0	0.0	0.0	−1.23	0.0	−1.23	3.04	0.0	0.58	−1.16
0.0	0.0	0.0	−1.23	0.0	−1.23	0.0	2.46	0.0	0.0
0.0	0.0	0.0	0.0	0.0	0.0	0.58	0.0	1.58	−1.16
0.0	0.0	0.0	0.0	0.0	0.0	−1.16	0.0	−1.16	2.33
0.0									

计算系谱中所有个体近交系数的 Julia 代码：

```
function inbreeding(pedFile: : String)
    ped = mkPed(pedFile)
    n = ped. currentID − 1
    Inbreeding = Array(Float64, n)
Inbreedingindex = Array(String, n)
seq = 0
for i = keys(ped. idMap)
    seq = seq+1
    Inbreeding[ seq] = ped. idMap[ i]. f
Inbreedingindex[ seq] = i
    end
    return hcat( Inbreedingindex, Inbreeding)
end
```

近交系数为形成合子的两个配子源于同一共同祖先的概率。由通径系数原理可知个体 X 的近交系数即为形成 X 个体的两个配子间的相关系数，一般用 Fx 表示。使用上述 "Inbreeding" 函数计算 10 个个体的近交系数为：

"8"	"4"	"1"	"5"	"2"	"6"	"7"	"10"	"9"	"3"
0. 28125	0. 0	0. 0	0. 125	0. 0	0. 25	0. 28125	0. 0	0. 0	0. 0

In[1] *Hashpedigree(ped)*

Out[1] (["2", "1", "3", "6", "4", "5", "8", "7", "9", "10"], [5, 3, 10, 6, 2, 4, 1, 7, 9, 8])

第三章　动物遗传育种中的数据模拟

在动物遗传育种领域，由于世代间隔较长和试验设计的理论复杂性，收集数据和试验费用往往较高，因此数据模拟软件或程序的开发对遗传育种研究起着重要作用。但是，现有的模拟软件或程序往往具有很大的局限性，例如它们只适合特定的研究问题，购买和使用费用较高，只适用特定操作系统，较难处理大型数据集，软件更新缓慢和不开源等。因此，虽然有很多模拟程序可以使用，但是在很多情况下数据模拟依然是遗传育种研究中的基础性工作。通过编写模拟程序，育种工作者可以通过修改模型参数来研究育种理论和应用问题，研究育种新方法或模型的性能和适用情况，比较不同模型的优劣，丰富科研论文的内容，澄清理论疑点和难点等。

蒙特卡罗（Monte Carlo）模拟，又称随机抽样或统计试验方法，因摩纳哥著名的赌场而得名。它是在 20 世纪 40 年代中期为了适应当时原子能事业的发展而发展起来的。它是用一系列随机数来近似解决问题的一种方法，是通过概率统计的相似性并用试验取样过程来获得近似解的处理数学问题的一种手段。Monte Carlo 方法主要用于仿真和取样。例如，$f(x)$ 在 $a<x<b$ 上的平均值可以通过随机选取有限个数的点的平均值来进行估计。这就是数值积分的 Monte Carlo 方法。此外，它也被成功地用于求解微分方程和积分方程，求解特征值，矩阵转置，以及用于计算多重积分。Monte Carlo 计算方法需要有可获得、服从特定概率分布的随机选取的数值序列作为基础。

第一节　随机数和随机变量的产生

较为普遍应用的产生随机数的方法是选取一个函数 $g(x)$，使其将整数变换为随机数。以某种方法选取 x_0，并按照 $x_{k+1}=g(x_k)$ 产生下一个随机数。最一般的方程 $g(x)$ 具有如下形式：

$$g(x) = (ax + c)\bmod m \tag{3.1}$$

其中，$x_0 =$ 初始值或种子（$x_0 > 0$），$a =$ 乘法器（$a \geqslant 0$），$c =$ 增值（$c \geqslant 0$），$m =$ 模数。

对于 t 数位的二进制整数，其模数通常为 2^t。例如，对于 32 位的计算机 m 即可取 2^{32-1}。这里 x_0、a 和 c 都是整数，且具有相同的取值范围 $m > a$，$m > c$，$m > x_0$。所需的随机数序 $\{x_n\}$ 便可由下式得

$$x_{n+1} = (ax_n + c)\bmod m \tag{3.2}$$

该序列称为线性同余序列。例如，若 $x_0 = a = c = 7$ 且 $m = 10$，则该序列为

$$7, 6, 9, 0, 7, 6, 9, 0\cdots \tag{3.3}$$

可以证明，同余序列总会进入一个循环套。也就是说，最终总会出现一个无休止重复的数字的循环。（3.3）式中序列周期长度为4。当然，一个有用的序列必须具有相对较长周期的序列。许多学者都用术语乘同余法和混合同余法分别指代 $c = 0$ 和 $c \neq 0$ 时的线性同余法。

例如在区间（0，1）内服从均匀分布的随机数的产生。用字符 U 来表示这些数字，则由式（3.2）可得

$$U = \frac{x_{n-1}}{m} \tag{3.4}$$

这样 U 仅在数组 $\{0, 1/m, 2/m, \cdots, (m-1)/m\}$ 中取值。对于区间（0，1）内的随机数，一种快速检测其随机性的方法是看其均值是否为 0.5。产生区间（a，b）内均匀分布的随机数 X，可用下式

$$X = a + (b - a)U \tag{3.5}$$

用计算机编码产生的随机数，利用式（3.2）和（3.4）并不是完全随机的；事实上，给定序列种子，序列的所有数字 U 都是完全可预测的。一些学者为强调这一点，将这种计算机产生的序列称为伪随机数。但如果适当选取 a、c 和 m，序列 U 的随机性便足以通过一系列的统计检测。它们相对于真随机数具有可快速产生、需要时可再生的优点，尤其便于程序调试。

Monte Carlo 程序中通常需要产生服从给定概率分布 $F(x)$ 的随机变量，包括直接法和舍去法。

直接法（也称反演法或变换法），需要转换与随机变量 X 相关的累积概率函数 $F(x) = P(X \leqslant x)$（即：$F(x)$ 为 $X \leqslant x$ 的概率）。$0 \leqslant F(x) \leqslant 1$ 显然表明，通过产生（0，1）内均匀分布随机数 U，经转换我们可得服从 $F(x)$ 分布的随机样本 X。为了得到这样的具有概率分布 $F(x)$ 的随机数 X，不妨设 $U = F(x)$，即可得

$$X = F^{-1}(U) \tag{3.6}$$

其中，X 具有分布函数 $F(x)$。例如，若 X 是均值为 μ 呈指数分布的随机变量，且

$$F(x) = 1 - e^{-x/\mu}, \ 0 < x < \infty \tag{3.7}$$

在 $U = F(x)$ 中解出 X 可得

$$X = -\mu\ln(1 - U) \tag{3.8}$$

由于 $(1 - U)$ 本身就是区间（0，1）内的随机数，故可简写为

$$X = -\mu\ln U \tag{3.9}$$

有时式（3.6）所需的反函数 $F^{-1}(x)$ 不存在或很难获得，这种情况可用舍去法来处理。令 $f(x) = \dfrac{dF(x)}{dx}$ 为随机变量 X 的概率密度函数，令 $a > x > b$ 时的 $f(x) = 0$，且 $f(x)$ 上界为 M

（即 $f(x) \leq M$），如下图所示。我们产生区间（0，1）内的两个随机数（U_1，U_2），则

$$X_1 = a + (b - a)U_1 \quad f_1 = U_2 M \tag{3.10}$$

分别为在（a，b）和（0，M）内均匀分布的随机数。若

$$f_1 \leq f(X_1) \tag{3.11}$$

则 X_1 为 X 的可选值，否则被舍去，然后再试新的一组（U_1，U_2）。如此运用舍去法，所有位于 $f(x)$ 以上的点都被舍去，而位于 $f(x)$ 上或以下的点都由 $X_1 = a + (b - a)U_1$ 来产生 X_1。

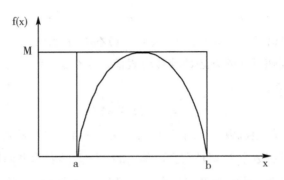

舍去法产生概率密度函数为 $f(x)$ 的随机变量

第二节　误差计算

Monte Carlo 程序给出的解在其平均值附近波动，而且不可能达到 100% 的置信度。要计算 Monte Carlo 算法的统计偏差，就必须采用与统计量相关的各种统计方法。我们只简要介绍期望值和方差的概念，并利用中心极限定理来获得误差估计。

设 X 是随机变量，则 X 的期望值或均值 $\bar{x}$ 定义为

$$\bar{x} = \int_{-\infty}^{\infty} x f(x) \, dx \tag{3.12}$$

这里 $f(x)$ 是 X 的概率密度分布函数。如果从 $f(x)$ 中抽取独立的随机样本 x_1，x_2，…，x_N，那么 x 估计值就表现为 N 个样本的均值。

$$\hat{x} = \frac{1}{N} \sum_{n=1}^{N} x_n \tag{3.13}$$

$\bar{x}$ 是 X 真正的平均值，而 $\hat{x}$ 只是 $\bar{x}$ 的有着准确期望值的无偏估计。虽然 $\hat{x}$ 的期望值等于 $\bar{x}$，但 $\hat{x} \neq \bar{x}$。因此，我们还需要 $\hat{x}$ 的值在 $\bar{x}$ 附近的统计量。

为了估计 X 以及 $\hat{x}$ 在 $\bar{x}$ 附近的分布，我们需要引入 X 的方差，其定义为 X 与 $\bar{x}$ 差的平方的期望值，即

$$Var(x) = \sigma^2 = \overline{(x - \bar{x})^2} = \int_{-\infty}^{\infty} (x - \bar{x})^2 f(x) \, dx \tag{3.14}$$

由于 $(x - \bar{x})^2 = x^2 - 2x\bar{x} + \bar{x}^2$，故有

$$\sigma^2(x) = \int_{-\infty}^{\infty} x^2 f(x)\,dx - 2\bar{x}\int_{-\infty}^{\infty} xf(x)\,dx + \bar{x}^2\int_{-\infty}^{\infty} f(x)\,dx \qquad (3.15)$$

或者

$$\sigma^2(x) = \overline{x^2} - \bar{x}^2 \qquad (3.16)$$

方差的平方根称为标准差，即 $\sigma(x) = (\overline{x^2} - \bar{x}^2)^{1/2}$ $\qquad (3.17)$

标准差给出了 x 在均值 $\bar{x}$ 附近的分布测度，并由此给出了误差幅度的阶数。$\hat{x}$ 标准差与 x 标准差的关系为

$$\sigma(\hat{x}) = \frac{\sigma(x)}{\sqrt{N}} \qquad (3.18)$$

上式表明，根据式（3.13），由 N 个 x_n 值构成的 $\hat{x}$ 来估计 $\bar{x}$，那么结果中 $\hat{x}$ 在 $\bar{x}$ 附近的离散范围便与 $\sigma(x)$ 成比例，且随着样本数 N 的增加而降低。

为了估计 $\hat{x}$ 的扩散范围，定义样本方差为

$$S^2 = \frac{1}{N-1}\sum_{n=1}^{N}(x_n - \hat{x})^2 \qquad (3.19)$$

由式（3.19）还可看出 S^2 的期望值等于 $\sigma^2(x)$。因此样本方差是 $\sigma^2(x)$ 的无偏估计。将（3.19）式中的平方项乘出来，便可得样本标准差为

$$S = \left(\frac{N}{N-1}\right)^{1/2}\left[\frac{1}{N}\sum_{n=1}^{N}x_n^2 - \hat{x}^2\right]^{1/2} \qquad (3.20)$$

当 N 较大时，系数 $N/(N-1)$ 可设为 1。

作为获得中心极限定理的一种方法，概率论的一个基本解可考虑二次项函数

$$B(M) = \frac{N!}{M!\,(N-M)!}p^M q^{N-M} \qquad (3.21)$$

该式表明 N 次独立随机试验中有 M 次成功的概率。（3.21）中，p 是一次试验中成功的概率，且 $q = 1 - p$。当 M 和 $N - M$ 都较大时，便可用 Stirling 公式

$$n! \sim n^n e^{-n}\sqrt{2\pi n} \qquad (3.22)$$

因此（3.21）式可近似为正态分布

$$B(M) \approx f(\hat{x}) = \frac{1}{\sigma(\hat{x})\sqrt{2\pi}}\exp\left[-\frac{(\hat{x}-\bar{x})^2}{2\sigma^2(\hat{x})}\right] \qquad (3.23)$$

其中，$\bar{x} = N_p$，且 $\sigma(\hat{x}) = \sqrt{Npq}$。因此当 $N \to \infty$ 时，由中心极限定理，由 N 点 Monte Carlo 算法获得 $\hat{x}$ 分布的概率密度函数是（3.23）式所示的正态分布函数 $f(x)$。也就是说，大量随机变量的集合趋于正态分布。将（3.18）式代入（3.23）式可得

$$f(\hat{x}) = \sqrt{\frac{N}{2\pi}}\frac{1}{\sigma(x)}\exp\left[-\frac{N(\hat{x}-\bar{x})^2}{2\sigma^2(x)}\right] \qquad (3.24)$$

正态分布的特性源于中心极限定理。因此，正态分布经常用于描述许多不规则的、随机元素构成的集合的情况。例 3.1 给出了根据中心极限定理产生服从正态分布随机变量的算法。

由于样本数 N 是有限的，所以 Monte Carlo 算法不可能达到绝对的正确性。因此在 $\bar{x}$ 附近估计出某一范围或区间以确保估计量的 $\hat{x}$ 落入该范围内。假设要得到 $\hat{x}$ 位于 $\bar{x}-\delta$ 和 $\bar{x}+\delta$ 之间的概率。由定义

$$\Pr\{\bar{x}-\delta < \hat{x} < \bar{x}+\delta\} = \int_{\bar{x}-\delta}^{\bar{x}+\delta} f(\hat{x})\,d\hat{x} \tag{3.25}$$

令 $\lambda = \dfrac{(\hat{x}-\bar{x})}{\sqrt{2/N}\,\sigma(x)}$ 可得

$$\Pr\{\bar{x}-\delta < \hat{x} < \bar{x}+\delta\} = \frac{2}{\sqrt{\pi}} \int_0^{(\sqrt{N/2})\,(\delta/\sigma)} e^{-\lambda^2}\,d\lambda \tag{3.26a}$$
$$= erf\left(\sqrt{N/2}\,\frac{\delta}{\sigma(x)}\right)$$

或

$$\Pr\left\{\bar{x}-z_{\alpha/2}\frac{\sigma}{\sqrt{N}} \leq \hat{x} \leq \bar{x}+z_{\alpha/2}\frac{\sigma}{\sqrt{N}}\right\} = 1-\alpha \tag{3.26b}$$

其中，$erf(x)$ 是误差函数，且 $z_{\alpha/2}$ 是标准正态分布的 $\alpha/2$ 分位点。对式（3.26）式可做如下解释：如果用独立随机观测值构建随机区间 $\bar{x}\pm\delta$ 的 Monte Carlo 程序，以较大的 N 值反复运行多次，则这些随机区间的 $erf\left(\sqrt{\dfrac{N}{2}}\,\dfrac{\delta}{\sigma(x)}\right)$ 分位点将近似等于 $\hat{x}$。随机区间 $\bar{x}\pm\delta$ 称为置信区间，$erf\left(\sqrt{\dfrac{N}{2}}\,\dfrac{\delta}{\sigma(x)}\right)$ 称为置信度。大多数的 Monte Carlo 算法都使用误差 $\delta = \sigma(x)/\sqrt{N}$，这表明 $\hat{x}$ 在实际均值 $\bar{x}$ 的标准差范围内。由（3.26）式可得，样本均值 $\hat{x}$ 位于区间 $\hat{x}\pm\sigma(x)/\sqrt{N}$ 内的概率是 0.6826 或 68.3%。若要求更高的置信度，可用两倍或三倍标准差来计算。如

$$\Pr\left\{\bar{x}-M\frac{\sigma(x)}{\sqrt{N}} < \hat{x} < \bar{x}+M\frac{\sigma(x)}{\sqrt{N}}\right\} = \begin{cases} 0.6826, & M=1 \\ 0.954, & M=2 \\ 0.997, & M=3 \end{cases} \tag{3.27}$$

其中 M 是标准差的个数。

在式（3.26）和式（3.27）式中均假设总体标准差 σ 为已知。由于这种情况很少出现，故必须用式（3.20）式算得的样本标准差 S 来估计 σ 的值，从而用 t 分布取代正态分布。当 N 很大时，比如 $N>30$ 时，t 分布近似趋于正态分布。此时式（3.26）式等价于

$$\Pr\left\{\bar{x}-\frac{St_{\alpha/2;\,N-1}}{\sqrt{N}} \leq \hat{x} \leq \bar{x}+\frac{St_{\alpha/2;\,N-1}}{\sqrt{N}}\right\} = 1-\alpha \tag{3.28}$$

其中，$t_{\alpha/2;\ N-1}$ 为自由度 $N-1$ 的 t 分布的 $\alpha/2$ 分位点。这样置信区间的上、下限便可由下式给出

$$上限\ l_1 = \bar{x} + \frac{St_{\alpha/2;\ N-1}}{\sqrt{N}} \tag{3.29}$$

$$下限\ l_2 = \bar{x} - \frac{St_{\alpha/2;\ N-1}}{\sqrt{N}} \tag{3.30}$$

例 3.1　利用中心极限定理产生服从正态分布的随机变量 X。根据中心极限定理，大样本均值附近的独立随机变量的总和，无论其样本的分布如何，总趋近于正态分布。也就是说，对于任意随机数 Y_i，$i = 1，2，\cdots，N$，均值为 $\bar{Y}$，方差为 $Var(Y)$。

$$Z = \frac{\sum_{i=1}^{N} Y_i - N\bar{Y}}{\sqrt{N\,Var(Y)}} \tag{3.31}$$

渐进服从均值为 0、标准差为 1 的正态分布。若 Y_i 是均匀分布的随机变量（即 $Y_i = U_i$），则 $\bar{Y} = 1/2$，$Var(Y) = 1/\sqrt{12}$，故

$$Z = \frac{\sum_{i=1}^{N} U_i - N/2}{\sqrt{N/12}} \tag{3.32}$$

且变量

$$X = \sigma Z + \mu \tag{3.33}$$

近似服从均值为 μ、方差为 σ^2 的正态分布。N 小于 3 时近似为钟形正态分布。为简化计算，实际中通常设 $N = 12$，这样可消除（3.32）式中的平方根项。然而 N 的这种取值截掉了 $\pm 6\sigma$ 处的分布，且无法产生超过 3σ 的值。对于正态分布两端比较重要的模拟，就必须用其他方案来产生正态分布。这样，要产生一个均值为 μ、标准差为 σ 的正态随机变量 X，就要遵循以下步骤。

（1）生成 12 个服从均匀分布的随机数 U_1，U_2，$\cdots$，U_{12}

（2）求 $Z = \sum_{i=1}^{12} U_i - 6$

（3）令 $X = \sigma Z + \mu$

第三节　使用 Julia 语言模拟数据

一、截断正态分布的平均数和方差

设 $Y \sim N(\mu_Y，V_Y)$，其平均数和方差为

$$E(Y \mid Y > t) = \mu_Y + V_Y^{1/2}i \tag{3.34}$$

此处

$$i = \frac{f(s)}{p}$$

$f(s)$ 是标准正态密度函数

$$s = \frac{t - \mu_Y}{V_Y^{1/2}} \tag{3.35}$$

$$p = \Pr(Y > t) \tag{3.36}$$

$$Var(Y \mid Y > t) = V_Y[1 - i(i - s)] \tag{3.37}$$

标准正态截断分布平均数和方差的证明：

设 $Z \sim N(0, 1)$，则其密度函数为

$$f(z) = \sqrt{\frac{1}{2\pi}} e^{-\frac{1}{2}z^2} \tag{3.38}$$

其截断密度函数为

$$f(z \mid z > s) = f(z)/p \tag{3.39}$$

由平均数的定义：

$$E(Z \mid Z > s) = \frac{1}{p} \int_s^\infty zf(z)\,dz = \frac{1}{p}[-f(z)]_s^\infty = \frac{f(s)}{p} = i \tag{3.40}$$

对 z 的一阶倒数为

$$\frac{d}{dz}f(z) = \sqrt{\frac{1}{2\pi}} e^{-\frac{1}{2}z^2}(-z) = -z\int(z) \tag{3.41}$$

其方差为

$$\frac{d}{dz}zf(z) = f(z) + z\frac{d}{dz}f(z) = f(z) - z^2f(z) \tag{3.42}$$

式 (3.42) 两侧求 s 到 ∞ 的积分：

$$zf(z)]_s^\infty = \int_s^\infty f(z)\,dz - \int_s^\infty z^2f(z)\,dz \tag{3.43}$$

对式 (3.43) 进行重排

$$\int_s^\infty z^2f(z)\,dz = \int_s^\infty f(z)\,dz - zf(z)]_s^\infty \quad \frac{1}{p}\int_s^\infty z^2f(z)\,dz = \frac{1}{p}\int_s^\infty f(z)\,dz + \frac{f(s)}{p}s = 1 + is \tag{3.44}$$

因此

$$Var(Z \mid Z > s) = E(Z^2 \mid Z > s) - [E(Z \mid Z > s)]^2 = 1 + is - i^2 = 1 - i(i - s) \tag{3.45}$$

Y 方差的推断：设 Y 服从 $\mu_Y + V_Y^{1/2}Z \sim N(\mu_Y,\ V_Y)$，因此，设 $Y = \mu_Y + V_Y^{1/2}Z$，此时，$Y > t$ 的条件分布等于 $\mu_Y + V_Y^{1/2}Z > t V_Y^{1/2}Z > t - \mu_Y Z > \dfrac{t - \mu_Y}{V_Y^{1/2}}Z > s$，则

此时

$$E(Y \mid Y > t) = E(\mu_Y + V_Y^{1/2}Z \mid Z > s) = \mu_Y + V_Y^{1/2}i \qquad (3.46)$$

其方差为：

$$Var(Y \mid Y > t) = Var(\mu_Y + V_Y^{1/2}Z \mid Z > s) = V_Y[1 - i(i - s)] \qquad (3.47)$$

二、Monte-Carlo 方法示例

依据式（3.46）和式（3.47），Julia 代码的示例如下：

In[1]: *Pkg. add("Distributions")* #需安装 Julia 统计计算包"Distributions"，只需安装一次

In[2]: *using Distributions*　　　#加载"Distributions"包

　　　using Printf

In[3]: *μ = 10*

　　　σ = 10

　　　t = 15

　　　s = (t−μ)∕σ

　　　d = Normal(0. 0, 1. 0)

　　　i = pdf(d, s)∕(1−cdf(d, s))

　　　*meanTruncatedNormal = μ + σ * i*

　　　*variTruncatedNormal = σ * σ * (1 − i * (i−s))*

　　　@ printf "mean = %8. 2f　\\n" meanTruncatedNormal

　　　@ printf "variance = %8. 2f　\\n" variTruncatedNormal

Out[3]: mean　　 =　　 21. 41

　　　 variance = 26. 85

In[4]: *using Distributions*

　　　μ = 10

　　　σ = 10

　　　z = rand(Normal(μ, σ), 10000);

In[5]: *mcmcMean = mean(z[z. >t])*

　　　mcmcVar = var(z[z. >t])

　　　@ printf "MCMC mean　　 = %8. 2f　\\n" mcmcMean

$@ printf$ "MCMC variance = %8. 2f   \\n" mcmcVar

Out[5]：MCMC mean   =   21. 39

   MCMC variance =   26. 81

二元正态分布示例，$Y \sim N(\mu, V)$，其中 $\mu = \begin{bmatrix} 10 & 20 \end{bmatrix}$，$V = \begin{bmatrix} 100 & 50 \\ 50 & 200 \end{bmatrix}$

其 Julia 代码如下：

In [6]：$\mu = [10. 0; 20. 0]$

   $V = [100. 0\ 50. 0$

    $50. 0\quad 200. 0]$

   $d = MvNormal(\mu, V)$

   $XY = rand(d, 10000)'$

Out[6]：10000×2 Array{Float64, 2}：

28. 9035	43. 3958
6. 61979	3. 80767
9. 70121	31. 464
16. 1137	33. 9301
13. 9076	13. 3226
26. 4512	35. 3391
6. 4254	32. 9267
10. 3265	24. 9411
17. 7488	37. 6827
20. 2103	15. 3559
12. 7424	16. 2542
1. 94229	18. 963
12. 8146	−17. 0565
⋮	
5. 07112	26. 0922
9. 44199	4. 23392
−7. 17938	−4. 71998
21. 2757	47. 5987
15. 0314	28. 9365
22. 2481	25. 6289
1. 06667	5. 39949

8. 57785	35. 5857
23. 874	25. 1672
20. 0912	20. 5662
2. 04933	19. 7406
−7. 53251	−1. 30881

三、随机数模拟函数

1. 产生（a，b）区间的均匀分布随机数

function rand_uniform(a, b)

   *a + rand( ) * (b − a)*

end

2. 产生服从正态分布（Gaussian）的随机数

function rand_normal(mean, stdev)

   if stdev <= 0. 0

      error("standard deviation must be positive")

   end

   u1 = rand( )

   u2 = rand( )

   *r = sqrt(−2. 0 * log(u1))*

   *theta = 2. 0 * pi * u2*

   *mean + stdev * r * sin(theta)*

end

3. 产生服从指数分布的随机数

function rand_exponential(mean)

   if mean <= 0. 0

      error("mean must be positive")

   end

   *−mean * log(rand( ))*

end

4. 产生服从伽马分布的随机数

function rand_gamma(shape, scale)

   if shape <= 0. 0

```
        error("Shape parameter must be positive")
    end
    if scale <= 0.0
        error("Scale parameter must be positive")
    end
    if shape >= 1.0
        d = shape - 1.0/3.0
        c = 1.0/sqrt(9.0 * d)
        while true
            x = rand_normal(0, 1)
            v = 1.0 + c * x
            while v <= 0.0
                x = rand_normal(0, 1)
                v = 1.0 + c * x
            end
            v = v * v * v
            u = rand()
            xsq = x * x
            if u < 1.0 -.0331 * xsq * xsq || log(u) < 0.5 * xsq + d * (1.0 - v + log(v))
                return scale * d * v
            end
        end
    else
        g = rand_gamma(shape+1.0, 1.0)
        w = rand()
        #return scale * g * pow(w, 1.0/shape)
        return scale * g * (w^(1.0/shape))
    end
end
```

5. 产生服从卡方分布的随机数，参数为自由度

```
function rand_chi_square(dof)
    rand_gamma(0.5 * dof, 2.0)
end
```

6. 产生服从逆伽马分布的随机数

function rand_inverse_gamma(shape, scale)

    ## If X is gamma(shape, scale) then

    ## 1/Y is inverse gamma(shape, 1/scale)

    1. 0 / rand_gamma(shape, 1. 0 / scale)

end

7. 产生服从 Weibull 分布的随机数

function rand_weibull(shape, scale)

    if shape <= 0. 0

        error("Shape parameter must be positive")

    end

    if scale <= 0. 0

        error("Scale parameter must be positive")

    end

    *scale * pow(-log(rand( )), 1. 0 / shape)*

end

8. 产生服从 Cauchy 分布的随机数

function rand_cauchy(median, scale)

    if scale <= 0. 0

        error("Scale parameter must be positive")

    end

    p = rand( )

    *median + scale * tan[pi * (p - 0. 5)]*

end

9. 产生服从 t 分布的随机数

function rand_student_t(dof)

    if dof <= 0

        error("Degrees of freedom must be positive")

    end

    ## See Seminumerical Algorithms by Knuth

    y1 = rand_normal(0, 1)

    y2 = rand_chi_square(dof)

    y1 / sqrt(y2 / dof)

end

10. 产生服从 Laplace（双指数）分布的随机数

function rand_ laplace(mean, scale)

    if scale <= 0. 0

        error("Scale parameter must be positive")

    end

    u = rand( )

    if u < 0. 5

        *retval = mean + scale * log(2. 0 * u)*

    else

        *retval = mean − scale * log(2 * (1−u))*

    end

    retval

end

11. 产生服从对数正态分布的随机数

function rand_ log_ normal(mu, sigma)

    return exp(rand_ normal(mu, sigma))

end

12. 产生服从 beta 分布的随机数

function rand_ beta(a, b)

    if a <= 0 | | b <= 0

        error("Beta parameters must be positive")

    end

    ## http://www. johndcook. com/distribution_ chart. html#gamma_ beta

    u = rand_ gamma(a, 1. 0)

    v = rand_ gamma(b, 1. 0)

    u / (u + v)

end

第四节　计算实例

一、模拟基因型协方差矩阵

In [7]: *nRows = 10*

    nCols = 5

    $X = sample([0, 1, 2], (nRows, nCols))$

Out[7]: 10×5 Array{Int64, 2}:

    0　0　2　1　2

    1　1　1　1　0

    0　2　1　1　0

    1　2　1　0　2

    0　1　1　0　2

    2　1　0　0　2

    2　2　2　0　2

    1　2　2　2　1

    0　0　2　2　1

    2　2　0　2　0

其中，X 矩阵中的每一个元素都从矩阵 [0，1，2] 中抽取。

在上例基础上增加"截距"向量：

In [8]: *X = [ones(nRows, 1) X]*

Out[8]: 10x6 Array{Float64, 2}:

    1.0　0.0　0.0　2.0　1.0　2.0

    1.0　1.0　1.0　1.0　1.0　0.0

    1.0　0.0　2.0　1.0　1.0　0.0

    1.0　1.0　2.0　1.0　0.0　2.0

    1.0　0.0　1.0　1.0　0.0　2.0

    1.0　2.0　1.0　0.0　0.0　2.0

    1.0　2.0　2.0　2.0　0.0　2.0

    1.0　1.0　2.0　2.0　2.0　1.0

    1.0　0.0　0.0　2.0　2.0　1.0

1.0 2.0 2.0 0.0 2.0 0.0

二、模拟服从正态分布的效应

模拟服从平均数为 0.0，标准差为 0.5 正态分布的效应：

In [9]: *nRowsX, nColsX = size(X)*

mean = 0.0

std = 0.5

b = rand(Normal(mean, std), nColsX)

Out[9]: 6-element Array{Float64, 1}:

-0.34724

0.0406174

-0.316707

0.233593

0.0933254

0.277288

依据以上模拟数据，模拟"表型值"，此处先不考虑基因加性效应，设环境方差为 1.0。

In [10]: *resStd = 1.0*

*y = X * b + rand(Normal(0, resStd), nRowsX)*

Out[10]: 10-element Array{Float64, 1}:

-0.0880872

-1.17895

-2.80082

2.08141

0.371737

-0.358808

0.0203133

-1.26218

0.317851

-1.2807

将以上 Julia 代码写成函数"simDat"的形式：

In [11]: *using Distributions*

function simDat(nObs, nLoci, bMean, bStd, resStd)

$$X = [\,ones(\,nObs,\ 1)\ sample\{[\,0,\ 1,\ 2\,],\ (\,nObs,\ nLoci)\,\}]$$

$$b = rand[\,Normal(\,bMean,\ bStd),\ size(\,X,\ 2)\,]$$

$$y = X * b + rand[\,Normal(\,0.\,0,\ resStd),\ nObs]$$

$$return\ (\,y,\ X,\ b)$$

end

假设我们要模拟 10 个表型值，5 个标记基因型值得数据，其平均数为 0. 0，标准差为 0. 5，剩余方差为 1. 0，调用以上"simDat"函数：

In[12] : *nObs*　　　= *10*　　　#表型值个数

　　　　　nLoci　　　= *5*　　　#标记数目

　　　　　bMean　　= *0. 0*　　　#基因型平均值

　　　　　bStd　　　= *0. 5*　　　#基因型标准差

　　　　　resStd　　= *1. 0*　　　#剩余方差

　　　　　res = simDat(nObs, nLoci, bMean, bStd, resStd)

表型值为：

In [13] : *y = res[1]*

Out[13] : 10−element Array{Float64, 1} :

　　　　　−0. 749664

　　　　　1. 18023

　　　　　0. 155762

　　　　　2. 47997

　　　　　−0. 30691

　　　　　1. 77132

　　　　　−1. 84037

　　　　　−0. 172673

　　　　　−0. 444819

　　　　　−0. 896447

截距及"基因型"矩阵为：

In [14] : *X = res[2]*

Out[14] : 10x6 Array{ Float64, 2} :

　　　　　1. 0　2. 0　0. 0　1. 0　0. 0　1. 0

　　　　　1. 0　1. 0　2. 0　1. 0　0. 0　2. 0

　　　　　1. 0　2. 0　2. 0　1. 0　2. 0　0. 0

　　　　　1. 0　0. 0　2. 0　2. 0　1. 0　1. 0

```
1.0   0.0   2.0   2.0   1.0   0.0
1.0   0.0   1.0   2.0   1.0   1.0
1.0   2.0   2.0   2.0   0.0   2.0
1.0   2.0   1.0   1.0   0.0   0.0
1.0   1.0   0.0   1.0   0.0   1.0
1.0   2.0   0.0   2.0   0.0   2.0
```

第五节　基因组模拟软件 XSim

全基因组关联分析和基因组预测的结果往往较难直接确认，模拟软件常被用来研究潜在的遗传突变及育种值对模型的影响。有许多软件可以用来模拟基因组数据，如 SIMLINK、SIMU-LATE、SLINK、GENOME、GPOPSIM、GWAsimulator 等，这里介绍爱荷华州立大学动物科学系的 XSim 软件，此软件由 Julia 语言编写，另外还有 C++版本可以供研究者使用。通常来说，基因组数据模拟基于两种方法，溯祖方法（coalescent method）和向前回溯法（forward-in-time）。向前回溯法较为灵活，可以模拟大规模的重组事件和复杂的选择过程。但是，它需要记录整个群体中每个个体的等位基因、系谱及基因组信息，因此计算量大，运算时间较长。XSim 软件基于染色体片段而不是等位基因模拟测序及复杂系谱数据，其原理如下图所示：

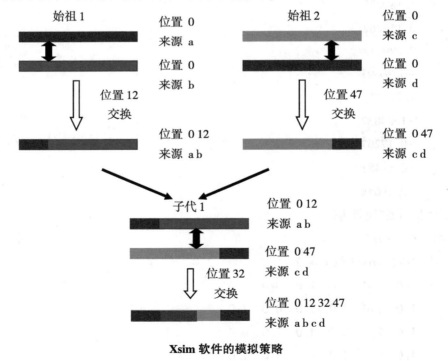

Xsim 软件的模拟策略

XSim 软件包括 cohort、genome、global、mating 和 output 5 个模块，结构清晰，注释良好，读者可以根据自己需要二次开发此软件。

一、基于群体的基因组数据模拟

安装 XSim 的命令为：

Pkg. add("XSim")

using XSim　　　#使用"XSim"包

由于本例需要绘制图形，需安装"Gadfly"包，此安装包较大，安装时间较长。

Pkg. add("Gadfly")

usingGadfly　　#使用"Gadfly"

usingDistributions　　　#使用"Distributions"

（1）设置基因组模拟参数如下。

chrLength　=　1. 0　#染色体长度, 单位为摩尔根

numChr　　　=　1 #染色体数量

numLoci　　　=　2000　#标记数量

mutRate　　　=　0. 0 #每个位点的突变率

locusInt　　　=　chrLength/numLoci　#标记间距离

mapPos　　　=　collect[0: locusInt: (chrLength−0. 0001)] #标记间物理距离

geneFreq　=　fill(0. 5, numLoci) #基因初始频率

XSim. build_ genome(numChr, chrLength, numLoci, geneFreq, mapPos, mutRate) #初始化 XSim 模块

（2）产生群体。

popSizeFounder　=　500#祖代数量

sires　=　sampleFounders(popSizeFounder)

dams　　=　sampleFounders(popSizeFounder) ;

#选择

ngen, popSize　=　20, 500

sires1, dams1, gen1　=　sampleRan(popSize,　ngen,　sires,　dams) ;

animals　=　concatCohorts(sires1, dams1)

M　=　getOurGenotypes(animals)　#标记数据

nQTL　　　=　50　#QTL 数量

selQTL = fill(false, numLoci)

selQTL[sample(1: numLoci, nQTL, replace = false)] . = true

selMrk = . ! selQTL#标记数据去除 QTL

Q = M[: , selQTL] #QTL

Julia 语言每行末尾加分号 " ; ", 则不出现显示输出结果。

（3）产生标记数据。

X = M[: , selMrk] #只剩标记数据

（4）标记数据质量控制。

此过程目的为去除最小等位基因频率 MAF 小于等于 0.01 的位点。

p = vec(mean(M, 1)/2)

sel = 0.01 . < p . < 0.99

MSel = M[: , sel]

（5）计算 LD（linkage disequilibrium）值。

LDMat = cor(MSel) ;   #计算位点间的相关系数

ld = fill(0.0, 201)

for i = 1: 800

*   ld += vec(LDMat[i, i: (i+200)] . ^2)*

end

ld /= 800;

（6）绘制标记间 LD 值随染色体距离的变化图。

some_ plot = plot(x = 0: 200, y = ld, Guide. title("Distribution of LD"), Guide. xlabel("Map Distance(cM) "), Guide. ylabel("r−squared"))

其中，" Guide. xlabel" 可为 X 轴增加名称；   " Guide. ylabel" 可为 Y 轴增加名称；" Guide. title" 可为图形增加标题。

可以使用以下命令将 plot 输出结果保存为 PNG 格式图片，可以修改 "5inch, 3inch" 改变图片大小。

draw(PNG("myplot. png", 5inch, 3inch), some_ plot)

（7）模拟表型值。

QTLPos = [1000, 2000]   #指定 QTL 位置

QTLMat = M[: , QTLPos]   #QTL 位点的基因型

nObs = size(M, 1)   #标记基因型矩阵的行数

alpha = [1.0, 0.0]   #QTL 效应

*a = QTLMat * alpha   #产生加性遗传效应*

vara = var(a)   #加性遗传方差

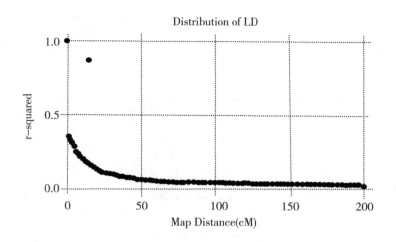

$resStd = sqrt(vara * 3)$ #剩余遗传方差, 此处设为 3 倍加性遗传方差

$y = a + rand(Normal(0, resStd), nObs)$ #模拟表型值

$vary = var(y)$ #计算表型遗传方差

$h2 = vara/vary$ #计算遗传力

$@printf$ "$heritability = \%5.2f$" $h2$ #格式化输出遗传力"heritability = 0.24"

此外, 可以使用如下 Julia 语句随机抽取 QTL 的位置和效应。

$k = size(MSel, 2)$;   #标记矩阵列数

$QTLPos = sample([1:k], nQTL, replace=false)$;   #在 1~k 个标记位置中随机抽取 nQTL(如 nQTL = 10)个 QTL 位置

$\alpha = rand(Normal(0, 1), nQTL)$ # 抽取服从正态分布的 QTL 效应

$\alpha = rand(Gamma(1.66, 0.4), nQTL)$ #抽取服从伽马分布的 QTL 效应

(8) 基因组相关关系。

$markerPos = deleteat!([1:size(M, 2)], QTLPos)$ #从标记矩阵删除 QTL 标记

$Z = M[:, markerPos]$ #去除了 QTL 的标记矩阵

$G = cor(Z')$ #计算标记间相关系数矩阵

$v = vec(G)$ #相关系数矩阵向量化

$v = v[v.<1]$ #选择相关系数小于 1 的系数

$some\_plot = plot(x=v, Geom.histogram, Guide.title("Distribution of Genomic Relationships"), Guide.ylabel("Frequency"), Guide.xlabel("Genomic Relationship"))$

$draw(PNG("myplot1.png", 5inch, 3inch), some\_plot)$

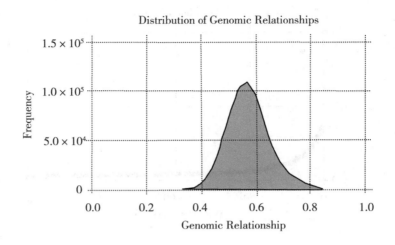

Distribution of Genomic Relationships

二、基于家系的基因组数据模拟

以下 Julia 代码模拟育种研究中常用的半同胞家系数据。

基本过程与上面基于群体的基因组数据模拟过程相似，只是将第（2）部分修改为（以下代码在低版本 XSim 中有效，但具有参考价值）：

```
nf = 10      # 半同胞家系数目
ns = 10    # 公畜数目
nd = 50     # 与每个公畜交配的母畜数
no = 2       # 每个母畜的后代数
ind = [1:(ns+ns*nd+ns*nd*no)]
sire = int([[fill(0, ns+ns*nd), kron([1:ns], ones(nd*no))]])
dam   = int{[fill(0, ns+ns*nd), kron([1+ns:ns+ns*nd], ones(no))]}
pedSim   = [ind sire dam]
for i in 2:nf
    n   = pedSim[end, 1]
    ind1 =ind+n
    sire1 = copy(sire)
    sire1[sire .> 0] += n
    dam1 = copy(dam)
    dam1[dam. >0] += n
    pedSim = [pedSim; (ind1 sire1 dam1)]
```

```
end
pedArray = Array[ XSim. PedNode, size( pedSim, 1) ]
for i in 1: size( pedSim, 1)
    indi   = pedSim[ i, 1]
    sirei  = pedSim[ i, 2]
    dami   = pedSim[ i, 3]
    pedArray[ pedSim[ i, 1] ] = XSim. PedNode( indi, sirei, dami)
end
pop1 = startPop( )      #开始群体模拟
ngen = 10       #模拟世代数
popSize = 1000       #基础群规模
sampleRan( ngen, popSize);
```

以上程序首先给出基础群的家系结构，Julia 语言支持闭包（Closure），即可以依据程序上下文（环境）完成数据的结合，从而简化用户的调用。

可以调用以下 "sampleFounders" 函数直接对基础群进行抽样，用 "outputPedigree" 函数输出基础群的数据，包括标记数据（. gen）、系谱数据（. ped）和育种值数据（. brc）。

```
animals = XSim. sampleFounders( animalno);      # "animalno"为个体数目
XSim. outputPedigree( animals, "bv. txt")
geno = readdlm( "bv. txt. gen");     #读入标记数据文件
M = geno[ :, 2: end];      #第一列为序号,其他为标记数据
geno = nothing;      #不再使用的变量可以重新赋值,以节约内存
gc( )      #调用垃圾收集器( garbage collector) "gc( )"清理内存
```

三、模拟随机交配和选择

```
usingXSim
usingStatsBase      #加载基本统计包
#例 1: 一条染色体上 2000 位点
chrLength = 1. 0
numChr    = 1
numLoci   = 2000
mutRate   = 0. 0
locusInt  = chrLength/ numLoci
```

mapPos = collect(0: locusInt: (chrLength−0. 0001))

geneFreq = fill(0. 5, numLoci)

build_ genome(numChr, chrLength, numLoci, geneFreq, mapPos, mutRate)

#例 2：两条染色体上，每条 10 个标记和 1 个 QTL

chrLength = 0. 1   #l 染色体长度

numChr   = 2   #染色体数量

nmarkers = 10   #每条染色体位点数

nQTL   = 1   #每条染色体 QTL 数

build_ genome(numChr, chrLength, nmarkers, nQTL)

#例 3：随机交配

#产生始祖

popSizeFounder = 2

sires = sampleFounders(popSizeFounder) ;

dams   = sampleFounders(popSizeFounder) ;

#r 随机交配

ngen, popSize = 5, 10

sires1, dams1, gen1 = sampleRan(popSize, ngen, sires, dams) ;

#选择

nSires, nDams = 2, 2

popSize, ngen = 10, 5

varRes = 1. 0

sire2, dam2, gen2 = sampleSel(popSize, nSires, nDams, ngen, sires, dams, varRes) ;

以下代码在低版本 XSim 中使用，具有一定参考价值。

（1）设置基因组参数。

numChr, numLoci, chrLength, mutRate = 2, 10, 0. 1, 0. 0

mapPos = collect(0. 005: 0. 01: 0. 1)

geneFreq = fill(0. 5, numLoci)

qtlMarker = fill(false, numLoci)

qtlMarker[sample(1: numLoci)] = true   #随机抽取 QTL 位置

qtlEffects = randn(numLoci)   #随机抽取服从正态分布的 QTL 效应

XSim. init(numChr, numLoci, chrLength, geneFreq, mapPos, qtlMarker, qtlEffects, mutRate) ;

（2）随机交配。

#调用 "sampleFounders" 函数产生始祖

popSizeFounder = 2　　#始祖数目

sires = sampleFounders(popSizeFounder);

dams = sampleFounders(popSizeFounder);

#随机交配.

ngen, popSize = 5, 10　　#设置世代数和群体规模

sires1, dams1, gen1 = XSim. sampleRan(popSize, ngen, sires, dams);

（3）选择。

nSires, nDams = 2, 2　　#选择的公畜和母畜数

popSize, ngen = 10, 5　　#模拟群体的规模和世代数

varRes = 1. 0　　#表型残差方差，"0. 0"时为依据育种值选择，其他值时为依据表型选择

sire2, dam2, gen2 = sampleSel(popSize, nSires, nDams, ngen, sires, dams);

四、依照给定系谱进行抽样

#从系谱中抽样

myPed = [1 0 0

　　　　2 0 0

　　　　3 0 0

　　　　4 0 0

　　　　5 1 2

　　　　6 3 4];

animals = samplePed(myPed);

#抽取家畜

animals = concatCohorts(sires, dams);

#得到家畜子集

animals = cohortSubset(sires, [1, 2]);

以下代码只在低版本 XSim 中有效，但具有参考价值。

for i in 1: size(myPed, 1)

　　　indi　 = myPed[i, 1]

　　　sirei = myPed[i, 2]

　　　dami　 = myPed[i, 3]

　　　pedArray[myPed[i, 1]] = XSim. PedNode(indi, sirei, dami)

end

animals = samplePed(pedArray)；   #输出详细模拟数据

#整合一个个体父母亲的模拟数据

animals = XSim. concatCohorts(sires, dams)；

#整合指定个体父母亲的模拟数据

animals = XSim. cohortSubset(sires, [1, 2])；

此外，XSim 软件还提供以下输出函数：

M = getOurGenotypes(animals)   #输出基因型数据

P = getOurPhenVals(animals, 1. 0)   #输出表型数据，剩余方差为 1. 0

outputHapData(animals, "output. txt")   #输出单倍型数据文件

outputGenData(animals, "output. txt")   #输出基因型数据文件

outputPedigree(animals, "output. txt")   #同时输出基因型、表型和系谱文件

outputCatData("output. txt")   #输出 SNP 信息文件

如果函数调用报错，可在每个函数前加 "XSim. "，如 XSim. outputCatData。

五、求 QTL 效应平方和

#单性状
#基因型值不改变
numChr = 3

chrLength = 1.

numLoci = 10

QTLPerChr = 4

XSim. build_ genome（numChr，chrLength，numLoci，QTLPerChr）

XSim. common. G. qtl_ effects′XSim. common. G. qtl_ effects；

第四章 线性模型的建立和求解

在家畜遗传育种中，线性模型（linear model）的理论和方法占有重要的地位。最初的理论成果 Henderson 在《Applications of Linear Models in Animal Breeding》一书中做了较为系统的总结。但是，现代家畜育种中的数据越来越庞大，而线性模型应用中涉及大量的矩阵运算，如何快速、有效地对各种复杂的矩阵进行计算就成为较为突出的问题。这一章在介绍一般矩阵计算方法的基础上，介绍了家畜育种中常见的矩阵储存、算法和运算技巧等。

第一节 单因子模型

假设有如下固定效应模型：

$$y = X\beta + e \tag{4.1}$$

这里，y 是 $n \times 1$ 维的观测值向量，X 为 $n \times p$ 维的设计矩阵，β 是 $n \times 1$ 维的固定效应，e 是 $n \times 1$ 剩余方差向量，通常 $e \sim N(0, \sigma_e^2)$。通常，在非奇异矩阵时，β 可以通过下式估计：

$$(X'X)\hat{\beta} = X'y \tag{4.2}$$

此处，$X'X$ 的维度是 $p \times p$，$X'y$ 的维度是 $p \times 1$。在动物育种中，通常 p 维数很大，$X'X$ 往往只有少量非零元素，为稀疏矩阵，可以利用矩阵的这些特点设计有效的算法，以节约计算时间和计算机内存。此处，我们首先计算满矩阵 $X'X$ 和 $X'y$ 向量。

如果我们首先建立 X 矩阵，然后再将两个 X 矩阵相乘建立 $X'X$，则在计算和内存要求上都不是很有效率。例如 $n >> p$ 时，X 可能有几万个元素，而 $X'X$ 却只有几千个元素，某些情况下 $X'X$ 比 X 小数千倍。这样，如果可以直接建立 $X'X$ 矩阵，而不建立 X 矩阵，则矩阵储存的内存要求较少。具体原理如下所示，如将（4.1）式改写为

$$y_i = x'_i + e_i \tag{4.3}$$

此处，x'_i 为 X 矩阵的第 i 行，$X'X$ 可以被改写为：

$$X'X = [x_1, \ x_2, \ \cdots, \ x_n] \begin{bmatrix} X'_1 \\ X'_2 \\ \vdots \\ X'_n \end{bmatrix} = [x_1 x'_1 + x_2 X'_2 + \cdots + x_n X'_n] = \sum_{i=1}^n X'_i x_i \tag{4.4}$$

由上式可知，观察值 i 对 $X'X$ 矩阵只贡献 x'_i 的叉积元素和其平方。这样当计算完观察值 i 对 $X'X$ 矩阵有影响的元素后，x'_i 可被重新用于计算下一个观察值。依据（4.4）式，此时矩

阵 $X'X$ 需要存储 $p \times (p + 1)$ 元素，而不再是 $p^2 + np$ 个元素，当 $n > > p$ 时，两种方法所需要的内存有显著差异。x'_i 的非零元素往往远远小于 p。以单因素模型 $y_i = \mu + a_i + e_i$ 为例，x'_i 只包含 2 个非零元素，这样每个观察值需要的乘法和加法运算为 p^2，即 4。与 $X'X$ 类似，$X'y$ 可以被改写为：

$$X'y = [x_1, x_2, \cdots, x_n] \begin{bmatrix} y_1 \\ y_2 \\ \vdots \\ y_n \end{bmatrix} = [x'_1 y_1 + X'_2 y_2 + \cdots + x'_n y_n] = \sum_{i=1}^{n} x_i y_i \qquad (4.5)$$

以下首先介绍直接计算相关矩阵的部分函数，这些函数虽然可读性好，便于初学者理解使用，但运行效率较差。其后我们将介绍运算效率较高的方法。

一、设计矩阵

统计学中，设计矩阵（Design matrix）的元素为解释变量（Explanatory variable），如在方差分析中用指示变量（1 和 0）表示连续变量在模型中的位置。用以下"design"函数可以构建设计矩阵。

```
function design(v::Array, nc::Int64)
    va = v
    mrow = size(va, 1)
    mcol = maximum(va)
    if(nc > mcol[1])
        mcol = nc
    end
    #X = Array(Int64, mrow, mcol[1])
    X = spzeros(Int64, mrow, mcol[1])
    #X = sparse(mrow, mcol[1])
    for i in 1:mrow
        ic = va[i]
        X[i, ic] = 1
    end
    return(X)
end
```

如 5 头奶牛分别养殖在 3 个牧场（1，1，2，3，2），则由"design"函数构建的设计矩阵以稀疏矩阵形式存储，转换满矩阵为：

1	0	0
1	0	0
0	1	0
0	0	1
	1	0
0		

二、分块矩阵和

如 3 个矩阵 a，b，c 分别为：

a		b		c		
0.12	0.41	0.66	0.17	0.08	0.83	0.82
0.97	0.37	0.78	0.57	0.31	0.73	0.54
				0.56	0.49	0.46

则由如下"block"函数：

```
function block( args: : Array···)
    #argv = hcat( args···)
    #argv = DataFrame( args···)
    rmat = Array{Any, Any}
    i = 0
    for a in args
        #m = collect( a)
        m = a
        if( i == 0)
            rmat = m
        else
            nr = size( m, 1)
            nc = size( m, 2)
            #tem1 = Array( Float64, nr, size( rmat, 2))
```

```
        tem1 = Array{Float64, 2}[undef, nr, size(rmat, 2)]
        tem1[:, :]. = 0.0
        aa = hcat(tem1, m)
        #tem2 = Array[Float64, size(rmat, 1), nc]
        tem2 = Array{Float64, 2}[undef, size(rmat, 1), nc]
        tem2[:, :]. = 0.0
        rmat = hcat(rmat, tem2)
        rmat = vcat(rmat, aa)
    end
    i = i + 1
  end
  return(rmat)
end
```

生成的分块矩阵和为：

0.12	0.4	0.0	0.0	0.0	0.0	0.0
0.97	1	0.0	0.0	0.0	0.0	0.0
	0.3					
	7					
0.0	0.0	0.66	0.17	0.0	0.0	0.0
0.0	0.0	0.78	0.57	0.0	0.0	0.0
0.0	0.0	0.0	0.0	0.08	0.83	0.82
0.0	0.0	0.0	0.0	0.31	0.73	0.54
0.0	0.0	0.0	0.0	0.56	0.49	0.46

此外，我们可以计算协方差矩阵相关系数，其 Julia 代码：

```
function CORMAT(Q::Array)
    D = diag(Q)
    D = sqrt(D)
    B = diag(1./D)
    HC = B * Q * B
    return HC
end
```

三、半储存矩阵和满矩阵

可使用以下"hsmat"函数生成相应的半储存矩阵, 用于节省内存; 用"fsmat"函数生成满矩阵, 便于查看计算结果.

```
function hsmat( vcvfull: : Array)
    mord  = size( vcvfull, 1)
    np  = [ mord. * ( mord + 1)] / 2
    desg  = zeros( np)
    k = 0
    for( i in 1: mord)
        for( j in i: mord)
            k = k + 1
            desg[ k]  = vcvfull[ i, j]
        end
    end
    return ( desg)
end
functionfsmat( mor: : Int64, vect: : Array)
    desg  = Array( Float64, mor, mor)
    k = 0
    for ( i in 1: mor)
        for( j in i: mor)
        k = k + 1
        desg[ i, j]  = vect[ k]
        desg[ j, i]  = vect[ k]
    end
    end
    return ( desg)
end
```

四、单因子模型

假设有如下单因子模型：

$$y_{ij} = \mu + a_i + e_{ij} \tag{4.6}$$

假想的数据如下：

A	1	1	2	2	2	2	3	3	4	1
y	1.1	1.2	1.9	1.2	2.0	1.7	1.0	1.7	1.1	1.7

模型的 X 矩阵如下：

$$X = \begin{bmatrix} 1 & 1 & 0 & 0 & 0 \\ 1 & 1 & 0 & 0 & 0 \\ 1 & 0 & 1 & 0 & 0 \\ 1 & 0 & 1 & 0 & 0 \\ 1 & 0 & 1 & 0 & 0 \\ 1 & 0 & 1 & 0 & 0 \\ 1 & 0 & 0 & 1 & 0 \\ 1 & 0 & 0 & 1 & 0 \\ 1 & 0 & 0 & 0 & 1 \\ 1 & 1 & 0 & 0 & 0 \end{bmatrix}$$

以上 X 矩阵每一行只包含 2 个非零元素，对应模型中的 μ 和 a_i。注意在以上矩阵中非零元素"1"代表模型相应位置有对应的效应。如第一行表示第一个元素为 μ，第二个元素对应 a 因子的 1 水平；第三行表示第一个元素为 μ，第三个元素对应 a 因子的 2 水平。X 的其余元素以此类推。以 y 的第一个观察值为例，其对 $X'X$ 矩阵元素的贡献为：

$$x_1 X'_1 = \begin{bmatrix} 1 \\ 1 \\ 0 \\ 0 \\ 0 \end{bmatrix} \begin{bmatrix} 1 & 1 & 0 & 0 & 0 \end{bmatrix} = \begin{bmatrix} 1 & 1 & 0 & 0 & 0 \\ 1 & 1 & 0 & 0 & 0 \\ 0 & 0 & 0 & 0 & 0 \\ 0 & 0 & 0 & 0 & 0 \\ 0 & 0 & 0 & 0 & 0 \end{bmatrix}$$

X 的第 1，2，10 行观察值相同，所以其对 $X'X$ 矩阵元素的贡献相同。我们设 $pos\mu = 1$，表示 μ 在 x'_i 列中对应的位置，同时设 $posA$ 为 x'_i 列中 a_i 对应的位置。因此，$X'X$ 中的任何一个元素的位置都可以用 $(pos\mu, pos\mu)$，$(pos\mu, posA)$，$(posA, pos\mu)$，$(posA, posA)$ 来表示。

在单因素模型中，每个观察值对这些位置的贡献为"1"。因此，$X'X$ 的每个元素（位置）$posTrt$ 可以通过 $posTrt = 1 + A$ 有效地计算，这里的 A 为观察值 i 的效应水平，增加"1"到 $X'X$ 矩阵（$pos\mu$，$pos\mu$），（$pos\mu$，$posA$），（$posA$，$pos\mu$），（$posA$，$posA$）位置即可以有效地建立 $X'X$ 矩阵。与 $X'X$ 矩阵类似，$X'y$ 可以通过增加 y_i 到对应的 $pos\mu$ 和 $posA$ 位置有效地建立。以上过程的 Julia 代码为：

In[1]: *using DataFrames* #使用"DataFrames"程序包

In[2]: *df = readtable(" . . /OneWay. dat", separator = ")* #读取"OneWay. dat"文件数据，数据的分隔符为空格

In[3]: *unique(df[: A])* #查看 A 因子的水平

Out[3]: 4−element DataArrays. DataArray{Int64, 1}:

　　1
　　2
　　3
　　4

In[4]: levelsA = length(unique(df[: A])) #查看 A 因子的水平数

Out[4]: 4

有效建立 $X'X$ 和 $X'y$ 矩阵的 Julia 代码：

In[5]: *p = levelsA + 1*

```
XPX = fill(0. 0, p, p)
xpy = fill(0. 0, p);
fori in 1: size(df, 1)
    posMu = 1
    posA  = 1 + df[i, : A]
    y     = df[i, : y]
    XPX[posMu, posMu] += 1. 0
    XPX[posMu, posA]  += 1. 0
    XPX[posA, posMu]  += 1. 0
    XPX[posA, posA]   += 1. 0
    xpy[posMu]  += y
    xpy[posA]   += y
end
```

In[6]: *XPX* #输出 $X'X$

Out[6]: 5x5 Array{Float64, 2}:

$$
\begin{array}{ccccc}
10.0 & 3.0 & 4.0 & 2.0 & 1.0 \\
3.0 & 3.0 & 0.0 & 0.0 & 0.0 \\
4.0 & 0.0 & 4.0 & 0.0 & 0.0 \\
2.0 & 0.0 & 0.0 & 2.0 & 0.0 \\
1.0 & 0.0 & 0.0 & 0.0 & 1.0
\end{array}
$$

In [7] : *xpy*   #输出 $X'y$

Out[7] : 5-element Array{Float64, 1} :

    14.6

    4.0

    6.8

    2.7

    1.1

In [8] : *sol* = *XPX* \ *xpy*   #估计 β

Out[8] : 5-element Array{Float64, 1} :

    1.74583

    −0.4125

    −0.0458333

    −0.395833

    −0.645833

虽然此 $X'X$ 为奇异阵，但依然可以通过 "\" 操作符得到解

In [9] : [*XPX* * *sol xpy*]   #确定解的正确性

Out[9] : 5×2 Array{Float64, 2} :

    14.6   14.6

    4.0   4.0

    6.8   6.8

    2.7   2.7

    1.1   1.1

由上面结果可知，以上算法和直接矩阵相乘的结果相同。

五、大数据处理

以下模拟 1000000×1000 维矩阵运算实例。

using Distributions

```
#模拟大数据集
n = 1000000
p = 1000
A = sample([1:p], n)
α = randn(p)
y = [α[i] .+ randn(1) for i in A];
#生成 X 满矩阵
X = fill(0.0, (n, p));
In [10]: @time for i = 1:n        #调用@time 宏命令查看程序运行时间
              j = A[i]
              X[i, j] = 1.0
         end
```
Out[10]: elapsed time: 0.374754528 seconds (71887704 bytes allocated, 33.93% gc time)

In [11]: `@time XPX = X'X;`   #直接计算 $X'X$

Out[11]: elapsed time: 12.361388595 seconds (8000192 bytes allocated)

In [12]: `XPX = fill(0.0, p, p);`   #间接法计算 $X'X$
```
@time for i in 1:size(A, 1)
          posA  = A[i]
          XPX[posA, posA] += 1.0
     end
```
Out[12]: elapsed time: 0.509628998 seconds (103798408 bytes allocated, 40.25% gc time)

以上两种计算 $X'X$ 矩阵所需时间比：

In [13]: `12.36/.51`

Out[13]: 24.235294117647058

使用稀疏矩阵储存相关矩阵的 Julia 代码如下，可以节省内存。

In [14]: `ii = 1:n`
```
     @time X = sparse(ii, A, 1.0);
```
Out[14]: elapsed time: 0.115371995 seconds (64016736 bytes allocated, 51.93% gc time)

In [15]: `@time XPX = X'X;`

Out[15]: elapsed time: 0.242494377 seconds (56073456 bytes allocated)

In [16]: `XPX = spzeros(p, p)`   #以稀疏矩阵方式间接计算 $X'X$
```
     @time for i in 1:size(A, 1)
              posA = A[i]
```

```
        XPX[posA, posA]  += 1.0
    end
```

Out[16]: elapsed time: 0.533198848 seconds (103798376 bytes allocated, 38.87% gc time)

第二节　二因子模型

假设有如下二因子模型:

$$y_{ij} = \mu + \alpha_i + \beta_j + e_{ij} \tag{4.7}$$

一、间接计算二因子模型的相关矩阵

```
In [17]: using Distributions      #模拟二因子数据
        n = 1000000       #总观察值数量
        pA = 1000         #A 因子水平
        pB = 500          #B 因子水平
        A = sample([1:pA], n)      #模拟 A 因子
        B = sample([1:pB], n)      #模拟 B 效应
        α = randn(pA)     #A 因子效应
        β = randn(pB)     #B 因子效应
```

与上一节类似,以稀疏矩阵形式间接计算 $X'X$ 。

```
In [18]: p = 1 + pA + pB
        XPX = spzeros(p, p)
        posMu = 1
        @time fori = 1: size(A, 1)      #B 因子与 A 因子有相同的行数
            posA = 1 + A[i]
            posB = 1 + pA + B[i]
            XPX[posMu, posMu] += 1.0
            XPX[posMu, posA]  += 1.0
            XPX[posMu, posB]  += 1.0
            XPX[posA, posMu]  += 1.0
            XPX[posA, posA]   += 1.0
            XPX[posA, posB]   += 1.0
            XPX[posB, posMu]  += 1.0
```

```
            XPX[ posB, posA]     += 1. 0
            XPX[ posB, posB]     += 1. 0
        end
```

Out[18]: elapsed time: 2. 875017448 seconds (399666120 bytes allocated, 23. 46% gc time)

以下以 A 和 B 的稀疏矩阵形式计算稀疏矩阵 $X'X$ 。

```
In [ 19]: ii  = 1: n
        XA   = sparse( ii, A, 1. 0)
        XB   = sparse( ii, B, 1. 0)
        jj   = fill( 1, n)
        XMu  = sparse( ii, jj, 1. 0)
        @ time X = [ XMu XA XB];
```

Out[19]: elapsed time: 0. 143970835 seconds (48025184 bytes allocated, 92. 48% gc time)

而我们如果直接计算 $X'X$ ，则其计算时间为：

In [20]: @ time XPX = X'X;

Out [20]: elapsed time：0. 636161008 seconds (122031248 bytes allocated, 12. 35% gc time)

以下我们直接计算 $X'y$ 。

```
In [ 21]: y = XA * α + XB * β + randn( n);
        @ time XPy = X'y;
```

Out[21]: elapsed time: 0. 018238806 seconds (12160 bytes allocated)

以下代码估计 α 和 β ：

In [22]: @ time sol = XPX \ \ XPy;

Out[22]: CHOLMOD warning: matrix not positive definite

　　　　elapsed time: 0. 881579143 seconds (137733512 bytes allocated, 29. 08%gc time)

比较两种解的差异:

In [23]: [XPX * sol XPy]

Out[23]: 1501×2 Array{ Float64, 2}:

```
        87283. 8      87283. 8
        1052. 43      1052. 43
        -907. 348     -907. 348
        -1035. 02     -1035. 02
        757. 389      757. 389
        -1461. 79     -1461. 79
```

460. 433	460. 433
−832. 001	−832. 001
1968. 13	1968. 13
572. 016	572. 016
−712. 859	−712. 859
758. 905	758. 905
−557. 517	−557. 517
⋮	
−1129. 72	−1129. 72
−992. 297	−992. 297
664. 42	664. 42
2945. 02	2945. 02
−292. 96	−292. 96
−402. 337	−402. 337
−1736. 06	−1736. 06
−2651. 45	−2651. 45
−1361. 9	−1361. 9
1414. 25	1414. 25
−831. 49	−831. 49
1922. 69	1922. 69

In[24]: sum((XPy − XPX * sol).^2)

Out[24]: 1. 209099095543353e−16

二、常用的两种迭代算法

（1）Jcaobi 迭代。

设线性方程组：

$$Ax = b \tag{4.8}$$

的系数矩阵 A 可逆且主对角元素 a_{11}，a_{22}，$\cdots$，a_{nn} 均不为零，令

$$D = diag(a_{11}, a_{22}, \cdots, a_{nn})$$

并将 A 分解成 $A = (A − D) + D$，从而（4.8）式可写成 $Dx = (D − A)x + b$，令 $x = B_1x + f_1$，其中 $B_1 = I − D^{-1}A$，$f_1 = D^{-1}b$，以 B_1 为迭代矩阵的迭代法：

$$x^{(k+1)} = B_1x^{(k)} + f_1 \tag{4.9}$$

称为雅可比(Jacobi) 迭代法, 其分量形式为:

$$\begin{cases} x_i^{(k+1)} = \dfrac{1}{a_{ii}}\Big[b_i - \displaystyle\sum_{\substack{j=1 \\ j\neq i}}^{n} a_{ij}x_j^{(k)} \Big] \\[4mm] i = 1, 2, \cdots, n \quad k = 0, 1, 2, \cdots \end{cases} \tag{4.10}$$

其中 $x^{(0)} = (x_1^{(0)}, x_2^{(0)}, \cdots, x_n^{(0)})^T$ 为初始向量, 其 Julia 代码如下:

```
function Jacobi(A, x, b, p; tol = 0.000001, output = 10)
    D = diag(A)
    res = A * x
    resid    = b-res
    tempSol  = resid. /D
    diff     = sum(resid. ^2)
    n        = size(A, 1)
    iter = 0
    while ((diff/n >tol) & (iter<1000))
        iter += 1
        x = p * tempSol + (1-p) * x
        res      = A * x
        resid    = b-res
        tempSol = resid. /D + x
        diff     = sum(resid. ^2)
        ifiter%output == 0
            println(iter, " ", diff/n)
        end
    end
    return x
end
```

(2) Gauss-Seidel 迭代。

由雅可比迭代公式可知, 在迭代的每一步计算过程中是用 $x^{(k)}$ 的全部分量来计算 $x^{(k+1)}$ 的所有分量, 显然在计算第 i 个分量 $x_i^{(k+1)}$ 时, 已经计算出的最新分量 $x_1^{(k+1)}$, $\cdots$, $x_{i-1}^{(k+1)}$ 没有被利用。把矩阵 A 分解成 $A = D - L - U$, 其中 $D = diag(a_{11}, a_{22}, \cdots, a_{nn})$, L 和 U 分别为除去 A 主对角线元素之外的下三角和上三角部分, 于是 (4.8) 式便可以写成 $(D-L)x = Ux+b$, 即 $x = B_2x +f_2$, 其中 $B_2 = (D-L)^{-1}U$, $f_2 = (D-L)^{-1}b$, 以 B_2 为迭代矩阵的迭代法:

$$x^{(k+1)} = B_2 x^{(k)} + f_2 \tag{4.11}$$

称为高斯-塞德尔迭代法，用分量表示的形式为：

$$\begin{cases} x_i^{(k+1)} = \dfrac{1}{a_{ii}} \Big[b_i - \displaystyle\sum_{j=1}^{i-1} a_{ij} x_j^{(k+1)} - \sum_{j=i+1}^{n} a_{ij} x_j^{(k)} \Big] \\ \quad i = 1, 2, \cdots, n \quad k = 0, 1, 2, \cdots \end{cases} \tag{4.12}$$

```
function GaussSeidel(A, x, b; tol = 0.000001)
    n = size(x, 1)
    iter = 0
    diff = 1.0
    while[ ( diff/n > tol) & ( iter<1000) ]
        iter += 1
        for i = 1: n
            x[i] = ((b[i] − A[i, :] ∗ x)/A[i, i])[1, 1] + x[i]
        end
        diff = sum(( A ∗ x−b). ^2)
        println( iter, " ", diff/n)
    end
    return x
end
function GaussSeidel( A, x, b; tol = 0.000001, output = 10)
    n = size(x, 1)
    for i = 1: n
        x[i] = ((b[i] − A[i, :] ∗ x)/A[i, i])[1, 1] + x[i]
    end
    diff = sum(( A ∗ x−b). ^2)
    iter = 0
    while[ ( diff/n > tol) & ( iter<1000) ]
    iter += 1
    for i = 1: n
        x[i] = ((b[i] − A[i, :] ∗ x)/A[i, i])[1, 1] + x[i]
    end
    diff = sum(( A ∗ x−b). ^2)
    if iter%output == 0
```

```
        println( iter, " ", diff/n)
      end
    end
    return x
end
```

三、考虑交互效应的二因子模型

假设有如下交互效应的二因子模型：

$$y_{ij} = \mu + \alpha_i + \beta_j + (\alpha\beta)_{ij} + e_{ij} \tag{4.13}$$

模拟（4.13）式的 Julia 代码为：

```
using Distributions
n = 10
pA = 2
pB = 3
A = kron[ones(10), sample(collect(1:pA), n)]        #kron 为矩阵的 Kronecker 乘法
B = kron[ones(10), sample(collect(1:pB), n)];       # ones(n) 产生全 1 数组
In [25]: strAB = [string(A[i]) * "x" * string(B[i]) for i = 1:size(A, 1)]        #A 和 B 的所有
组合
Out[25]: 100-element Array{ByteString, 1}:
        "2.0×3.0"
        "2.0×3.0"
        "2.0×3.0"
        "1.0×2.0"
        "1.0×2.0"
        "1.0×3.0"
        "2.0×3.0"
        "1.0×3.0"
        "2.0×1.0"
        "1.0×2.0"
        "2.0×3.0"
        "2.0×3.0"
        "2.0×3.0"
```

$$\vdots$$

"2. 0×3. 0"

"1. 0×3. 0"

"2. 0×1. 0"

利用 Julia 字典（Dict）为因子水平编码，其代码如下：

```
function mkDict(a)
    aUnique = unique(a)
    d = Dict()
    for (i, s) in enumerate(aUnique)
        d[s] = i
    end
    return d
end
```

利用 mkDict 函数，A、B 和 A×B 水平的编码如下：

```
In [26]: dA = mkDict(A)
         dB = mkDict(B)
         dAB = mkDict(strAB)

Out[26]: Dict{Any, Any} with 4 entries:
         "2. 0×3. 0" => 1
         "2. 0×1. 0" => 4
         "1. 0×3. 0" => 3
         "1. 0×2. 0" => 2

In [27]: iA  = int([dA[i] for i in A])
         iB  = int([dB[i] for i in B])
         iAB = int([dAB[i] for i in strAB]);
         ii  = 1: size(A, 1)
         XA = sparse(ii, iA, 1. 0)
         XB = sparse(ii, iB, 1. 0)
         XAB = sparse(ii, iAB, 1. 0);
```

以稀疏矩阵方式利用 X 矩阵计算 $X'X$ 矩阵，其代码如下：

```
In [28]: nObs = size(A, 1)
         jj   = fill(1, nObs)
         XMu  = sparse(ii, jj, 1. 0)
```

@ *time X = [XMu XA XB XAB];*

Out[28]: 0. 137627 seconds (86. 84 k allocations: 4. 342 MB)

In [29]: @ *time XPX = X′X*

　　　　size(XPX)　　　#用 size 函数查看矩阵维度

Out[29]: elapsed time: 0. 001881922 seconds (2410240 bytes allocated)

　　　　(1479, 1479)

模拟表型值 y , 其 Julia 代码如下:

In [30]: *pA　　= size(XA, 2)*

　　　　pB　　= size(XB, 2)

　　　　pAB = size(XAB, 2)

　　　　α　　　*= randn(pA)*

　　　　β　　　*= randn(pB)*

　　　　$\alpha\beta$ *= randn(pAB)*

　　　　y = XA * α + XB * β + XAB * $\alpha\beta$ +randn(nObs);

　　　　@ *time XPy = X′y;*

Out[30]: elapsed time: 0. 013340256 seconds (514260 bytes allocated)

In [31]: *XPXF = full(XPX);*　　　#产生 X′X 的满矩阵

　　　　@ *time XPXi = pinv(XPXF);*　　　#计算 X′X 的逆矩阵

Out[31]: elapsed time: 1. 123876223 seconds (157718840 bytes allocated, 5. 50% gc time)

In [32]: @ *time sol = XPXi * XPy;*　　　#估计 α 和 β

Out[32]: elapsed time: 1. 145523672 seconds (157718840 bytes allocated, 3. 24% gc time)

利用雅克比迭代法估计 α 和 β , 其代码如下:

In [33]: *p = size(XPX, 1)*

　　　　x = zeros(p)

　　　　@ *time sol = Jacobi(XPX, x, XPy, 0. 25);*

Out[33]: 1 205. 0883861260506

　　　　2 53. 18868157148408

　　　　3 17. 920271047885485

　　　　4 7. 306110283696749

　　　　5 3. 3546629393021634

　　　　6 1. 6528554671956137

　　　　7 0. 8497389487951501

　　　　8 0. 4486773407152217

9 0.24109564225493454

10 0.1311063936785637

11 0.07189411891602937

12 0.03966213684710666

13 0.021977288099280193

14 0.012217943197627316

15 0.006809230585457584

16 0.003802061843151804

17 0.002126050120245078

18 0.0011902016715980416

19 0.0006668901447230746

elapsed time: 0.070077784 seconds (1936728 bytes allocated)

由上面结果可知，雅克比迭代法比直接求解速度快。两种解法估计值的差异为：

In [34]: $[XPX * sol \quad XPy]$

Out[34]: 1479x2 Array{Float64, 2}:

400. 456	400. 456
81. 1796	81. 1818
48. 2585	48. 2655
−29. 2528	−29. 2559
−8. 65785	−8. 65344
⋮	
−4. 94223	−4. 95279
8. 84962	8. 86273
4. 38614	4. 3807

第三节　建立 Henderson 混合模型方程组

1953 年，C. R. Henderson 以混合模型为基础建立线性方程组。由此方程组求解，可得到固定效应的最佳线性无偏估计和随机效应的最佳线性无偏预测。混合模型方程组是解决许多动物育种学问题的基础。由 "MME" 函数可以建立混合模型方程组的 "左手项" 和 "右手项"，并得出相应参数的估计量。

$$
\begin{pmatrix} X'R^- X & X'R^{-1}Z \\ Z'R^{-1}X & Z'R^{-1}Z + G^{-1} \end{pmatrix} \begin{pmatrix} \hat{b} \\ \hat{u} \end{pmatrix} = \begin{pmatrix} X'R^{-1}y \\ Z'R^{-1}y \end{pmatrix} \tag{4.14}
$$

一、最小二乘法（Least Squares）

我们首先建立模型的普通最小二乘法（Ordinary Least Square，OLS）方程，OLS 是应用最多的参数估计方法，也是从最小二乘原理出发的其他估计方法的基础，是必须熟练掌握的一种方法。

在许多实际问题中，往往需要根据试验测得两个变量 x 与 y 的若干组试验数据 $(x_1, y_1), \cdots (x_n, y_n)$ 来建立这两个变量的函数关系的近似式，这样得到的函数近似式称为经验公式。在两个观测量中，往往总有一个量精度比另一个高得多，为简单起见把精度较高的观测量看作没有误差，并把这个观测量选作 x，而把所有的误差只认为是 y 的误差。设 x 和 y 的函数关系由理论公式

$$y = f(x; c_1, c_2, ..., c_m) \tag{4.15}$$

给出，其中 $c_1, c_2, \cdots, c_m$ 是 m 个要通过试验确定的参数。对于每组观测数据 (x_i, y_i) $i = 1, 2, \cdots, N$。都对应于 xy 平面上一个点。若不存在测量误差，则这些数据点都准确落在理论曲线上。只要选取 m 组测量值代入式（4.15），便得到方程组

$$y_i = f(x; c_1, c_2, ..., c_m) \tag{4.16}$$

式中 $i = 1, 2, \cdots, m$。求 m 个方程的联立解即得 m 个参数的数值。显然 $N < m$ 时，参数不能确定。

在 $N > m$ 的情况下，式（4.16）成为矛盾方程组，不能直接用解方程的方法求得 m 个参数值，只能用曲线拟合的方法来处理。设测量中不存在系统误差，或者说已经修正，则 y 的观测值 y_i 围绕着期望值 $\langle f(x; c_1, c_2, \cdots, c_m) \rangle$ 摆动，其分布为正态分布，则 y_i 的概率密度为

$$p(y_i) = \frac{1}{\sqrt{2\pi}\,\sigma_i} \exp\left\{ -\frac{[y_i - \langle f(x_i; c_1, c_2, \cdots, c_m) \rangle]^2}{2\sigma_i^2} \right\} \tag{4.17}$$

例如用最小二乘法求总体平均数 μ 的估计量。若从平均数为 μ 的总体中抽得样本为 $y_1, y_2, y_3, \cdots, y_n$，则观察值可剖分为总体平均数 μ 与误差 e_i 之和

$$y_i = \mu + e_i$$

总体平均数 μ 的最小二乘估计量就是使 y_i 与 μ 间的误差平方和为最小，即

$$Q = \sum e_i^2 = \sum_{i=1}^{n} (y_i - \dot{\mu})^2$$

为最小。为获得其最小值，求 Q 对 μ 的导数，并令导数等于 0，可得：

$$\frac{\partial Q}{\partial \mu} = -2\sum_{i=1}^{n} (y_i - \dot{\mu}) = 0$$

即总体平均数的估计量为：

$$\hat{\mu} = \frac{1}{n} \sum_{i=1}^{n} y_i$$

因此，算术平均数为总体平均数的最小二乘估计。这与矩法估计是一致的。此处顺便介绍估计离均差平方和 $Q' = \sum (y_i - \bar{y})^2$ 的数学期望：

$$E(Q') = E[\sum (y_i - \bar{y})^2] = E[\sum (y_i - \mu - \bar{y} + \mu)^2]$$
$$= E[\sum (y_i - \mu)^2 - 2\sum (y_i - \mu)(\bar{y} - \mu) + \sum (\bar{y} - \mu)^2]$$
$$= E[\sum (y_i - \mu)^2 - \sum (\bar{y} - \mu)^2] = n\sigma^2 - n\sigma^2/n$$
$$= (n-1)\sigma^2$$

因而，σ^2 估计为：

$$\hat{\sigma}^2 = Q'/(n-1) = \sum (y_i - \bar{y})^2/(n-1)$$

二、极大似然估计（Maximum Likelihood Estimation）

参数的点估计方法中另一个常用方法就是极大似然估计，简记为 MLE。从字面上来理解，就是通过对样本的考察，认为待估参数最像是取什么值即作为对参数的估计，事实上，极大似然估计原理也大致如此。极大似然估计的出发点是基于这样一个统计原理，在一次随机试验中，某一事件已经发生，比如已经得到某个具体的样本，则必然认为发生该事件的概率最大。极大似然估计的做法，关键有两步。

第一步写出某样本 $X_1, X_2, \cdots, X_n$ 出现概率的表达式 $L(\theta)$，对于离散型总体 X，设它的分布列为 $p(k_i; \theta)$，$i = 1, 2, \cdots$，则上述样本出现的概率为

$$L(\theta) = \prod_{i=1}^{n} p(X_i; \theta) \tag{4.18}$$

对于固定的样本，$L(\theta)$ 是参数 θ 的函数，我们称之为似然函数（Likelihood Function）。

第二步则是求 $\hat{\theta} \in \Theta$（Θ 是参空间），使得 $L(\theta)$ 达到最大，此 $\hat{\theta}$ 即为所求的参数 θ 的极大似然估计。这里还需要着重强调几点。

（1）当总体 X 是连续型随机变量时，谈所谓样本 $X_1, X_2, \cdots, X_n$ 出现的概率是没有什么意义的，因为任何一个具体样本的出现都是零概率事件。这时我们就考虑样本在它任意小的邻域中出现的概率，这个概率越大，就等价于此样本处的概率密度越大。因此在连续型总体的情况下，我们用样本的密度函数作为似然函数。

$$L(\theta) = \prod_{i=1}^{n} f(X_i; \theta) \tag{4.19}$$

（2）为了计算方便，我们常对似然函数 $L(\theta)$ 取对数，并称 $\ln L(\theta)$ 为对数似然函数（Logarithm likelihood function）。易知，$L(\theta)$ 与 $\ln L(\theta)$ 在同一 $\hat{\theta}$ 处达到极大，因此，这样做不

会改变极大点。

（3）只有几个参数时，我们可以用穷举法求出在哪一点上达到最大，但在大多数情形中，Θ 包含 m 维欧氏空间的一个区域，因此，必须采用求极值的办法，即对对数似然函数关于 θ_i 求导，再令之为 0，即得

$$\frac{\partial \ln L(\theta)}{\partial \theta_i} = 0, \theta = (\theta_1, \theta_2, \cdots, \theta_m) \quad i = 1, 2, \cdots, m \qquad (4.20)$$

我们称式（4.20）为似然方程（组）（Likelihood equation（group））。解上述方程，即得到 θ_i 的 MLE，$i = 1, 2, \cdots, m$。

例如 设 X_1，X_2，$\cdots$，X_n 是 $N(\mu, \sigma^2)$ 的样本，求 μ 与 σ^2 的 MLE。我们有

$$L(\mu, \sigma^2) = \frac{1}{(2\pi)^{\frac{n}{2}} (\sigma^2)^{\frac{n}{2}}} \exp\left\{ -\frac{\sum_{i=1}^{n} (X_i - \mu)}{2\sigma^2} \right\}$$

$$\ln L(\mu, \sigma^2) = -\frac{n}{2}\ln 2\pi - \frac{n}{2}\ln \sigma^2 - \frac{\sum_{i=1}^{n} (X_i - \mu)^2}{2\sigma^2} \qquad (4.21)$$

$$\begin{cases} \dfrac{\partial \ln L(\mu, \sigma^2)}{\partial \mu} = \dfrac{1}{\sigma^2} \sum_{i=1}^{n} (X_i - \mu) = 0 \\ \dfrac{\partial \ln L(\mu, \sigma^2)}{\partial \sigma^2} = -\dfrac{n}{2\sigma^2} + \dfrac{1}{2\sigma^4} \sum_{i=1}^{n} (X_i - \mu)^2 = 0 \end{cases}$$

解似然方程组，即得

$$\hat{\mu} = \frac{1}{n} \sum_{i=1}^{n} X_i = \bar{X}$$

$$\hat{\sigma}^2 = \frac{1}{n} \sum_{i=1}^{n} (\hat{X}_i - \bar{X})^2 = S^2$$

对于正态分布总体来说，μ，σ^2 的矩估计与 MLE 是相同的。矩估计与 MLE 相同的情形还有很多。

三、混合模型方程组（MME）的建立

首先，我们直接建立 MME，以下方法较为直观，便于学习理解，但运行效率较差。

type MMES

　　LHS: : Array

　　RHS: : Array

　　SSR: : Array

  C: : Array

  VPE: : Array

  SOLNS: : Array

 end

function MME(X: : Array, Z: : Array, GI: : Array, RI: : Array, y: : Array)

 #建立 MME 中分块矩阵

  $XX = X' * RI * X$

  $XZ = X' * RI * Z$

  $ZZ = Z' * RI * Z$

  $Xy = X' * RI * y$

  $Zy = Z' * RI * y$

  R1 =hcat(XX, XZ)

  R2 =hcat(XZ', (ZZ+GI))

  LHS =vcat(R1, R2)

  RHS =vcat(Xy, Zy)

 #解方程组

  C =pinv(LHS)

  *bhat = C * RHS*

#估计剩余方差

  *SSR =bhat' * RHS*

  VPE =diag(C)

  return MMES(LHS, RHS, SSR, C, VPE, bhat)

 end

  如：X =[1. 0, 1. 0, 1. 0, 1. 0, 1. 0, 1. 0]'；Z =[1, 2, 3, 1, 2, 1]，可由上述"design"函数转化为设计矩阵；GI 为 3×3 单位矩阵；RI 为 6×6 单位矩阵；y =[2. 0, 1. 5, 2. 0, 1. 2, 0. 89, 1. 2]'，由"MME"函数计算得到，剩余方差（SSR）为 13. 1218；参数 $\hat{b}$（$\hat{u}$）、"右手项（RHS）"、"左手项（LHS）"分别为：

$\hat{b}$ ($\dot{u}$)	RHS	LHS			
1. 5113	8. 79	6. 0	3. 0	2. 0	1. 0
−0. 0334783	4. 4	3. 0	4. 0	0. 0	0. 0
−0. 21087	2. 39	2. 0	0. 0	3. 0	0. 0
0. 244348	2. 0	1. 0	0. 0	0. 0	2. 0

以下二个函数分别直接给出 MME 的"左手项"和"右手项"。

function LHSM(X: : Array, Z: : Array, GI: : Array, RI: : Array)   # MME 的"左手项"

    $XX = X' * RI * X$

    $XZ = X' * RI * Z$

    $ZZ = Z' * RI * Z$

    $R1 = hcat(XX, XZ)$

    $R2 = hcat[XZ', (ZZ+GI)]$

    $LHSuse = vcat(R1, R2)$

    returnLHSuse

end

function RHSM(X: : Array, Z: : Array, RI: : Array, y: : Array)   # MME 的"右手项"

    $Xy = X' * RI * y$

    $Zy = Z' * RI * y$

    $RHSuse = vcat(Xy, Zy)$

    returnRHSuse

end

有效建立 MME 的方法如下, 需使用前面的"mkDict"函数. 首先模拟 6 头牛的数据:

In [35] : *using DataFrames*

    sex = ["s", "s", "s", "d", "d", "d"]

    breed = ["Angus", "Angus", "Hereford", "Hereford", "Angus", "Angus"]

    age = ["40", "38", "38", "38", "40", "40"]

    df1 = DataFrame(sex = sex, breed = breed, age = age, y = round(randn(6) , 3))

Out[35] :

	sex	breed	age	y
1	s	Angus	40	1. 043
2	s	Angus	38	−1. 319
3	s	Hereford	38	0. 502
4	d	Hereford	38	−1. 743
5	d	Angus	40	−1. 457
6	d	Angus	40	−0. 737

mutable   *structModelTerm*

                                                           trmStr: : AbstractString

```
        nFactors::Int64
        factors::Array{Symbol, 1}
        str::Array{AbstractString, 1}    #新加水平
        val::Array{Float64, 1}            #新加变量
        X::SparseMatrixCSC{Float64, Int64}
        names::Array{Any, 1}
    end
    mutable struct MME
        modelEquation::AbstractString
        modelTerms::Array{ModelTerm, 1}
        lhs::Symbol
        covVec::Array{Symbol, 1}        #新加协变量
        mmeLhs
        mmeRhs
        X
    end
    function getTerm(trmStr)
        trm = ModelTerm(trmStr, 0, [], [], [], spzeros(0, 0), [])
        if length(trmStr) == 1
            trm.nFactors = 1
            trm.factors   = [Symbol(strip(trmStr))]
        else
            factorVec = split(trmStr, " * ")
            trm.nFactors = length(factorVec)
            trm.factors = [Symbol(strip(f)) for f in factorVec]
        end
        return trm
    end
    function initMME(modelEquation::AbstractString)
        if modelEquation == ""
            error("modelEquation is empty \ \ n")
        end
        lhsRhs = split(modelEquation, "=")
```

```
        lhs = Symbol(strip(lhsRhs[1]))
        rhs = strip(lhsRhs[2])
        rhsVec = split(rhs, "+")
        modelTerms = [getTerm(strip(trmStr)) for trmStr in rhsVec]
        return MME(modelEquation, modelTerms, lhs, [], 0, 0, 0)
    end
functioncovList(mme::MME, covStr::AbstractString)
        #covVec = split(covStr, " ", keep=false)
        covVec = split(covStr, " ")
        mme.covVec = [Symbol(i) for i in covVec]
        nothing
    end
functiongetData(trm::ModelTerm, df::DataFrame, mme::MME)        #A * B
        nObs = size(df, 1)                                      # A 因子, B 协变量
        #trm.str = Array(AbstractString, nObs)
        #trm.val = Array(Float64, nObs)
        trm.str = Array{AbstractString, 1}(undef, nObs)
        trm.val = Array{Float64, 1}(undef, nObs)
        iftrm.factors[1] == :intercept          # 技巧来源于 Melanie's HW
            str = fill(string(trm.factors[1]), nObs)
            val = fill(1.0, nObs)
            trm.str = str
            trm.val = val
            return
        end
        myDf = df[:, trm.factors]
        iftrm.factors[1] in mme.covVec           #本例中 factors = ["A", "B"]; covVec=["B"]
        str = fill(string(trm.factors[1]), nObs)
        val = df[:, trm.factors[1]]
else
        str = [string(i) for i in df[:, trm.factors[1]]]        #["A1", "A1", "A2"…]
        val = fill(1.0, nObs)        # [1, 1, 1…]
end
```

```
for i = 2: trm. nFactors
    if trm. factors[ i]  in mme. covVec
        str  =  str .  *  fill( " x " * string( trm. factors[ i] ), nObs)
        #[ "A1 X B", "A1 X B", "A2 X B"···]
        val  =  val .  *  df[ : , trm. factors[ i] ]
        #[ 1 * 3. 2, 1 * 2. 5, 1 * 2. 1···]
    else
        str  =  str .  *  fill( " x ", nObs) .  *  [ string( j) for j in df[ : , trm. factors[ i] ] ]
        val  =  val .  *  fill( 1. 0, nObs)
    end
end
    trm. str  =  str
    trm. val  =  val
end
function getX( trm)
    dict, trm. names  =  mkDict( trm. str)
    xj  =  round. ( Int64, [ dict[ i] for i in trm. str] )
    xi  =  1: size( trm. str, 1)
    trm. X  =  sparse( xi, xj, trm. val)
end
function getMME( mme: : MME,  df: : DataFrame)
    for trm in mme. modelTerms
        getData( trm, df, mme)
        getX( trm)
    end
    n    =  size( mme. modelTerms, 1)
    trm  =  mme. modelTerms[ 1]
    X    = trm. X
    for i = 2: n
        trm  =  mme. modelTerms[ i]
        X =  [ X trm. X]
    end
    y  =  convert( Array, df[ mme. lhs] )#
```

```
    mme. mmeLhs = X'X
    mme. mmeRhs = X'y
    mme. X = X
    nothing
end
functiongetSolJ( mme: : MME,  df: : DataFrame)        #雅克比迭代求解 MME
    if size( mme. mmeRhs) = =( )
        getMME( mme, df)
    end
    p = size( mme. mmeRhs, 1)
    return                                              [ getNames( mme)
Jacobi( mme. mmeLhs, fill( 0. 0, p), mme. mmeRhs, 0. 3, tol = 0. 000001) ]
    end
    functiongetSolG( mme: : MME,  df: : DataFrame; output = 10)      #高斯赛德尔迭代求解
MME
    if size( mme. mmeRhs) = =( )
        getMME( mme, df)
    end
    p = size( mme. mmeRhs, 1)
    return [ getNames( mme)
    GaussSeidel( mme. mmeLhs, fill( 0. 0, p), mme. mmeRhs, tol = 0. 000001, output = output) ]
end
```

In [36]：$mme = initMME("y = sex + breed + sex * breed * age")$　　#指定模型

In [37]：$getMME(mme, df1)$　　#依据模型输入数据 df1 得到 MME

In [38]：$[getNames(mme)\ mme. mmeRhs]$　　#输出 MME 各行名称及右手项

Out[38]：9x2 Array{ Any, 2}：

"sex: s"	0. 226
"sex: d"	−3. 937
"breed: Angus"	−2. 47
"breed: Hereford"	−1. 241
"sex * breed * age: s x Angus x 40"	1. 043
"sex * breed * age: s x Angus x 38"	−1. 319
"sex * breed * age: s x Hereford x 38"	0. 502

"sex * breed * age: d x Hereford x 38" −1.743

"sex * breed * age: d x Angus x 40"　　−2.194

In [39]: *full(mme. mmeLhs)*　　　#输出左手项

Out[39]: 9x9 Array{Float64, 2}:

$$
\begin{array}{ccccccccc}
3.0 & 0.0 & 2.0 & 1.0 & 1.0 & 1.0 & 1.0 & 0.0 & 0.0 \\
0.0 & 3.0 & 2.0 & 1.0 & 0.0 & 0.0 & 0.0 & 1.0 & 2.0 \\
2.0 & 2.0 & 4.0 & 0.0 & 1.0 & 1.0 & 0.0 & 0.0 & 2.0 \\
1.0 & 1.0 & 0.0 & 2.0 & 0.0 & 0.0 & 1.0 & 1.0 & 0.0 \\
1.0 & 0.0 & 1.0 & 0.0 & 1.0 & 0.0 & 0.0 & 0.0 & 0.0 \\
1.0 & 0.0 & 1.0 & 0.0 & 0.0 & 1.0 & 0.0 & 0.0 & 0.0 \\
1.0 & 0.0 & 0.0 & 1.0 & 0.0 & 0.0 & 1.0 & 0.0 & 0.0 \\
0.0 & 1.0 & 0.0 & 1.0 & 0.0 & 0.0 & 0.0 & 1.0 & 0.0 \\
0.0 & 2.0 & 2.0 & 0.0 & 0.0 & 0.0 & 0.0 & 0.0 & 2.0 \\
\end{array}
$$

四、有协变量的 MME

将上一节牛的例子增加协变量"weight"，其 Julia 代码如下：

In [40]: sex　　= ["s", "s", "s", "d", "d", "d"]

breed = ["Angus", "Angus", "Hereford", "Hereford", "Angus", "Angus"]

age　　= [40, 38, 38, 38, 40, 40]

weight = [110, 103, 142, 100, 112, 101];

df1 =

DataFrame(sex = sex, breed = breed, age = age, weight = weight, y = round(randn(6) , 3))

Out [40]:

	sex	breed	age	weight	y
1	s	Angus	40	110	−0.997
2	s	Angus	38	103	−0.311
3	s	Hereford	38	142	0.533
4	d	Hereford	38	100	−0.03
5	d	Angus	40	112	−1.843
6	d	Angus	40	101	−1.613

函数"mkDict"和"getNames"与上一节相同，其他类型和函数修改如下：

```
mutable structModelTerm
    trmStr: : AbstractString
    nFactors: : Int64
    factors: : Array{Symbol, 1}
    str: : Array{AbstractString, 1}    #新加水平
    val: : Array{Float64, 1}             #新加变量
    X: : SparseMatrixCSC{Float64, Int64}
    names: : Array{Any, 1}
end
mutable struct MME
    modelEquation: : AbstractString
    modelTerms: : Array{ModelTerm, 1}
    lhs: : Symbol
    covVec: : Array{Symbol, 1}        #新加协变量
    mmeLhs
    mmeRhs
    X
end
functiongetTerm( trmStr)
    trm  = ModelTerm( trmStr, 0, [ ] , [ ] , [ ] , spzeros( 0, 0) , [ ] )
    if length( trmStr) = = 1
      trm. nFactors  = 1
      trm. factors    = [ symbol( strip( trmStr) ) ]
    else
      factorVec  = split( trmStr, " * ")
      trm. nFactors  = length( factorVec)
      trm. factors  = [ symbol( strip( f) ) for f in factorVec]
  end
  returntrm
end
functioninitMME( modelEquation: : AbstractString)
    ifmodelEquation = = ""
      error( "modelEquation  is  empty \  \ n")
```

```
        end
        lhsRhs = split(modelEquation, "=")
        lhs = symbol[strip(lhsRhs[1])]
        rhs = strip(lhsRhs[2])
        rhsVec = split(rhs, "+")
        modelTerms = [getTerm(strip(trmStr)) for trmStr in rhsVec]
        return MME(modelEquation, modelTerms, lhs, [], 0, 0, 0)
end
functioncovList(mme::MME, covStr::AbstractString)
        covVec = split(covStr, " ", keep=false)
        mme.covVec = [symbol(i) for i in covVec]
        nothing
end
functiongetData(trm::ModelTerm, df::DataFrame, mme::MME)  #A * B
nObs = size(df, 1)                              # A 因子, B 协变量
trm.str = Array(AbstractString, nObs)
trm.val = Array(Float64, nObs)
        if trm.factors[1] == :intercept    # 技巧来源于 Melanie's HW
        str = fill(string(trm.factors[1]), nObs)
        val = fill(1.0, nObs)
        trm.str = str
        trm.val = val
        return
    end
    myDf = df[trm.factors]
    if trm.factors[1] in mme.covVec        #本例中 factors = ["A", "B"]; covVec = ["B"]
        str = fill(string(trm.factors[1]), nObs)
        val = df[trm.factors(1)]
    else
        str = {string(i) for i in df[trm.factors(1)]}    #["A1", "A1", "A2"...]
        val = fill(1.0, nObs)        # [1, 1, 1...]
    end
    fori = 2: trm.nFactors
```

```
        if trm. factors[ i]  in mme. covVec
            str = str .  *  fill( " x " * string( trm. factors[ i]) , nObs)
            #[ "A1 X B", "A1 X B", "A2 X B". . . ]
            val = val .  *  df[ trm. factors[ i] ]
            #[ 1 * 3. 2, 1 * 2. 5, 1 * 2. 1. . . . ]
        else
            str = str .  *  fill( " x ", nObs) .  *  [ string( j)  for j in df[ trm. factors[ i] ] ]
            val = val .  *  fill( 1. 0, nObs)
          end
      end
      trm. str = str
      trm. val = val
end
functiongetX( trm)
    dict, trm. names = mkDict( trm. str)
    xj = round( Int64, [ dict[ i]  for i in trm. str])
    xi = 1: size( trm. str, 1)
    trm. X = sparse( xi, xj, trm. val)
end
functiongetMME( mme: : MME,  df: : DataFrame)
    fortrm in mme. modelTerms
        getData( trm, df, mme)
        getX( trm)
    end
    n = size( mme. modelTerms, 1)
    trm = mme. modelTerms[ 1]
    X = trm. X
    fori = 2: n
      trm = mme. modelTerms[ i]
      X = [ Xtrm. X]
    end
    y = convert( Array, df[ mme. lhs]) #
    mme. mmeLhs = X′X
```

$$mme.\ mmeRhs\ =\ X'y$$

$$mme.\ X\ =\ X$$

$$nothing$$

$$end$$

$$functiongetSolJ(\ mme::MME,\ df::DataFrame)\qquad #雅克比迭代求解\ MME$$

$$if\ size(\ mme.\ mmeRhs)\ ==()$$

$$getMME(\ mme,\ df)$$

$$end$$

$$p\ =\ size(\ mme.\ mmeRhs,\ 1)$$

$$return\qquad\qquad\qquad\qquad\qquad\qquad\qquad\qquad [\ getNames(\ mme)$$

$$Jacobi(\ mme.\ mmeLhs,\ fill(0.\ 0,\ p)\ ,\ mme.\ mmeRhs,\ 0.\ 3,\ tol=0.\ 000001)\ ]$$

$$end$$

$$functiongetSolG(\ mme::MME,\ df::DataFrame;\ output=10)\qquad #高斯赛德尔迭代求解$$

MME

$$if\ size(\ mme.\ mmeRhs)\ ==()$$

$$getMME(\ mme,\ df)$$

$$end$$

$$p\ =\ size(\ mme.\ mmeRhs,\ 1)$$

$$return\ [\ getNames(\ mme)$$

$$GaussSeidel(\ mme.\ mmeLhs,\ fill(0.\ 0,\ p)\ ,\ mme.\ mmeRhs,\ tol=0.\ 000001,\ output=output)\ ]$$

$$end$$

由"initMME"函数指定模型：

In [41]: $mme\ =\ initMME("y\ =\ sex\ +\ breed\ +\ breed*weight\ +\ weight\ +\ sex*weight*age")$;

In [42]: $covList(\ mme,\ "weight\ age")$ 　　　#指定协变量为 weight 和 age

In [43]: $resG\ =\ getSolG(\ mme,\ df1,\ output=200)$; 　　　#高斯赛德尔迭代求解 MME

Out[43]: 200 0. 2556770860445621

　　　　400 0. 1213852770166554

　　　　600 0. 05858694729719208

　　　　800 0. 02834216791506179

　　　　1000 0. 013734852134500325

In [44]: $full(\ mme.\ X)$ 　　　#查看 X 矩阵

Out[44]: 6x9 Array{Float64, 2}:

　　　　1. 0　0. 0　1. 0　0. 0　110. 0　　0. 0　110. 0　4400. 0　　0. 0

1.0	0.0	1.0	0.0	103.0	0.0	103.0	3914.0	0.0
1.0	0.0	0.0	1.0	0.0	142.0	142.0	5396.0	0.0
0.0	1.0	0.0	1.0	0.0	100.0	100.0	0.0	3800.0
0.0	1.0	1.0	0.0	112.0	0.0	112.0	0.0	4480.0
0.0	1.0	1.0	0.0	101.0	0.0	101.0	0.0	4040.0

第四节　稀疏矩阵使用

Julia 在 SparseArrays stdlib 模块中支持稀疏向量和稀疏矩阵。稀疏数组是包含足够零的数组，与密集数组相比，将它们存储在特殊的数据结构中可以节省空间和执行时间。

In [45] : *A = spdiagm(0 => [1, 2, 3, 4], 1 => [5, 6, 7])*

　　　　permute(A, [4, 3, 2, 1], [1, 2, 3, 4])

Out[45] : 4×4 SparseMatrixCSC{Int64, Int64} with 7 stored entries:

　　　.　　.　　.　　4

　　　.　　.　　3　　7

　　　.　　2　　6　　.

　　　1　　5　　.　　.

In [46] : *permute(A, [1, 2, 3, 4], [4, 3, 2, 1])*

Out[46] : 4×4 SparseMatrixCSC{ Int64, Int64} with 7 stored entries:

　　　.　　.　　5　　1

　　　.　　6　　2　　.

　　　7　　3　　.　　.

　　　4　　.　　.　　.

In [47] : *I = [1, 4, 3, 5]; J = [4, 7, 18, 9]; V = [1, 2, −5, 3];*

　　　A = sparse(I, J, V)

　　　rows = rowvals(A)

　　　vals = nonzeros(A)

　　　m, n = size(A)

　　　for j = 1: n

　　　　　fori in nzrange(A, j)

　　　　　　　row = rows[i]

　　　　　　　val = vals[i]

```
                  # perform sparse wizardry...
              end
          end
```

In [48]: *sprandn(2, 2, 0.75)*

Out[48]: 2×2 SparseMatrixCSC{Float64, Int64} with 2 stored entries:

$$-1.54022.$$

$$0.0973085$$

In [49]: *nonzeros(A)*

Out[49]: 4−element Vector{Int64}:

1

2

3

−5

In [50]: *A = spdiagm(0 => [1, 2, 3, 4], 1 => [5, 6, 7])*

Out[50]: 4×4SparseMatrixCSC{Int64, Int64} with 7 stored entries:

```
1   5   .   .
.   2   6   .
.   .   3   7
.   .   .   4
```

In [51]: *Matrix(A)*

Out[51]: 4×4 Matrix{Int64}:

```
1   5   0   0
0   2   6   0
0   0   3   7
0   0   0   4
```

In [52]: *B = permute(A, [4, 3, 2, 1], [1, 2, 3, 4])*

Out[52]: 4×4 SparseMatrixCSC{Int64, Int64} with 7 stored entries:

```
.   .   .   4
.   .   3   7
.   2   6   .
1   5   .   .
```

In [53]: *sparsevec(Dict(1 => 3, 2 => 2))*

Out[53]: 2−element SparseVector{Int64, Int64} with 2 stored entries:

$[1]$　　$=$　　3

$[2]$　　$=$　　2

In $[54]:I = [1, 4, 3, 5]; J = [4, 7, 18, 9]; V = [1, 2, -5, 3];$

　　　$S = sparse(I, J, V)$

　　　$R = sparsevec(I, V)$

Out[54]:5-element SparseVector{Int64, Int64} with 4 stored entries:

$[1]$　　$=$　　1

$[3]$　　$=$　　-5

$[4]$　　$=$　　2

$[5]$　　$=$　　3

In $[55]:A = sparse([1, 1, 2, 3], [1, 3, 2, 3], [0, 1, 2, 0])$

　　　$dropzeros(A)$

Out[55]: 3×3 SparseMatrixCSC{Int64, Int64} with 2 stored entries:

　　　.　.　1

　　　.　2　.

　　　.　.　.

第五章 线性模型的扩展

在上一章介绍单因子模型、二因子模型和混合模型的基础上，本章介绍有重复记录的动物模型和母体效应遗传模型。我们将在介绍这些模型的理论基础上，着重介绍编写程序的技巧并提供相应的 Julia 代码，读者可以根据需要修改这些代码，用于自己的研究。

第一节 有重复记录的动物模型

在动物育种中，有重复记录的模型是指同一性状在一定的时间跨度内被测量了二次及以上的模型。换言之，这些记录之间有遗传相关性。例如，绵羊不同年度的剪毛量、肉牛的产犊记录、一个泌乳期的测定日记录、母猪的产仔记录、不同季节鹿角的长度和赛马各个赛季的成绩等。这个模型最早被应用于奶牛产奶量的遗传评估。与多元线性模型相比，这个模型简洁明了，计算复杂性低，所需要的模型参数较少。当然，这个模型也有一些缺陷，如这个模型较难考虑多次测量之间遗传参数实际上是不相同的情况。通常，此模型假设不同年龄的家畜之间有理想的遗传相关结构，观察值除了加性遗传效应外，还受永久环境效应（permanent environmental effects，PE）的影响，这种效应在家畜的不同年龄、性状的不同记录之间都存在，因此具有可累加性。

$$观测值 1 = G + PE1 + TE1$$
$$观测值 2 = G + PE1 + PE2 + TE1$$
$$观测值 3 = G + PE1 + PE2 + PE3 + TE1$$

此处，G 代表遗传效应，TE 代表暂时环境效应（temporary environmental effects）。由上面等式可知，PE1 影响观测值 1、2、3；PE2 影响观测值 2、3；PE3 只影响观测值 3。PE 只影响其出现之后的记录，当然 PE1、PE2 和 PE3 之间有可能存在相互作用，PE1 的方差可能和 PE2 或 PE3 的方差不同。

一、有重复记录模型的一般形式

有重复记录的动物模型一般可以表示为：

$$y = Xb + \begin{pmatrix} 0 & Z \end{pmatrix} \begin{pmatrix} a_0 \\ a_r \end{pmatrix} + Zp + e \tag{5.1}$$

此处，b 为固定效应向量，a_0 表示没有记录的家畜，a_r 表示有记录的家畜，p 表示 PE 效应向量（与 a_r 长度相同），e 是剩余效应向量。X 和 Z 为对应的设计矩阵，在有重复记录的动物模型中 Z 并非单位阵，且

$$a \mid A, \ \sigma_a^2 \sim N(0, \ A\sigma_a^2)$$

$$p \mid I, \ \sigma_p^2 \sim N(0, \ I\sigma_p^2)$$

$$e \sim N(0, \ I\sigma_e^2)$$

$$G = \begin{pmatrix} A\sigma_a^2 & 0 \\ 0 & I\sigma_p^2 \end{pmatrix}$$

重复力指个体在不同次生产周期之间某一数量性状的表型值可能重复的程度，用以度量有关某一性状的基因型在波动的环境中得以表达的稳定性；也可以用于研究群体中某种数量性状在不同环境中的近似度。重复力也是组内相关系数，因而它还可以确定某一表型值应该测量的次数。其公式为：

$$r = \frac{\sigma_a^2 + \sigma_p^2}{\sigma_a^2 + \sigma_p^2 + \sigma_e^2} \tag{5.2}$$

重复力往往大于遗传力，因遗传力公式为：

$$h^2 = \frac{\sigma_a^2}{\sigma_a^2 + \sigma_p^2 + \sigma_e^2} \tag{5.3}$$

在有重复记录的情况下，上一章介绍的 Henderson 模型可以改写为

$$\begin{pmatrix} X'X & 0 & X'Z & X'Z \\ 0 & A^{00}k_a & A^{0r}k_a & 0 \\ Z'X & A^{r0}k_a & Z'Z + A^{rr}k_a & Z'Z \\ Z'X & 0 & Z'Z & Z'Z + Ik_p \end{pmatrix} \begin{pmatrix} \hat{b} \\ \hat{a}_0 \\ \hat{a}_r \\ \hat{p} \end{pmatrix} = \begin{pmatrix} X'y \\ 0 \\ Z'y \\ Z'y \end{pmatrix} \tag{5.4}$$

此处，依据家畜有无记录，A^{-1} 可以拆分为

$$A^{-1} = \begin{pmatrix} A^{00} & A^{0r} \\ A^{r0} & A^{rr} \end{pmatrix}$$

将（5.4）式中第三个等式减去第四个等式，得

$$A^{r0}k_a\hat{a}_0 + A^{rr}k_a\hat{a}_r - Ik_p\hat{p} = 0 \tag{5.5}$$

因此，PE 效应的估计值只与动物加性效应和 A^{-1} 元素有关。例如，有下列数据，假设 $k_a = 2$ 和 $k_p = 3$，模型包括固定效应"年"，随机效应为动物加性效应和永久环境效应。

家畜 ID	父亲 ID	母亲 ID	第 1 年	第 2 年	第三年
			y_{1jk}	y_{2jk}	y_{3jk}
1	0	0			
2	0	0	69	53	
3	0	0			
4	0	0	37	47	
5	0	0			
6	0	0	55		
7	1	2	39	51	62
8	3	4	48	72	
9	5	6	71	77	96
10	1	4	38	56	47
11	3	6	51	71	86
12	5	2	64	46	

家畜为非近交个体，其加性遗传相关矩阵的逆矩阵为：

$$A^{-1} = \frac{1}{2} \begin{pmatrix}
4 & 1 & 0 & 1 & 0 & 0 & -2 & 0 & 0 & -2 & 0 & 0 \\
1 & 4 & 0 & 0 & 1 & 0 & -2 & 0 & 0 & 0 & 0 & -2 \\
0 & 0 & 4 & 1 & 0 & 1 & 0 & -2 & 0 & 0 & -2 & 0 \\
1 & 0 & 1 & 4 & 0 & 0 & 0 & -2 & 0 & -2 & 0 & 0 \\
0 & 1 & 0 & 0 & 4 & 1 & 0 & 0 & -2 & 0 & 0 & -2 \\
0 & 0 & 1 & 0 & 1 & 4 & 0 & 0 & -2 & 0 & -2 & 0 \\
-2 & -2 & 0 & 0 & 0 & 0 & 4 & 0 & 0 & 0 & 0 & 0 \\
0 & 0 & -2 & -2 & 0 & 0 & 0 & 4 & 0 & 0 & 0 & 0 \\
0 & 0 & 0 & 0 & -2 & -2 & 0 & 0 & 4 & 0 & 0 & 0 \\
-2 & 0 & 0 & -2 & 0 & 0 & 0 & 0 & 0 & 4 & 0 & 0 \\
0 & 0 & -2 & 0 & 0 & -2 & 0 & 0 & 0 & 0 & 4 & 0 \\
0 & -2 & 0 & 0 & -2 & 0 & 0 & 0 & 0 & 0 & 0 & 4
\end{pmatrix}$$

其 MME 解列于下表，剩余方差的估计值为 107.69。

年效应	$Yr1 = 52.44$	
	$Yr2 = 59.64$	
	$Yr3 = 72.38$	

家畜 ID	加性遗传效应	PE
1	-4.78	
2	0.01	1.98
3	2.48	
4	-5.99	-3.22
5	3.62	
6	4.66	-0.53
7	-4.69	-3.07
8	-0.44	1.76
9	8.42	5.71
10	-7.87	-3.31
11	4.47	1.15
12	1.16	-0.88

二、累计 PE 重复记录模型

累计 PE 重复记录模型可以表示为：

$$y = Xb + \begin{pmatrix} 0 & Z_a \end{pmatrix} \begin{pmatrix} a_0 \\ a_r \end{pmatrix} + Z_p p + e \tag{5.6}$$

此处，b 为固定效应向量，a_0 表示没有记录的家畜，a_r 表示有记录的家畜，p 表示 PE 效应向量（与 a_r 长度相同），e 是剩余效应向量。X 和 Z 为对应的设计矩阵，虽然此模型与（5.1）式类似，但 Z_p 并不是典型的设计矩阵，Z_p 矩阵的每行可能包含超过一个以上的"1"，每个"1"对应一个 PE。依然使用上一节的数据，家畜 2，4，6 和 7 的 Z_p 矩阵为

$$Z_p p = \begin{pmatrix} 1 & 0 & 0 & 0 & 0 & 0 & 0 & 0 \\ 1 & 1 & 0 & 0 & 0 & 0 & 0 & 0 \\ 0 & 0 & 1 & 0 & 0 & 0 & 0 & 0 \\ 0 & 0 & 1 & 1 & 0 & 0 & 0 & 0 \\ 0 & 0 & 0 & 0 & 1 & 0 & 0 & 0 \\ 0 & 0 & 0 & 0 & 0 & 1 & 0 & 0 \\ 0 & 0 & 0 & 0 & 0 & 1 & 1 & 0 \\ 0 & 0 & 0 & 0 & 0 & 1 & 1 & 1 \end{pmatrix} \begin{pmatrix} p_{21} \\ p_{22} \\ p_{41} \\ p_{42} \\ p_{61} \\ p_{71} \\ p_{72} \\ p_{73} \end{pmatrix}$$

由上可知，p_{21} 对应于家畜 1，2，p_{22} 对应于家畜 2 和后续任何包括家畜 2 的记录，其他项以此类推。则

$$Z'_p Z_p = \begin{pmatrix} 2 & 1 & 0 & 0 & 0 & 0 & 0 & 0 \\ 1 & 1 & 0 & 0 & 0 & 0 & 0 & 0 \\ 0 & 0 & 2 & 1 & 0 & 0 & 0 & 0 \\ 0 & 0 & 1 & 1 & 0 & 0 & 0 & 0 \\ 0 & 0 & 0 & 0 & 1 & 0 & 0 & 0 \\ 0 & 0 & 0 & 0 & 0 & 3 & 2 & 1 \\ 0 & 0 & 0 & 0 & 0 & 2 & 2 & 1 \\ 0 & 0 & 0 & 0 & 0 & 1 & 1 & 1 \end{pmatrix}$$

由于 Z_p 矩阵的特殊结构，据此可分别估计 PE 和 TE；同理可依据加性遗传相关矩阵估计家畜的加性遗传效应。同时，与上一节相同

$$a \mid A, \ \sigma_a^2 \sim N(0, A\sigma_a^2)$$
$$p \mid I, \ \sigma_p^2 \sim N(0, P\sigma_p^2)$$
$$e \sim N(0, I\sigma_e^2)$$
$$G = \begin{pmatrix} A\sigma_a^2 & 0 \\ 0 & P\sigma_p^2 \end{pmatrix}$$

矩阵 P 为对角矩阵，每个个体的第一个记录对应对角线元素 "1"，对于第二个记录，可假设其 PE 方差小于第一个记录；同样地，第三记录及其后续记录的 PE 方差会进一步减小。因此，需要根据记录顺序适当增加对应 PE 方差。通常假设所有记录的剩余方差相同，但实际上可能不符合实际情况。此外，通常假设遗传方差和遗传相关矩阵对所有记录都相同。

例如，对有 3 个记录的非近交个体，其方差为

$$Var\begin{pmatrix} y_1 \\ y_2 \\ y_3 \end{pmatrix} = \begin{pmatrix} 1 & 1 & 1 \\ 1 & 1 & 1 \\ 1 & 1 & 1 \end{pmatrix}\sigma_a^2 + \begin{pmatrix} \sigma_{p1}^2 & \sigma_{p1}^2 & \sigma_{p1}^2 \\ \sigma_{p1}^2 & (\sigma_{p1}^2 + \sigma_{p2}^2) & (\sigma_{p1}^2 + \sigma_{p2}^2) \\ \sigma_{p1}^2 & (\sigma_{p1}^2 + \sigma_{p2}^2) & (\sigma_{p1}^2 + \sigma_{p2}^2 + \sigma_{p3}^2) \end{pmatrix} + \begin{pmatrix} 1 & 0 & 0 \\ 0 & 1 & 0 \\ 0 & 0 & 1 \end{pmatrix}\sigma_e^2$$

上式意味着，在累计 PE 重复记录模型中，重复记录的方差会越变越大，但在一般的 PE 重复记录模型中，方差是相同的，例如上式为

$$Var\begin{pmatrix} y_1 \\ y_2 \\ y_3 \end{pmatrix} = \begin{pmatrix} 1 & 1 & 1 \\ 1 & 1 & 1 \\ 1 & 1 & 1 \end{pmatrix}\sigma_a^2 + \begin{pmatrix} 1 & 1 & 1 \\ 1 & 1 & 1 \\ 1 & 1 & 1 \end{pmatrix}\sigma_p^2 + \begin{pmatrix} 1 & 0 & 0 \\ 0 & 1 & 0 \\ 0 & 0 & 1 \end{pmatrix}\sigma_e^2$$

如果第一节的数据用累计 PE 重复记录模型计算，为了简便，我们设对角矩阵 P 中第一个记录的元素为 1，第二个记录的元素为 0.9，第三个记录的元素为 0.8，并且设 $k_a = 2$ 和

$k_p = 3$。其混合模型的阶数为36（固定效应"年"为3，加性遗传效应为12，PE效应是21），其解为：

"年"效应	$Yr1 = 52.44$	$Yr2 = 59.58$	$Yr3 = 71.69$	
家畜 ID	加性遗传效应	PE1	PE2	PE3
1	−4.28			
2	0.69	2.15	−2.17	
3	1.83			
4	−5.72	−3.14	−0.86	
5	3.47			
6	4.02	−0.36		
7	−4.02	−2.96	−0.73	−0.42
8	−0.90	1.40	2.75	
9	7.53	5.05	2.73	1.89
10	−7.06	−2.74	−1.08	−2.91
11	3.70	1.03	2.78	1.43
12	1.76	−0.42	−3.44	

此模型的剩余方差为93.80，小于上一节中一般重复记录模型估计值107.69。说明累计PE效应解释了更多的剩余方差，这是因为累计PE重复记录模型有更多的参数需要被估计。在这个例子中，家畜的个体数为12，以上两个模型估计的加性遗传效应的相关系数为0.9957。累计PE重复记录模型的PE1估计值和一般重复记录模型的PE效应也有更高的相关性。1933年Lush提出了"最大可能生产能力"（Most probable producing abilities，MPPA）基于家畜已有的遗传和PE效应估计值预测家畜未来的生产性能。在一般重复记录模型中，PE效应对家畜不同次的记录是相同的，因此MPPA的计算较为简单。但在累计PE重复记录模型中则较为复杂。如上例中预测家畜7的第四次生产性能：

$$MPPA = \hat{a}_7 + \hat{p}_{71} + \hat{p}_{72} + \hat{p}_{73} + \hat{p}_{future}$$

此处预测的PE效应可能为0，即PE效应估计值抽样分布的平均数。MPPA预测误差的方差随着预测PE效应方差增加而增加。与此类似，重复力会随着记录数增加而变化。假设预测PE效应与以前的PE效应无关，由于PE方差具有可加性，重复力会随着记录数的增加而增加。例如，如果第二个记录的PE效应与第一个记录有相关性，则这种相关无论是正相关还是负相关都会在增加第二个记录的情况下减少重复力。由于没有使用真实数据估计过

PE 方差，以上结论只是理论上的推断，不同的物种和性状其结果可能有差异。也可以使用贝叶斯方法，如吉布斯抽样估计每次记录的 PE 方差，其方法类似于估计剩余方差和"固定效应"，如畜群。值得注意的是：贝叶斯统计不区分固定效应和随机效应，这里只是为了便于说明问题。

有重复记录的模型也可以当做多性状模型来处理，如果其"遗传相关"不完全，则 PE 和 TE 混杂在一起，模型不能将其剖分开来。如果其"遗传相关"完全，当"遗传相关"为 1 时，多性状模型也很难将它们剖分开。另外，可以使用随机回归模型，把观测值作为家畜年龄的函数，并可以拟合曲线，如常见的泌乳曲线。测定日模型可以估计 PE 效应，这个值随着泌乳期不断变化。但如果某家畜的记录数较少，则估计值会出现较大偏差。根据随机回归模型，时间上相继的 PE 效应更为相近。因此，也可以将以上模型看做自回归相关模型，这个模型形式上与（5.6）类似，但在这个模型中，同一家畜的 Z_p 是单位矩阵，每个记录的 PE 效应都不相同，但是

$$P = \begin{pmatrix} 1 & \rho & \rho^2 & \cdots \\ \rho & 1 & \rho & \cdots \\ \rho^2 & \rho & 1 & \cdots \\ \vdots & \vdots & \vdots & \ddots \end{pmatrix} \sigma_p^2$$

我们将第一节的数据使用自回归模型进行分析，设 $\rho = 0.6$，$k_a = 2$，$k_p = 3$，估计结果如下表所示：

年效应	$Yr1 = 52.44$	$Yr2 = 59.71$		$Yr3 = 72.26$
家畜 ID	加性遗传效应	PE1	PE2	PE3
1	−5.28			
2	−0.04	3.10	0.36	
3	2.64			
4	−6.36	−2.84	−2.52	
5	4.00			
6	5.04	−0.62		
7	−5.19	−2.54	−2.20	−1.98
8	−0.44	0.53	2.50	
9	9.28	3.76	4.30	4.67
10	−8.57	−1.71	−1.37	−3.61
11	5.06	−0.36	1.59	2.31
12	1.23	0.68	−2.29	

家畜的 EBV 排序与前面相同，但家畜之间的差异更大。与累计 PE 重复记录模型相比，自回归模型的 PE 效应估计值在同一家畜的记录之间差异更大。例如，累计 PE 重复记录模型中，家畜 2 的两个 PE 效应估计值分别为 2.15 和-2.17；但在自回归模型中，估计值为 3.10 和 0.36。因此，自回归模型拥有更强的区分能力。它的剩余方差估计值为 104.27，略小于一般的重复记录模型的估计值 107.69，但是大于累计 PE 重复记录模型的估计值 93.80。因此，应该首先使用累计 PE 重复记录模型估计 PE 效应和同一家畜 PE 效应估计值之间的相关性。如果相关性高，则使用自相关模型可能更合适；如果相关系数接近于 0，则累计 PE 重复记录模型更合适此数据集。如果 PE 效应是依时间累计的，则没有理由认为家畜第 1、2 记录的 PE 效应估计值比 1、4 记录的更相近。这里的模型允许 PE 效应估计值的大小和正负号随时间变化，这也说明每条记录的 PE 效应估计值之间的相关性为 0。理论上，家畜饲养中遇到的任何情况都会影响其未来的生产性能。因此，PE 效应可能与环境因素的累计程度有关。

综上所述，基于每条记录的 PE 效应不变的一般重复记录模型在许多情况下是不实用的。随着时间的推移，家畜经历的每一个新的环境因素都会改变它的体貌、习性和生理特征等。因此，PE 效应往往具有随时间的累计性，一旦这个效应出现就会影响其后续的每一条记录。所以，通常来说累计 PE 重复记录模型更适合于家畜重复数据的分析。传统的重复记录模型使用累计 PE 重复记录模型时往往会更精确。数据分析过程中应该考虑随着记录数的增加，PE 效应的方差是增加，不变，还是减少。同时，应该估计家畜加性遗传效应预测误差的方差；选择新模型分析时其估计育种值应该比旧模型更准确；可以利用 Z_p 矩阵的特殊结构加快程序的计算速度。

三、Julia 语言计算示例

首先，模拟具有重复记录的家畜生产数据。

In[1]: *Animal = repeat(B, inner = [3])*　　　#每条记录重复 3 次

Age = repmat([1, 2, 3], 4)

intercept = ones(12, 1)

df2 = DataFrame[Animal = Animal, Age = Age, y = randn(12)]

Out［1］:

	Animal	Age	y
1	S1	1	0.2647053315154632
2	S1	2	−0.0731311110739266
3	S1	3	0.0425940328250158

（续表）

	Animal	**Age**	y
4	D1	1	1. 5332740260431432
5	D1	2	1. 4164743253084766
6	D1	3	−0. 7860008547136742
7	O1	1	−0. 2858582188035473
8	O1	2	−0. 20468833119277516
9	O1	3	0. 8209338615854505
10	O3	1	−0. 8070041989165463
11	O3	2	1. 35863761029773416
12	O3	3	−1. 8142374639637324

函数 mkDict、getNames、getTerm、initMME、getData、covList、getSolJ、getSolG 与前几章基本相同，故不再赘述。本章所需的新类型和函数：

mutable struct ModelTerm

    trmStr: : AbstractString

    nFactors: : Int64

    factors: : Array{Symbol, 1}

    str: : Array{AbstractString, 1}　　# used to store the data for this term as strings

    val: : Array{Float64, 1}

    startPos: : Int64　　　　　　　　# start pos in HMME

    nLevels: : Int64

    X: : SparseMatrixCSC{Float64, Int64}

    names: : Array{Any, 1}

end

mutable struct MME

    modelEquation: : AbstractString

    modelTerms: : Array{ModelTerm, 1}

    modelTermDict: : Dict{AbstractString, ModelTerm}

    lhs: : Symbol

    covVec: : Array{Symbol, 1}

    pedTrmVec: : Array{AbstractString, 1}

```
        mmeLhs

        mmeRhs

        ped

        Gi: : Array{Float64, 2}

        Ai

        mmePos: : Int64

end

getFactor1( str ) = [ strip( i ) for i in split( str, "x") ] [ 1 ]  # age * animal 时更好

function getX( trm: : ModelTerm, mme: : MME)

        pedSize = 0

        nObs = size( trm. str, 1)

        if trm. trmStr in mme. pedTrmVec # "家畜号"

                trm. names = PedModule. getIDs( mme. ped)

                trm. nLevels = length( mme. ped. idMap)

                xj = round( Int64, [ mme. ped. idMap[ getFactor1( i ) ] . seqID for i in trm. str]) #列指数

        else

                dict, trm. names = mkDict( trm. str)

                trm. nLevels = length( dict)

                xj = round( Int64, [ dict[ i ] for i in trm. str] )

        end

        xi = 1: nObs   #行指数

        xv = trm. val #值

        if mme. ped! = 0 #因为系谱中的家畜可能数据中没有

                pedSize = length( mme. ped. idMap)

                if trm. trmStr in mme. pedTrmVec   #确保计算加性效应的 X 矩阵有正确的列号

                        ii = 1          #在第一行的最后一列增加"0"

                        jj = pedSize

                        vv = [ 0. 0]

                        xi = [ xi; ii]

                        xj = [ xj; jj]

                        xv = [ xv; vv]

                end

        end
```

```
        trm. X = sparse( xi, xj, xv)

        trm. startPos = mme. mmePos

        mme. mmePos+ = trm. nLevels

    end

    function getMME( mme: : MME, df: : DataFrame)

    for trm in mme. modelTerms

        getData( trm, df, mme)

        getX( trm, mme)

    end

    n = size( mme. modelTerms, 1)

    trm = mme. modelTerms[ 1]

    X = trm. X

    for i = 2: n

        trm = mme. modelTerms[ i]

        X = [ X trm. X]

    end

    y = df[ mme. lhs]

    nObs = size( y, 1)

    ii = 1: nObs

    jj = fill( 1, nObs)

    vv = y

    nRowsX = size( X, 1)

    if nRowsX > nObs

        ii = [ ii, nRowsX]

        jj = [ jj, 1]

        vv = [ vv, 0. 0]

    end

    ySparse = sparse( ii, jj, vv)

    mme. mmeLhs = X′X

    mme. mmeRhs = X′ySparse

    if mme. ped ! = 0

        ii, jj, vv = PedModule. HAi( mme. ped)        #cholesky 分解

        HAi = sparse( ii, jj, vv)
```

```
        mme. Ai = HAi′HAi

        addA( mme: : MME)

    end

end

function

        etAsRandom( mme: : MME, randomStr: : AbstractString, ped: : PedModule. Pedigree,

    G: : Array{Float64, 2})        #指定随机效应

    mme. pedTrmVec = split( randomStr, " ", keep = false)

    mme. ped = ped

    mme. Gi = inv( G)

    nothing

end

function addA( mme: : MME)        #MME 中增加加性遗传相关矩阵

    pedTrmVec = mme. pedTrmVec

    for ( i, trmi) = enumerate( pedTrmVec)

        pedTrmi    = mme. modelTermDict[ trmi]

        startPosi   = pedTrmi. startPos

        endPosi    = startPosi + pedTrmi. nLevels − 1

        for ( j, trmj) = enumerate( pedTrmVec)

            pedTrmj    = mme. modelTermDict[ trmj]

            startPosj   = pedTrmj. startPos

            endPosj    = startPosj + pedTrmj. nLevels − 1

            mme. mmeLhs[ startPosi: endPosi, startPosj: endPosj] =

            mme. mmeLhs[ startPosi: endPosi, startPosj: endPosj] + mme. Ai * mme. Gi[ i, j]

        end

    end

end

In[ 2] : using PedModule

    mme = initMME( "y = intercept + Age + Animal + Animal * Age")

    covList( mme, "Age")

    G = [1 0. 1;  0. 1 1. 0]

    ped = PedModule. mkPed( "small. ped", separator = ")

    setAsRandom( mme, "Animal Animal * Age", ped, G)
```

resG = getSolG(mme, df2)；

Out[2]：0. 004596883334625979

20 0. 0014040115488734484

30 0. 0004776419930430202

40 0. 00016327131964199662

50 5. 5822785736460476e-5

60 1. 9086077557632178e-5

70 6. 525622408268345e-6

80 2. 2311419048512457e-6

10

第二节　母体效应模型

母体效应（maternal effect，又译作母性效应）指生物的表现型不仅由其基因和环境决定，而且会受到其雌性亲本的基因型和表型影响。目前认为，母亲卵子中的 mRNA 和蛋白质是该效应产生的原因。此外，母亲的环境也会对后代的性别、大小以及行为产生影响。同时，对于后代来说，该效应在其适应环境多样性方面有着重要意义。适应性的母体效应能够增加后代的适合度。母体效应的研究提出了表型可塑性这一概念，已经成了进化生物学中的一个重要概念。环境母体效应是指母亲所处的环境及状态，也会影响子代的表型，而且这一过程与子代的基因型无关。同样的，也存在"父体效应"，研究指出精液中的成分会影响胚胎的早期发育。如果母体效应所导致的表型变化，增加了子代的适合度，这一类的母体效应称为适应性母体效应。

雌性的哺乳动物为子代提供了生存和发育的环境。环境对子代的影响也依赖于母体效应。母体效应是一个可以遗传的性状，两个亲本均对此类性状有影响，但此类性状只在雌性动物上表现，就像奶牛的泌乳性状一样。直接遗传效应和母体遗传效应之间存在遗传相关性。在不同文献中，这种相关性的估计值存在较大的差异。由大学或研究机构的试验群体得到的估计值往往是正值，且绝对值较小；而由牧场等生产性单位得到的估计值接近于 0 或绝对值较大的负值。这主要是归咎于数据本身的原因，对于实际生产单位，由于各种条件的限制收集母畜从初生到初次产仔之间的数据几乎是不可能的。例如实际生产中，很难将家畜的初生重和断乳重数据对应起来。但是在试验群体中，可以准确地对应几个世代的数据，这些数据上的差异导致不同来源的数据其直接–母体遗传效应相关性估计值存在较大的差异。因此，一般认为由试验群体的数据得到的估计值较为准确。

以下，我们以两个同世代的肉牛犊牛群体的初生重数据为例来介绍母体效应模型。因为牧场饲养管理条件的不同，不同的母牛为犊牛提供或好或差的妊娠环境，母体效应对犊牛的初生重和断乳重影响较大。

犊牛 ID	公牛	母牛	牧场	初生重（kg）
8	1	5	1	76
9	2	6	1	44
10	1	7	1	55
11	3	8	2	73
12	3	10	2	59
13	4	7	2	52

其模型如下：

$$y_{ijkl} = C_i + a_j + m_k + p_k + e_{ijkl} \tag{5.7}$$

y_{ijkl} 代表牧场 i 中的母牛 k 的犊牛 j 的初生重，C_i 是牧场效应；a_j 是动物加性遗传效应，即直接遗传效应；m_k 是母牛的母体遗传效应；p_k 是母牛的永久环境效应；e_{ijkl} 是剩余环境效应。同一头母牛的产犊记录不止一条，因此这是有重复记录的数据，可以估计犊牛初生重性状的永久环境效应。

式（5.7）也可以写成矩阵形式：

$$y = Xb + Z_1a + Z_2m + Z_3p + e \tag{5.8}$$

此处，y 是犊牛的初生重向量；b 代表牧场效应向量；a 是动物加性遗传效应向量；m 是母体遗传效应向量；p 是母体永久环境效应向量。假设犊牛的性别和品种相同，同一牧场中的母牛年龄相同。家畜 8 和 10 既作为犊牛也作为母牛出现在数据中，因此本例中，直接效应和母体效应之间存在联系。

不存在选择的情况下，随机向量 a、m、p 和 e 的期望均为 0，其方差-协方差矩阵为：

$$Var\begin{pmatrix} a \\ m \\ p \\ e \end{pmatrix} = \begin{pmatrix} A\sigma_a^2 & A\sigma_{am} & 0 & 0 \\ A\sigma_{am} & A\sigma_m^2 & 0 & 0 \\ 0 & 0 & I\sigma_p^2 & 0 \\ 0 & 0 & 0 & I\sigma_e^2 \end{pmatrix}$$

此处 σ_a^2 是加性遗传方差，σ_m^2 为母体遗传方差，σ_{am} 是加性遗传和母体遗传的协方差，σ_p^2 是母体永久环境方差。假设本例中 $\sigma_p^2 = 9$，$\sigma_e^2 = 81$。

$$G = \begin{pmatrix} \sigma_a^2 & \sigma_{am} \\ \sigma_{am} & \sigma_m^2 \end{pmatrix} = \begin{pmatrix} 49 & -7 \\ -7 & 26 \end{pmatrix}$$

基于（5.8）式，其 MME 为：

$$\begin{pmatrix} X'X & X'Z_1 & X'Z_2 & X'Z_3 \\ Z'_1X & Z'_1Z_1 + A^{-1}k_{11} & Z'_1Z_2 + A^{-1}k_{12} & Z'_1Z_3 \\ Z'_2X & Z'_2Z_1 + A^{-1}k_{12} & Z'_2Z_2 + A^{-1}k_{22} & Z'_2Z_3 \\ Z'_3X & Z'_3Z_1 & Z'_3Z_2 & Z'_3Z_3 + Ik_{33} \end{pmatrix} \begin{pmatrix} \hat{b} \\ \hat{a} \\ \hat{m} \\ \hat{p} \end{pmatrix} = \begin{pmatrix} X'y \\ Z'_1y \\ Z'_2y \\ Z'_3y \end{pmatrix}$$

此处

$$\begin{pmatrix} k_{11} & k_{12} \\ k_{12} & k_{22} \end{pmatrix} = \begin{pmatrix} \sigma_a^2 & \sigma_{am} \\ \sigma_{am} & \sigma_m^2 \end{pmatrix}^{-1} \sigma_e^2$$

$$= \begin{pmatrix} 49 & -7 \\ -7 & 26 \end{pmatrix}^{-1} (81)$$

$$= \begin{pmatrix} 1.7192 & 0.4628 \\ 0.4628 & 3.2400 \end{pmatrix}$$

值得注意以上结果不等于

$$\begin{pmatrix} 81/49 & 81/(-7) \\ 81/(-7) & 81/26 \end{pmatrix}$$

并且，$k_{33} = \sigma_e^2/\sigma_p^2 = 81/9 = 9$。直接遗传效应的遗传力为

$$h_d^2 = \frac{\sigma_a^2}{\sigma_y^2}$$

此处，$\sigma_y^2 = \sigma_a^2 + \sigma_m^2 + \sigma_p^2 + \sigma_e^2 + 0.5\sigma_{am} = 161.5$。因此，$h_d^2 = 0.30$，同理母体效应遗传力为：

$$h_m^2 = \frac{\sigma_m^2}{\sigma_y^2} = 0.16$$

母体效应重复力为：

$$r_m = \frac{\sigma_m^2 + \sigma_p^2}{\sigma_y^2} = 0.22$$

加性遗传和母体遗传效应的相关系数为：

$$\rho = \frac{\sigma_{am}}{\sigma_a \sigma_m} = -0.196$$

哺乳动物的母体效应在其后代初生到断乳之间都起作用，断乳之后会逐渐完全消失，直至完全消失。母体效应是否存在于哺乳动物之外的物种？在家禽中，由于卵中营养物质的组分和数量，甚至蛋壳厚度等因素的存在，母体效应对家禽发育或孵化有影响。目前发现在家养的金丝雀中，那些含有更多黄雄激素的蛋产生的后代在种群的社会地位更高。同样的现象在另

一种鸟类 American Coot 中也能观察到。但通常来说，家禽在出生时独立于父母亲，在许多家禽公司雏鸡甚至不接触母鸡，母鸡孵化过程中特有的防御、觅食和繁殖行为均不起作用。因此，分析家禽数据时一般不考虑母体效应。在鱼类中，许多鱼类需要游到河流的上游产卵，并会于产卵后死亡。鱼类常选择水流平缓，多岩石覆盖，捕食者不易发现的河床作为产卵的地点，这些行为表现为母体效应。由于许多鱼类产卵后会死亡，无法再收集数据，鱼类的永久环境效应和母体效应混杂在一起不易区分。因此实践中会忽略对鱼类母体效应的分析。

数据的不完善性往往会使估计母体遗传方差成为问题。以奶牛为例，牧场主在确定某头犊牛留作种用前，不会进行登记。因此犊牛在出生到登记之前往往没有任何记录，如果这头犊牛有初生重或产犊难易性等记录，这些记录往往不能和其性成熟之后的产犊记录相联系。这些情况导致母体效应方差和加性-母体遗传效应协方差的估计值偏低，有时甚至出现负值。目前牧场中建立的畜牧产品质量回溯系统有助于改善数据的质量，从而提高母体遗传效应方差的估计准确性。某些情况下，加性-母体遗传效应协方差的估计值不可信，可以认为加性-母体遗传效应协方差为 0。

胚胎移植（Embryo Transfer，ET）在肉牛和奶牛牧场中越来越普遍。胚胎从供体母牛移植到受体母牛的子宫，目的是生产更多像供体母牛一样具有优秀生产性能的后代。犊牛即受到受体母牛母体环境的影响，也受到供体母牛母体遗传效应及公牛遗传效应的影响。实际生产中，受体母牛的数据（如年龄、品种等）常常不被收集。ET 犊牛往往只收集亲生父母的信息。如果全面地收集数据，ET 犊牛的遗传评估模型可以估计母体环境效应。

本节用到的 Julia 函数及类型与上一节相同，故不再赘述。下面模拟包含母体效应的家畜生产数据。

In [3]: $A = [1, 1, 1, 1]$

$B = ["S1", "D1", "O1", "O3"]$

$y = [100.0, 50.0, 150.0, 40.0]$

$df1 = DataFrame(intercept = A, Animal = B, y = y)$

Out[3]:

	intercept	Animal	y
1	1	S1	100.0
2	1	D1	50.0
3	1	O1	150.0
4	1	O3	40.0

In [4]: $df3 = [df1[3:4, :] \quad DataFrame(mat = ["D1", "D1"])]$

Out[4]:

	intercept	Animal	y	mat
1	1	O1	150.0	D1
2	1	O3	40.0	D1

In [5]: *mme = initMME("y = intercept + Animal + mat")*

G = [1 0.1; 0.1 1.0]

setAsRandom(mme, "Animal mat", ped, G)

resG = getSolG(mme, df3)

Out[5]: 11x2 Array{Any, 2}:

"intercept: intercept"	95.0
"Animal: S1"	0.0
"Animal: D1"	0.0
"Animal: O1"	18.3333
"Animal: O3"	-18.3333
"Animal: O2"	0.0
"mat: S1"	$1.75859e{-16}$
"mat: D1"	0.0
"mat: O1"	1.83333
"mat: O3"	-1.83333
"mat: O2"	$8.79297e{-17}$

4.5966603254437086e−5

20 1.1878899122117194e−6

第六章　多性状模型优势

家畜的重要经济性状往往不只一个,这些性状共同决定了家畜的生产性能。学术界有许多公认的性状分类方法,通常可分为生产、繁殖、健康、行为和外貌性状等。例如,奶牛的生产性状包括泌乳量、乳蛋白含量、乳脂含量、体细胞数;而肉牛的生产性状只包括生长速度、胴体品质等。繁殖,是生物为延续种族所进行的产生后代的生理过程,即生物产生新的个体的过程。母畜生产健康、无缺陷的后代,同时繁殖过程不影响自身的再一次配种、妊娠和分娩对畜牧业有重要意义;不孕、难产、弱仔、窝产仔数少(猪)等会严重影响畜牧企业的经济效益。家畜健康和抗病力相关性状与其在应急状态下的生产性能密切相关,但往往遗传力较低,不易进行选择。虽然尚没有对行为性状,如家畜的性情、护仔、觅食、管理难易性进行充分研究,但它们依然对牧场利润有影响。外貌对某些家畜较为重要,如赛马应具有典型的赛马体型,骨骼细、腱的附着点突出、肌肉呈长条状隆起等,这些外貌对其跨越障碍、奔跑和赢得展览比赛非常有利;再比如奶牛应具有典型的乳用型外貌,如体格高大、结构匀称、头颈清秀、皮下脂肪少、全身棱角分明、被毛细短、乳房特别庞大、乳静脉明显、后躯较前躯发达、体躯呈楔形等。

多性状(multiple trait, MT)模型利用性状间的遗传相关和环境相关来提高估计育种值(EBV)的可靠性。MT 模型在以下几种情况有明显的优势。

(1)低遗传力性状。当遗传和环境相关差异大时(如大于 0.5),或一个性状比另一个性状的遗传力大很多时,可使用间接选择法进行选择,即利用直接对辅助性状选择,间接对目标性状选择。在动物育种实践中,经常遇到这样的情况,有些重要的经济性状的遗传力很低,直接选择效果不佳;有些性状只能在一种性别中度量,如牛的产奶量、鸡的产蛋数等;有些性状不能在活体上测量,如瘦肉率;有些性状在个体一定年龄时才有表现。对这些不容易直接进行选择的性状,可以进行间接选择,提高选择效果。例如,猪的背膘厚具有高遗传力(0.5~0.6),该性状与瘦肉率之间存在较高的负遗传相关。相关选择反应是通过辅助性状的选择,目标性状间接获得的选择反应。直接选择的性状和目标性状间应该有遗传相关。此时,虽然同时分析两个性状的准确性会比单独分析时更高,但低遗传力性状比高遗传力性状可获得更大的精确性改进。

(2)淘汰性状(culling trait)。淘汰性状可以出现在家畜生长发育的各个时期,依照家畜早期性状的表现对家畜进行选择,而忽视晚期性状的表现会造成估计育种值的偏差。MT 模型包括家畜所有性状的观测值,可以部分弥补选择可能出现的偏差,进而无偏地估计出这些性状的育种值。多数情况下,高强度的选择可能导致选择的偏差。

当然,MT 选择也有其缺陷。

（1）估计相关系数。MT 模型依赖于准确地估计遗传和环境相关，如果这些参数估计得不准确，MT 模型没有明显的优势。

（2）计算开销更大。MT 模型需要更多计算时间和内存消耗；编写程序也更为复杂，对计算机内存和磁盘存储的要求也更高，验证结果的正确性也更困难。

如果淘汰偏差（culling bias）是我们研究中主要关心的问题，那么即使有以上这些缺陷，也应该使用 MT 模型进行遗传评估，除非性状的选择不受淘汰偏差的影响。近些年来，MT 模型在动物育种中使用得越来越广泛。

第一节 多性状模型

假设有 12 只 120 日龄大尾羊体况评分（Body Condition Scoring，BCS，1~10）和尾部脂肪含量数据。体况评分是由 Wildman1982 年提出的，1989 年 Aseltine 等在总结了大量研究后对其做了修改，目前已经广泛使用。体况在动物中指身体的肥瘦状况。评分为 1 表明动物瘦骨嶙峋，不健康。评分为 10 表明家畜过肥，并常常伴有趾蹄和背部疾病。卵巢周围脂肪的蓄积不但能阻碍卵泡的发育，而且会挤压输卵管，使精子与卵子结合的途径受阻，使母畜受孕率低。公畜过肥，则性欲减退，配种能力差，精液品质低劣，严重影响公畜的繁殖能力。评分为 5 意味着家畜体况正常，外貌及健康状况良好。

家畜 ID	父亲 ID	母亲 ID	畜群	性状 1	性状 2
1	0	0	1	2.0	39
2	0	0	2	2.5	38
3	0	0	3	9.5	53
4	0	0	1	4.5	45
5	0	0	2	5.5	63
6	1	3	3	2.5	64
7	1	4	2	8.5	35
8	1	5	3	8.0	41
9	2	3	1	9.0	27
10	2	4	1	7.5	32
11	2	5	2	3.0	46
12	6	10	3	7.0	67

多性状模型外型上类似于单性状模型的简单堆叠。多性状模型的每个性状可以有不同形

式,但为了计算简便,常假设每个性状的模型相同。以二性状模型为例:

$$y_1 = X_1 b_1 + Z_1 a_1 + e_1$$
$$y_2 = X_2 b_2 + Z_2 a_2 + e_2$$

如果家畜被排序,则模型可被改写为:

$$\begin{bmatrix} y_1 \\ y_2 \end{bmatrix} = \begin{bmatrix} X_1 & 0 \\ 0 & X_2 \end{bmatrix} \begin{bmatrix} b_1 \\ b_2 \end{bmatrix} + \begin{bmatrix} Z_1 & 0 \\ 0 & Z_2 \end{bmatrix} \begin{bmatrix} a_1 \\ a_2 \end{bmatrix} + \begin{bmatrix} e_1 \\ e_2 \end{bmatrix} \tag{6.1}$$

此处,y_i 表示第 i 个性状的观察值向量;b_i 为第 i 个性状的固定效应向量;a_i 为第 i 个性状的随机动物效应;e_i 为第 i 个性状的随机残差效应;X_i 和 Z_i 分别是第 i 个性状的固定效应和随机效应对应的设计矩阵。假设

$$Var \begin{bmatrix} a_1 \\ a_2 \\ e_1 \\ e_2 \end{bmatrix} = \begin{bmatrix} g_{11}A & g_{12}A & 0 & 0 \\ g_{21}A & g_{22}A & 0 & 0 \\ 0 & 0 & r_{11} & r_{12} \\ 0 & 0 & r_{21} & r_{22} \end{bmatrix}$$

这里,G 为加性遗传方差协方差矩阵,g_{11} 为第一个性状的加性遗传方差,$g_{12} = g_{21}$ 为两个性状的加性遗传协方差矩阵,g_{22} 为第二个性状的加性遗传方差;A 为家畜间的关系矩阵;R 为残差效应的方差协方差矩阵。

混合模型方程(MME)和以前相似:

$$\begin{bmatrix} X'R^{-1}X & X'R^{-1}Z' \\ Z'R^{-1}X & Z'R^{-1}Z + A^{-1} \otimes G^{-1} \end{bmatrix} \begin{bmatrix} \hat{b} \\ \hat{a} \end{bmatrix} = \begin{bmatrix} X'R^{-1}y \\ Z'R^{-1}y \end{bmatrix} \tag{6.2}$$

此处,$X = \begin{bmatrix} X_1 & 0 \\ 0 & X_2 \end{bmatrix}$,$Z = \begin{bmatrix} Z_1 & 0 \\ 0 & Z_2 \end{bmatrix}$,$\hat{b} = \begin{bmatrix} \hat{b}_1 \\ \hat{b}_2 \end{bmatrix}$,$\hat{a} = \begin{bmatrix} \hat{a}_1 \\ \hat{a}_2 \end{bmatrix}$,$y = \begin{bmatrix} y_1 \\ y_2 \end{bmatrix}$,将(6.2)式写为单性状模型的合并形式:

$$\begin{bmatrix} \hat{b}_1 \\ \hat{b}_2 \\ \hat{a}_1 \\ \hat{a}_2 \end{bmatrix} = \begin{bmatrix} X'_1 R^{11} X_1 & X'_1 R^{12} X_2 & X'_1 R^{11} Z_1 & X'_1 R^{12} Z_2 \\ X'_2 R^{12} X_1 & X'_2 R^{22} X_2 & X'_2 R^{21} Z_1 & X'_2 R^{22} Z_2 \\ Z'_1 R^{11} X_1 & Z'_1 R^{12} X_2 & Z'_1 R^{11} Z_1 + A^{-1}g^{11} & Z'_1 R^{12} Z_2 + A^{-1}g^{12} \\ Z'_2 R^{21} X_1 & Z'_2 R^{22} X_2 & Z'_2 R^{21} Z_1 + A^{-1}g^{21} & Z'_2 R^{22} Z_2 + A^{-1}g^{22} \end{bmatrix}$$

$$\begin{bmatrix} X'_1 R^{11} y_1 + X'_2 R^{12} y_2 \\ X'_2 R^{21} y_1 + X'_2 R^{22} y_2 \\ Z'_1 R^{11} y_1 + Z'_1 R^{12} y_2 \\ Z'_2 R^{21} y_1 + Z'_2 R^{22} y_2 \end{bmatrix} \tag{6.3}$$

此处, g^{ij} 是 G^{-1} 矩阵的元素, 如果 R^{12}, R^{21}, g^{12} 和 g^{21} 为 0, 则 (6.3) 式和两个独立的单性状模型计算结果相同, 因为此时两个性状实际上不相关, 性状之间没有信息交流。

在上面的例子中, 因为两个性状同时分析, 两个性状的加性遗传方差协方差矩阵 (VCV) 为:

$$G = \begin{pmatrix} g_{11} & g_{12} \\ g_{12} & g_{22} \end{pmatrix} = \begin{pmatrix} 1 & 2 \\ 2 & 15 \end{pmatrix}$$

$$G^{-1} = \begin{pmatrix} g^{11} & g^{12} \\ g^{21} & g^{22} \end{pmatrix} = \frac{1}{11} \begin{pmatrix} 15 & -2 \\ -2 & 1 \end{pmatrix}$$

剩余环境 VCV 矩阵为:

$$R = \begin{pmatrix} e_{11} & e_{12} \\ e_{21} & e_{22} \end{pmatrix} = \begin{pmatrix} 10 & 5 \\ 5 & 100 \end{pmatrix}$$

$$R^{-1} = \begin{pmatrix} e^{11} & e^{12} \\ e^{21} & e^{22} \end{pmatrix} = \frac{1}{975} \begin{pmatrix} 100 & -5 \\ -5 & 10 \end{pmatrix}$$

遗传和剩余相关分别是:

$$\rho_g = 2/(15)^{0.5} = 0.516$$

$$\rho_r = 5/(1000)^{0.5} = 0.158$$

两个性状的遗传力分别为:

$$h_1^2 = \frac{1}{11} = 0.0909$$

$$h_2^2 = \frac{15}{115} = 0.1304$$

对于两个性状

$$Var \begin{pmatrix} a_1 \\ a_2 \end{pmatrix} = \begin{pmatrix} Ag_{11} & Ag_{12} \\ Ag_{21} & A_{22} \end{pmatrix}$$

剩余效应 VCV 矩阵依据是否有缺失值可有多种写法, 如果没有缺失值, 则

$$Var \begin{pmatrix} e_1 \\ e_2 \end{pmatrix} = \begin{pmatrix} Ie_{11} & Ie_{12} \\ Ie_{21} & Ie_{22} \end{pmatrix}$$

如果其中一个性状有缺失值, 则构建 MME 较为困难, 这时缺失性状的育种值依然可以通过遗传-剩余效应方差协方差矩阵被估计出来; 当多个性状的模型不相同时, MT 模型分析的复杂性会增加。上面例子分别由单性状模型和多性状模型分析的 EBV 和预测误差方差 (prediction error variances, VPE) 结果如下:

家畜 ID	多性状 EBVs				单性状 EBVs			
	性状 1		性状 2		性状 1		性状 2	
	EBV	VPE	EBV	VPE	EBV	VPE	EBV	VPE
1	−0.31	0.89	−0.72	12.88	−0.30	0.90	−0.41	12.99
2	−0.20	0.90	−1.44	13.11	−0.08	0.91	−1.41	13.20
3	0.18	0.92	0.14	13.55	0.21	0.94	−0.10	13.62
4	0.17	0.90	0.70	13.18	0.13	0.92	0.58	13.28
5	0.16	0.91	1.32	13.27	0.03	0.92	1.34	13.36
6	−0.15	0.94	0.36	13.94	−0.24	0.95	0.67	14.00
7	0.02	0.90	−0.51	13.16	0.09	0.92	−0.67	13.24
8	−0.12	0.91	−0.65	13.25	−0.07	0.92	−0.62	13.34
9	0.07	0.90	−1.02	13.16	0.22	0.92	−1.34	13.25
10	0.08	0.91	−0.17	13.31	0.12	0.92	−0.32	13.40
11	−0.10	0.94	−0.14	13.78	−0.11	0.95	−0.01	13.84
12	0.05	0.94	0.83	13.90	−0.05	0.95	0.93	13.96

使用单性状模型和多性状模型估计的 EBV 结果有较强的相关性,但也不排除个别家畜 EBV 排序的差异。单性状模型的预测误差方差略高于多性状模型的结果。在这个例子中,多性状模型的优势并不明显。但是,如果观察值中存在缺失值或遗传−剩余相关系数差异较大,则多性状模型更有优势。

第二节　Julia 语言实现 MT 模型

MT 模型用到的 Julia 代码,mkDict、getData、getNames、covList、getSolJ、getSolG 和 addA 7 个函数和上几章类似,这里不再赘述。其他代码如下。

```
mutable struct ModelTerm
    iModel:: Int64
    trmStr:: AbstractString
    nFactors:: Int64
    factors:: Array{Symbol, 1}
    str:: Array{AbstractString, 1}    # used to store the data for this term as strings
    val:: Array{Float64, 1}
    startPos:: Int64    # start pos in HMME
```

```
        nLevels: : Int64
        X: : SparseMatrixCSC{Float64, Int64}
        names: : Array{Any, 1}
    end
    mutable struct MME
        modelVec: : Array{AbstractString, 1} #new
        modelTerms: : Array{ModelTerm, 1}        #new
        modelTermDict: : Dict{AbstractString, ModelTerm} #new
        lhsVec: : Array{Symbol, 1}
        covVec: : Array{Symbol, 1}
        pedTrmVec: : Array{AbstractString, 1}
        mmeLhs
        mmeRhs
        ped
        Gi: : Array{Float64, 2}
        Ri: : Array{Float64, 2}
        Ai
        mmePos: : Int64
    end
    function getTerm(trmStr, m)
        trm = ModelTerm(m, string(m) * ": " * trmStr, 0, [], [], [], 0, 0, spzeros(0, 0), [])
        factorVec = split(trmStr, " * ")
        trm. nFactors = length(factorVec)
        trm. factors = [symbol(strip(f)) for f in factorVec]
        return trm
    end
    function initMME(models: : AbstractString, R: : Array{Float64, 2})
        if models == ""
            error("modelEquation is empty\\n")
        end
        modelVec = split(models, [';', '\\n']; keep=false)
        nModels = size(modelVec, 1)
        lhsVec = Symbol[]
```

```
    modelTerms = ModelTerm[]
    dict = Dict{AbstractString, ModelTerm}()
    for (m, model) = enumerate(modelVec)
        lhsRhs = split(model, "=")
        lhsVec = [lhsVec, symbol{strip(lhsRhs[1])}]
        rhs = strip(lhsRhs[2])
        rhsVec = split(rhs, "+")
        mTrms = [getTerm(strip(trmStr), m) for trmStr in rhsVec]
        modelTerms = [modelTerms; mTrms]
        for(i, trm) = enumerate(modelTerms)
            dict[trm.trmStr] = modelTerms[i]
        end
    end
    Ri = inv(R)
    return MME(modelVec, modelTerms, dict, lhsVec, [], [], 0, 0, 0, Array(Float64, 1, 1), Ri, 0, 1)
end
function setAsRandom(mme::MME, randomStr::AbstractString, ped::PedModule.Pedigree,
        G::Array{Float64, 2})
    pedTrmVec = split(randomStr, " "; keep=false)
    res = []
    for trm in pedTrmVec
        for (m, model) = enumerate(mme.modelVec)
            strVec  = split(model, ['=', '+'])
            strpVec = [strip(i) for i in strVec]
            if trm in strpVec
                res = [res, string(m) * ":" * trm]
            end
        end
    end
    mme.pedTrmVec = res
    mme.ped = ped
    mme.Gi = inv(G)
    nothing
```

```
    end
function getMME( mme: : MME,  df: : DataFrame)
    mme. mmePos = 1
    for trm in mme. modelTerms
        getData( trm, df, mme)
        getX( trm, mme)
    end
    n = size( mme. modelTerms, 1)
    trm = mme. modelTerms[ 1]
    X = trm. X
    for i = 2: n
        trm = mme. modelTerms[ i]
        X = [ X trm. X]
    end
    y = df[ mme. lhsVec[ 1] ]
    for i = 2: size( mme. lhsVec, 1)
        y = [ y,  df{ mme. lhsVec[ i] } ]
    end
    N = size( y, 1)
    ii = 1: N
    jj = fill( 1, N)
    vv = y
    ySparse = sparse( ii, jj, vv)
    nObs = size( df, 1)
    Ri = kron( mme. Ri, speye( nObs) )
    mme. mmeLhs = X′Ri * X
    mme. mmeRhs = X′Ri * ySparse
    if mme. ped ! = 0
        ii, jj, vv = PedModule. HAi( mme. ped)        #有效的储存矩阵
        HAi = sparse( ii, jj, vv)
        mme. Ai = HAi′HAi
        addA( mme: : MME)
    end
```

```
end
getFactor1( str)  = [ strip( i)  for i in split( str, "x") ][ 1]
function getX( trm, mme: : MME)
    pedSize = 0
    nObs = size( trm. str, 1)
    if trm. trmStr in mme. pedTrmVec
        trm. names = PedModule. getIDs( mme. ped)
        trm. nLevels = length( mme. ped. idMap)
        xj = round( Int64, [ mme. ped. idMap[ getFactor1( i) ]. seqID for i in trm. str] )
    else
        dict, trm. names = mkDict( trm. str)
        trm. nLevels = length( dict)
        xj = round( Int64, [ dict[ i]  for i in trm. str] )
    end
    xi = ( trm. iModel-1)  * nObs + collect( 1: nObs)
    xv = trm. val
    if mme. ped! = 0
        pedSize = length( mme. ped. idMap)
        if trm. trmStr in mme. pedTrmVec
            # 确保加性效应矩阵有正确的列号
            ii = 1# 增加 0 到第一行的最后一列
            jj = pedSize
            vv = [ 0. 0]
            xi = [ xi; ii]
            xj = [ xj; jj]
            xv = [ xv; vv]
        end
    end
    #确保 X 矩阵有观察值×模型数
    nModels = size( mme. lhsVec, 1)
    xi = [ xi; 1; nObs * nModels]
    xj = [ xj; 1; 1]
    xv = [ xv; 0; 0]
```

$trm.\,X\,=\,sparse(\,xi,\,xj,\,xv)$

$trm.\,startPos\,=\,mme.\,mmePos$

$mme.\,mmePos\quad+=\,trm.\,nLevels$

end

（1）模拟二性状数据。

In[1]：$ID\,=\,[\,"S1",\,"D1",\,"O1",\,"O3"\,]$

$y1\,=\,[\,100.\,0,\quad50.\,0,\quad150.\,0,\quad40.\,0\,]$

$y2\,=\,[\,10.\,0,\quad\;\,12.\,9,\quad13.\,0,\quad\;\;\,5.\,0\,]$

$dfMT\,=\,DataFrame(Animal=ID,\,y1=y1,\,y2=y2)$

Out[1]：

	Animal	*y1*	*y2*
1	S1	100.0	10.0
2	D1	50.0	12.9
3	O1	150.0	13.0
4	O3	40.0	5.0

In[2]：$models\,="y1\,=\,intercept\,+\,Animal;$

$y2\,=\,intercept\,+\,Animal"$

$R\,=\,[\,10\;2;\,2\;1.\,0\,]$ #残差效应方差协方差矩阵

$mme\,=\,initMME(\,models,\,R)$

$G0\,=\,[\,5\;1;\,1\;1.\,0\,]$ #遗传效应方差协方差矩阵

$setAsRandom(\,mme,\,"Animal",\,ped,\,G0)$ #定义随机效应

In[3]：$getMME(\,mme,\,dfMT)\,;$

$round(\,full(\,mme.\,mmeLhs)\,,\,2)$

Out[3]：12x12 Array{Float64, 2}：

$$
\begin{array}{ccccccccccc}
0.67 & 0.17 & 0.17 & 0.17 & 0.17 & \cdots & -0.33 & -0.33 & -0.33 & -0.33 & 0.0 \\
0.17 & 0.79 & 0.38 & -0.25 & -0.25 & & -0.96 & -0.38 & 0.25 & 0.25 & 0.25 \\
0.17 & 0.38 & 0.79 & -0.25 & -0.25 & & -0.38 & -0.96 & 0.25 & 0.25 & 0.25 \\
0.17 & -0.25 & -0.25 & 0.67 & 0.0 & & 0.25 & 0.25 & -0.83 & 0.0 & 0.0 \\
0.17 & -0.25 & -0.25 & 0.0 & 0.67 & & 0.25 & 0.25 & 0.0 & -0.83 & 0.0 \\
0.0 & -0.25 & -0.25 & 0.0 & 0.0 & \cdots & 0.25 & 0.25 & 0.0 & 0.0 & -0.5 \\
-1.33 & -0.33 & -0.33 & -0.33 & -0.33 & & 1.67 & 1.67 & 1.67 & 1.67 & 0.0
\end{array}
$$

$$\begin{array}{ccccc}
-0.33 & -0.96 & -0.38 & 0.25 & 0.25 \\
-0.33 & -0.38 & -0.96 & 0.25 & 0.25 \\
-0.33 & 0.25 & 0.25 & -0.83 & 0.0 \\
-0.33 & 0.25 & 0.25 & 0.0 & -0.83 \cdots \\
0.0 & 0.25 & 0.25 & 0.0 & 0.0
\end{array} \qquad
\begin{array}{ccccc}
4.79 & 1.88 & -1.25 & -1.25 & -1.25 \\
1.88 & 4.79 & -1.25 & -1.25 & -1.25 \\
-1.25 & -1.25 & 4.17 & 0.0 & 0.0 \\
-1.25 & -1.25 & 0.0 & 4.17 & 0.0 \\
-1.25 & -1.25 & 0.0 & 0.0 & 2.5
\end{array}$$

In[4] : *getSolG(mme, dfMT)*

Out[4] : 10

12x2 Array{ Any, 2} :

"1: intercept: intercept"	83.8789
"1: Animal: S1"	8.33904
"1: Animal: D1"	−8.32588
"1: Animal: O1"	13.2295
"1: Animal: O3"	−8.77054
"1: Animal: O2"	0.00658015
"2: intercept: intercept"	10.8045
"2: Animal: S1"	−2.01601
"2: Animal: D1"	2.02271
"2: Animal: O1"	−1.76437
"2: Animal: O3"	−0.564367
"2: Animal: O2"	0.00335109

（2）有母体效应的 MT 模型。

In[5] : *dfMTMat = [dfMT[3 : 4, :]   DataFrame(mat = ["D1", "D1"])]*

Out[5] :

	Animal	*y1*	*y2*	mat
1	O1	150.0	13.0	D1
2	O3	40.0	5.0	D1

In[6] : *models = "y1 = intercept + Animal + mat;*

　　　　y2 = intercept + Animal"

　R = [10 2; 2 1.0]

　mme = initMME(models, R)

　G0=[5   1   0.1

1 1 0.01

0.1 0.01 $0.5]$

setAsRandom(mme, "Animal mat", ped, G0)

Out[6] : 3-element Array{AbstractString, 1} :

"1: Animal"

"2: Animal"

"1: mat"

In[7] : *getSolG(mme, dfMTMat)*

Out[7] : 17×2 Array{Any, 2} :

"1: intercept: intercept"	94.9882
"1: Animal: S1"	3.38982e−15
"1: Animal: D1"	2.77061e−15
"1: Animal: O1"	11.0
"1: Animal: O3"	−11.0
"1: Animal: O2"	3.08021e−15
"1: mat: S1"	1.56027e−16
"1: mat: D1"	1.97215e−31
"1: mat: O1"	0.255
"1: mat: O3"	−0.255
"1: mat: O2"	7.80133e−17
"2: intercept: intercept"	8.99764
"2: Animal: S1"	3.14096e−16
"2: Animal: D1"	−4.3318e−16
"2: Animal: O1"	−0.599998
"2: Animal: O3"	0.599998
"2: Animal: O2"	−5.95421e−17

第三节　带有缺失数据的多性状模型

缺失值产生的原因多种多样，主要分为机械原因和人为原因。机械原因是由于数据收集或保存的失败造成的数据缺失，比如数据存储的失败，存储器损坏，机械故障导致某段时间数据未能收集（对于定时数据采集而言）。人为原因是由于人的主观失误、历史局限或有意隐瞒造成的数据缺失。

缺失值从缺失的分布来讲可以分为完全随机缺失、随机缺失和完全非随机缺失。完全随机缺失（missing completely at random，MCAR）指的是数据的缺失是随机的，数据的缺失不依赖于任何不完全变量或完全变量。随机缺失（missing at random，MAR）指的是数据的缺失不是完全随机的，即该类数据的缺失依赖于其他完全变量。完全非随机缺失（missing not at random，MNAR）指的是数据的缺失依赖于不完全变量自身。从缺失值的属性上讲，如果所有的缺失值都是同一属性，那么这种缺失为单值缺失，如果缺失值属于不同的属性，称为任意缺失。另外对于时间序列类的数据，可能存在随着时间的缺失，这种缺失称为单调缺失。

一、缺失值的处理方法

对于缺失值的处理，从总体来说分为删除缺失值法和缺失值填补法。对于主观数据，存在缺失值的样本如其他属性的真实值不能保证，那么依赖于这些属性值的填补也是不可靠的，所以对于主观数据一般不推荐填补的方法。填补主要是针对客观数据，它的可靠性有保证。

1. 删除缺失值法

主要有简单删除法和加权法。简单删除法是对缺失值进行处理的最原始方法。它将存在缺失的观察值删除。如果数据缺失问题可以通过简单地删除小部分样本来达到目标，那么这个方法是最有效的。当缺失值的类型为非完全随机缺失的时候，可以通过对完整的数据加权来减小偏差。

2. 缺失值填补法

以最可能的值来填补缺失值比全部删除不完全样本所产生的信息丢失要少。在数据挖掘中，面对的通常是大型的数据库，它的属性有几十个甚至几百个，因为一个属性值的缺失而放弃大量的其他属性值，这种删除是对信息的极大浪费，所以产生了以可能值对缺失值进行填补的思想与方法。常用的有如下几种方法。

（1）均值填补。数据的属性分为定距型和非定距型。如果缺失值是定距型的，就以该属性存在值的平均值来填补缺失的值；如果缺失值是非定距型的，就根据统计学中的众数原理，用该属性的众数（即出现频率最高的值）来补齐缺失的值。

（2）极大似然估计。在缺失类型为随机缺失的条件下，假设模型对于完整的样本是正确的，那么通过观测数据的边际分布可以对未知参数进行极大似然估计。这种方法也被称为忽略缺失值的极大似然估计，对于极大似然的参数估计实际中常采用期望最大化（expectation maximization，EM）算法。该方法比删除法和单值填补更有吸引力，它的重要前提是适用于大样本，有效样本的数量足够以保证极大似然估计值是渐近无偏的并服从正态分布。但是这种方法可能会陷入局部极值，收敛速度也不是很快，并且计算很复杂。

（3）多重填补。多值填补的思想来源于贝叶斯估计，认为待填补的值是随机的，它的值来自已观测到的值。实践上通常是估计出待填补的值，然后再加上不同的噪声，形成多组可选填补值。根据某种选择依据，选取最合适的填补值。多重填补方法分为以下三个步骤。① 为每个缺失值产生一套可能的填补值，这些值反映了模型的不确定性；每个值都可以用来填补数据的缺失值，产生若干个完整数据集合。② 每个填补数据集合都用针对完整数据集的统计方法进行统计分析。③ 对来自各个填补数据集的结果，根据评分函数进行选择，产生最终的填补值。

缺失值的填补是在数据处理过程中为了不丢弃大量的信息，而采用的人为干涉缺失值的方法，无论是哪种处理方法都会影响变量间的原有相互关系，在对不完备信息进行填补处理的同时，我们或多或少地改变了原始数据的结构，对后续的分析存在潜在的风险，所以对缺失值的处理一定要慎重。

二、Julia 代码的实现

（1）Julia 语言处理技巧。

假设有缺失数据的数据集如下。

In[8]：*df = readtable(" . . /MTData", separator = ' ')*

Out[8]：

	Y_1	Y_2	Y_3	*Trt*
1	1.0	2.0	1.2	1
2	1.1	NA	3.1	1
3	0.9	1.9	NA	2
4	1.2	1.7	1.9	2

以上"NA"表示缺失值，Julia 语言处理缺失数据时，有用的语句或函数如下：

In[9]：*isna(df[:y2])*　　#判读是否为非数值型

Out[9]：4-element BitArray{1}：

　　　　false

　　　　true

　　　　false

　　　　false

In[10]：*tstMsng = [! isna(df[:y1]) ! isna(df[:y2]) ! isna(df[:y3])]*

Out[10]：4x3 BitArray{2}：

    true   true   true

    true   false   true

    true   true   false

    true   true   true

In[11] : *convert(Array, df[: y2] , 99. 0)*　　#将缺失值转换为 99. 0

Out[11] : 4−element Array{ Float64, 1} :

    2. 0

    99. 0

    1. 9

    1. 7

Y_1 和 Y_2 的设计矩阵:

In[12] : *X1 =[1　0*

         1　0

         0　1

         0　1]

Out[12] : 4x2 Array{ Int64, 2} :

    1   0

    1   0

    0   1

    0   1

In[13] : *X2 =[1　0*

         0　1

         0　1]

Out[13] : 3x2 Array{ Int64, 2} :

    1   0

    0   1

    0   1

In[14] : *X = [X1*   *zeros(Int64, 4, 2)*

    zeros(Int64, 3, 2)   *X2*   *]*

Out[14] : 7x4 Array{ Int64, 2} :

    1 0 0 0

    1 0 0 0

    0 1 0 0

$$\begin{array}{cccc} 0 & 1 & 0 & 0 \\ 0 & 0 & 1 & 0 \\ 0 & 0 & 0 & 1 \\ 0 & 0 & 0 & 1 \end{array}$$

In[15]: *sel = [! isna(df[: y1]);   ! isna(df[: y2])]*   #标记缺失值

Out[15]: 8-element BitArray{1}:

true

true

true

true

true

false

true

true

In[16]: *R0 = [1   0. 5*   #残差效应方差协方差矩阵

0. 5 2. 0]

R = kron(R0, eye(4))

Out[16]: 8x8 Array{ Float64, 2}:

$$\begin{array}{cccccccc} 1.0 & 0.0 & 0.0 & 0.0 & 0.5 & 0.0 & 0.0 & 0.0 \\ 0.0 & 1.0 & 0.0 & 0.0 & 0.0 & 0.5 & 0.0 & 0.0 \\ 0.0 & 0.0 & 1.0 & 0.0 & 0.0 & 0.0 & 0.5 & 0.0 \\ 0.0 & 0.0 & 0.0 & 1.0 & 0.0 & 0.0 & 0.0 & 0.5 \\ 0.5 & 0.0 & 0.0 & 0.0 & 2.0 & 0.0 & 0.0 & 0.0 \\ 0.0 & 0.5 & 0.0 & 0.0 & 0.0 & 2.0 & 0.0 & 0.0 \\ 0.0 & 0.0 & 0.5 & 0.0 & 0.0 & 0.0 & 2.0 & 0.0 \\ 0.0 & 0.0 & 0.0 & 0.5 & 0.0 & 0.0 & 0.0 & 2.0 \end{array}$$

In[17]: *I = eye(4)*

Ri = round(inv(kron(R0, I)), 3)

Ri2 = round(kron(inv(R0), I), 3)

Ri = = Ri2   #注意交换 Kronecker 乘法和矩阵求逆顺序，结果相同。

Out[17]: true

In[18]: *R = R[sel, sel]*   #依据缺失值指示重新求 R 矩阵

Out[18]: 7x7 Array{ Float64, 2}:

$$\begin{array}{ccccccc} 1.0 & 0.0 & 0.0 & 0.0 & 0.5 & 0.0 & 0.0 \\ 0.0 & 1.0 & 0.0 & 0.0 & 0.0 & 0.0 & 0.0 \\ 0.0 & 0.0 & 1.0 & 0.0 & 0.0 & 0.5 & 0.0 \\ 0.0 & 0.0 & 0.0 & 1.0 & 0.0 & 0.0 & 0.5 \\ 0.5 & 0.0 & 0.0 & 0.0 & 2.0 & 0.0 & 0.0 \\ 0.0 & 0.0 & 0.5 & 0.0 & 0.0 & 2.0 & 0.0 \\ 0.0 & 0.0 & 0.0 & 0.5 & 0.0 & 0.0 & 2.0 \end{array}$$

In[19] : $Ri = inv(R)$

round$(X'Ri * X, 3)$

Out[19] : 4x4 Array{Float64, 2} :

$$\begin{array}{cccc} 2.143 & 0.0 & -0.286 & 0.0 \\ 0.0 & 2.286 & 0.0 & -0.571 \\ -0.286 & 0.0 & 0.571 & 0.0 \\ 0.0 & -0.571 & 0.0 & 1.143 \end{array}$$

In[20] : $Ri = round(kron(inv(R0), eye(4)), 3)$

Out[20] : 8x8 Array{Float64, 2} :

$$\begin{array}{cccccccc} 1.143 & 0.0 & 0.0 & 0.0 & -0.286 & -0.0 & -0.0 & -0.0 \\ 0.0 & 1.143 & 0.0 & 0.0 & -0.0 & -0.286 & -0.0 & -0.0 \\ 0.0 & 0.0 & 1.143 & 0.0 & -0.0 & -0.0 & -0.286 & -0.0 \\ 0.0 & 0.0 & 0.0 & 1.143 & -0.0 & -0.0 & -0.0 & -0.286 \\ -0.286 & -0.0 & -0.0 & -0.0 & 0.571 & 0.0 & 0.0 & 0.0 \\ -0.0 & -0.286 & -0.0 & -0.0 & 0.0 & 0.571 & 0.0 & 0.0 \\ -0.0 & -0.0 & -0.286 & -0.0 & 0.0 & 0.0 & 0.571 & 0.0 \\ -0.0 & -0.0 & -0.0 & -0.286 & 0.0 & 0.0 & 0.0 & 0.571 \end{array}$$

In[21] : $Ri[2, :] = 0$　　#第二行全设为0

$Ri[:, 2] = 0$　　#第二列全设为0

$Ri[2, 2] = 1.0$　　#第二行、第二列的元素为1

$Ri[6, 6] = 0$　　#第六行、第六列的元素为0

round$(Ri, 3)$

Out[21] : 8x8 Array{Float64, 2} :

$$\begin{array}{cccccccc} 1.143 & 0.0 & 0.0 & 0.0 & -0.286 & -0.0 & -0.0 & -0.0 \\ 0.0 & 1.0 & 0.0 & 0.0 & 0.0 & 0.0 & 0.0 & 0.0 \\ 0.0 & 0.0 & 1.143 & 0.0 & -0.0 & -0.0 & -0.286 & -0.0 \end{array}$$

0.0	0.0	0.0	1.143	−0.0	−0.0	−0.0	−0.286
−0.286	0.0	−0.0	−0.0	0.571	0.0	0.0	0.0
−0.0	0.0	−0.0	−0.0	0.0	0.0	0.0	0.0
−0.0	0.0	−0.286	−0.0	0.0	0.0	0.571	0.0
−0.0	0.0	−0.0	−0.286	0.0	0.0	0.0	0.571

In[22]: R0 = [1.0 0.5 0.5   #3 个性状残差效应的方差协方差矩阵

  0.5 2.0 0.5

  0.5 0.5 4.0]

  $sel = bool([1, 1, 1])$ #如果没有缺失数据

  $RZ = zeros(3, 3)$

  $RZ[sel, sel] = inv(R0[sel, sel])$

  RZ

Out[22]: 3x3 Array{Float64, 2}:

  1.19231   −0.269231   −0.115385

  −0.269231   0.576923   −0.0384615

  −0.115385   −0.0384615   0.269231

In[23]: $sel = bool([0, 1, 1])$ #第一个性状缺失

  $RZ = zeros(3, 3)$

  $RZ[sel, sel] = inv(R0[sel, sel])$

  RZ

Out[23]: 3x3 Array{Float64, 2}:

  0.0   0.0   0.0

  0.0   0.516129   −0.0645161

  0.0   −0.0645161   0.258065

In[24]: $sel = bool([1, 0, 1])$ #第二个性状缺失

  $RZ = zeros(3, 3)$

  $RZ[sel, sel] = inv(R0[sel, sel])$

  RZ

Out[24]: 3x3 Array{Float64, 2}:

  1.06667   0.0   −0.133333

  0.0   0.0   0.0

  −0.133333   0.0   0.266667

In[25]: $sel = bool([1, 1, 0])$ #第三个性状缺失

```
RZ = zeros(3, 3)
RZ[sel, sel] = inv(R0[sel, sel])
RZ
```

Out[25]: 3x3 Array{Float64, 2}:
```
 1.14286    -0.285714   0.0
-0.285714    0.571429   0.0
 0.0         0.0        0.0
```

In[26]: *type ResVar*   #残差方差类型
```
    R0:: Array{Float64, 2}
    RiDict:: Dict{BitArray{1}, Array{Float64, 2}}
end
function getRi(resVar:: ResVar, sel:: BitArray{1})        #求 R 逆矩阵的函数
    if haskey(resVar.RiDict, sel)
        return resVar.RiDict[sel]
    end
    n = size(resVar.R0, 1)
    RZ = zeros(n, n)
    RZ[sel, sel] = inv(resVar.R0[sel, sel])
    resVar.RiDict[sel] = RZ
    return RZ
    end
    tstMsng = [ !isna(df[:y1])  !isna(df[:y2])  !isna(df[:y3]) ]
```

Out[26]: 4x3 BitArray{2}:
```
true    true    true
true    false   true
true    true    false
true    true    true
```

In[27]: *for i in 1: size(tstMsng, 1)*
```
    sel = vec(tstMsng[i, :])
    getRi(resVar, sel)
end
resVar
```

Out[27]: ResVar(3x3 Array{Float64, 2}:

```
        1. 0    0. 5    0. 5
        0. 5    2. 0    0. 5
        0. 5    0. 5    4. 0, Dict( Bool[ true, false, true] =>3x3 Array{ Float64, 2}:
        1. 06667    0. 0    −0. 133333
        0. 0        0. 0    0. 0
       −0. 133333   0. 0    0. 266667, Bool[ true, true, false] =>3x3 Array{ Float64, 2}:
        1. 14286   −0. 285714   0. 0
       −0. 285714   0. 571429   0. 0
        0. 0        0. 0        0. 0, Bool[ true, true, true] =>3x3 Array{ Float64, 2}:
        1. 19231   −0. 269231   −0. 115385
       −0. 269231   0. 576923   −0. 0384615
       −0. 115385  −0. 0384615   0. 269231
```

In[28]: *resVar. RiDict*   #R 逆矩阵缺失模式

Out[28]: Dict{ BitArray{ 1}, Array(Float64, 2)} with 3 entries:

　　　　Bool[true, false, true] => 3x3 Array{ Float64, 2}: …

　　　　Bool[true, true, false] => 3x3 Array{ Float64, 2}: …

　　　　Bool[true, true, true] => 3x3 Array{ Float64, 2}: …

（2）完整代码示例。

计算有缺失数据 MT 模型完整 Julia 语言的类型和函数如下。

mutable struct ModelTerm

　　iModel: : Int64

　　trmStr: : AbstractString

　　nFactors: : Int64

　　factors: : Array{Symbol, 1}

　　str: : Array{AbstractString, 1} # used to store the data for this term as strings

　　val: : Array{Float64, 1}

　　startPos: : Int64   # start pos in HMME

　　nLevels: : Int64

　　X: : SparseMatrixCSC{Float64, Int64}

　　names: : Array{Any, 1}

end

mutable struct MME

　　modelVec: : Array{AbstractString, 1} #new

```
    modelTerms: : Array{ModelTerm, 1}        #new
    modelTermDict: : Dict{AbstractString, ModelTerm} #new
    lhsVec: : Array{Symbol, 1}
    covVec: : Array{Symbol, 1}
    pedTrmVec: : Array{AbstractString, 1}
    mmeLhs
    mmeRhs
    ped
    Gi: : Array{Float64, 2}
    Ri: : Array{Float64, 2}
    Ai
    mmePos: : Int64
end
mutable struct ResVar
    R0: : Array{Float64, 2}
    RiDict: : Dict{BitArray{1}, Array(Float64, 2)}
end
function mkDict(a)
    aUnique = unique(a)
    d = Dict()
    names = Array[Any, size(aUnique, 1)]
    for (i, s) in enumerate(aUnique)
        names[i] = s
        d[s] = i
    end
    return d, names
end
function getTerm(trmStr, m)
    trm = ModelTerm[m, string(m) * ":" * trmStr, 0, [], [], [], 0, 0, spzeros(0, 0), []]
    factorVec = split(trmStr, " * ")
    trm. nFactors = length(factorVec)
    trm. factors = [symbol(strip(f)) for f in factorVec]
    return trm
```

```
    end
function initMME( models: : AbstractString, R: : Array{Float64, 2})
    if models = = ""
        println( "modelEquation is empty \ \ n")
        return
    end
    modelVec = split( models, [';', '\ \ n'], keep =false)
    nModels = size( modelVec, 1)
    lhsVec = Symbol[ ]
    modelTerms = ModelTerm[ ]
    dict = Dict{AbstractString, ModelTerm}( )
    for ( m, model) = enumerate( modelVec)
        lhsRhs = split( model, "=")
        lhsVec = [ lhsVec; symbol( strip( lhsRhs[ 1] ))]
        rhs = strip( lhsRhs[ 2] )
      rhsVec = split( rhs, "+")
        mTrms = [ getTerm( strip( trmStr), m) for trmStr in rhsVec]
        modelTerms = [ modelTerms; mTrms]
        for ( i, trm) = enumerate( modelTerms)
            dict[ trm. trmStr] = modelTerms[ i]
        end
    end
    return MME[ modelVec, modelTerms, dict, lhsVec, [ ], [ ], 0, 0, 0, Array( Float64, 1, 1), R, 0, 1]
end
function getData( trm: : ModelTerm, df: : DataFrame, mme: : MME)
    nObs = size( df, 1)
    trm. str = Array( AbstractString, nObs)
    trm. val = Array( Float64, nObs)
    if( trm. factors[ 1] = =: intercept)
        str = fill( string( trm. factors[ 1] ), nObs)
        val = fill( 1. 0, nObs)
    else
        myDf = df[ trm. factors]
```

```
        if trm.factors[1] in mme.covVec
            str = fill(string(trm.factors[1]), nObs)
            val = df[trm.factors[1]]
        else
            str ={string(i) for i in df(trm.factors[1])}
            val = fill(1.0, nObs)
        end
        for i=2: trm.nFactors
            if trm.factors[i] in mme.covVec
                str = str .* fill(" * " * string(trm.factors[i]), nObs)
                val = val .* df[trm.factors[i]]
            else
                str = str .* fill{(" * ", nObs) .* [string(j) for j in df[trm.factors[i]]]}
                val = val .* fill(1.0, nObs)
            end
        end
    end
    trm.str = str
    trm.val = val
end
getFactor1(str) = [strip(i) for i in split(str, " * ")][1]
function getX(trm, mme::MME)
    pedSize = 0
    nObs= size(trm.str, 1)
    if trm.trmStr in mme.pedTrmVec
        trm.names = PedModule.getIDs(mme.ped)
        trm.nLevels = length(mme.ped.idMap)
        xj = round(Int64, [mme.ped.idMap[getFactor1(i)].seqID for i in trm.str])
    else
        dict, trm.names= mkDict(trm.str)
        trm.nLevels = length(dict)
        xj = round(Int64, [dict[i] for i in trm.str])
    end
```

```
        xi = (trm. iModel−1) * nObs + collect(1: nObs)
        xv = trm. val
        if mme. ped! = 0
            pedSize = length(mme. ped. idMap)
            if trm. trmStr in mme. pedTrmVec
                ii = 1
                jj = pedSize
                vv = [0. 0]
                xi = [xi; ii]
                xj = [xj; jj]
                xv = [xv; vv]
            end
        end
        nModels = size(mme. lhsVec, 1)
        xi = [xi; 1; nObs * nModels]
        xj = [xj; 1; 1]
        xv = [xv; 0; 0]
        trm. X = sparse(xi, xj, xv)
        trm. startPos = mme. mmePos
        mme. mmePos+ = trm. nLevels
    end
    function getRi(resVar: : ResVar, sel: : BitArray{1})
        if haskey(resVar. RiDict, sel)
            return resVar. RiDict[sel]
        end
        n = size(resVar. R0, 1)
        RZ = zeros(n, n)
        RZ[sel, sel] = inv(resVar. R0[sel, sel])
        resVar. RiDict[sel] = RZ
        return RZ
    end
    function mkRi(mme: : MME, df: : DataFrame)
        resVar = ResVar(mme. R, Dict())
```

```
tstMsng = !isna( df[ mme. lhsVec[ 1]])
for i = 2: size( mme. lhsVec, 1)
    tstMsng = { tstMsng !isna( df[ mme. lhsVec[ i]]) }
end
n = size( tstMsng, 2)
nObs = size( tstMsng, 1)
ii = Array( Int64, nObs * n^2)
jj = Array( Int64, nObs * n^2)
vv = Array( Float64, nObs * n^2)
pos = 1
for i = 1: size( tstMsng, 1)
    sel = reshape( tstMsng[ i, : ], n)
    Ri = getRi( resVar, sel)
    for ti = 1: n
        tii = ( ti−1) * nObs + i
        for tj = 1: n
            tjj = ( tj−1) * nObs + i
            ii[ pos] = tii
            jj[ pos] = tjj
            vv[ pos] = Ri[ ti, tj]
            pos += 1
        end
    end
end
return sparse( ii, jj, vv)
end
function getMME( mme: : MME, df: : DataFrame)
    mme. mmePos = 1
    for trm in mme. modelTerms
        getData( trm, df, mme)
        getX( trm, mme)
    end
    n = size( mme. modelTerms, 1)
```

```
        trm = mme. modelTerms[ 1]
        X = trm. X
        for i = 2: n
            trm = mme. modelTerms[ i]
            X = [ X trm. X]
        end
        y = convert( Array, df[ mme. lhsVec[ 1] ] , 0. 0)
        for i = 2: size( mme. lhsVec, 1)
            y = [ y;  convert( Array, df[ mme. lhsVec[ i] ] , 0. 0) ]
        end
        N = size( y, 1)
        ii = 1: N
        jj = fill( 1, N)
        vv = y
        ySparse = sparse( ii, jj, vv)
        nObs = size( df, 1)
        Ri = mkRi( mme, df)
        mme. mmeLhs = X' Ri * X
        mme. mmeRhs = X' Ri * ySparse
        if mme. ped != 0
            ii, jj, vv = PedModule. HAi( mme. ped)
            HAi = sparse( ii, jj, vv)
            mme. Ai = HAi' HAi
            addA( mme: : MME)
        end
    end
function getNames( mme)
    names = Array( AbstractString, 0)
    for trm in mme. modelTerms
        for name in trm. names
            push! ( names, trm. trmStr * ":  " * name)
        end
    end
```

```
        return names
end
function covList( mme: : MME,  covStr: : AbstractString)
    covVec = split( covStr, " ", keep =false)
    mme. covVec = [ symbol( i) for i in covVec]
    nothing
end
function getSolJ( mme: : MME,  df: : DataFrame)
    if size( mme. mmeRhs) = = ( )
        getMME( mme, df)
    end
    p = size( mme. mmeRhs, 1)
    return [ getNames( mme)
        Jacobi( mme. mmeLhs, fill( 0. 0, p), mme. mmeRhs, 0. 3, tol = 0. 000001) ]
end
function getSolG( mme: : MME,  df: : DataFrame)
    if size( mme. mmeRhs) = = ( )
        getMME( mme, df)
    end
    p = size( mme. mmeRhs, 1)
    return [ getNames( mme)
        GaussSeidel( mme. mmeLhs, fill( 0. 0, p), mme. mmeRhs, tol = 0. 000001) ]
end
function
setAsRandom( mme: : MME, randomStr: : AbstractString, ped: : PedModule. Pedigree,
        G: : Array{ Float64, 2} )
    pedTrmVec = split( randomStr, " ", keep =false)
    res = [ ]
    for trm in pedTrmVec
        for ( m, model) = enumerate( mme. modelVec)
            strVec = split( model, [ ' =', '+'] )
            strpVec = [ strip( i) for i in strVec]
            if trm in strpVec
```

$$res = [res; string(m) * ": " * trm]$$

$$end$$

$$end$$

$$end$$

$$mme.pedTrmVec = res$$

$$mme.ped = ped$$

$$mme.Gi = inv(G)$$

$$nothing$$

$$end$$

$$function\ addA(mme::MME)$$

$$pedTrmVec = mme.pedTrmVec$$

$$for\ (i, trmi) = enumerate(pedTrmVec)$$

$$pedTrmi = mme.modelTermDict[trmi]$$

$$startPosi = pedTrmi.startPos$$

$$endPosi = startPosi + pedTrmi.nLevels - 1$$

$$for\ (j, trmj) = enumerate(pedTrmVec)$$

$$pedTrmj = mme.modelTermDict[trmj]$$

$$startPosj = pedTrmj.startPos$$

$$endPosj = startPosj + pedTrmj.nLevels - 1$$

$$mme.mmeLhs[startPosi:endPosi, startPosj:endPosj] =$$

$$mme.mmeLhs[startPosi:endPosi, startPosj:endPosj] + mme.Ai * mme.Gi[i,j]$$

$$end$$

$$end$$

$$end$$

所使用的数据依然和上一节相同，其残差效应方差协方差矩阵为：

In[29]: $R0 = [1.0\ 0.5\ 0.5$

$0.5\ 2.0\ 0.5$

$0.5\ 0.5\ 4.0];$

In[30]: $models = "y1 = intercept + trt;$ #指定 MT 模型

$y2 = intercept + trt;$

$y3 = intercept + trt"$

$mme = initMME(models, R0);$

$df[mme.lhsVec]$

Out[30] :

	Y1	*Y2*	*Y3*
1	1. 0	2. 0	1. 2
2	1. 1	NA	3. 1
3	0. 9	1. 9	NA
4	1. 2	1. 7	1. 9

In[31] :　　　　　　　　　　　　*getMME(mme, df) ;*　　　#得到 MME

　　　　　　　　　　　　full(mme. mmeLhs)　　　#MME 模型的左手项

Out[31] : 9x9 Array{ Float64, 2} :

4. 59414	2. 25897	2. 33516	…	−0. 364103	−0. 248718	−0. 115385
2. 25897	2. 25897	0. 0		−0. 248718	−0. 248718	0. 0
2. 33516	0. 0	2. 33516		−0. 115385	0. 0	−0. 115385
−0. 824176	−0. 269231	−0. 554945		−0. 0769231	−0. 0384615	−0. 0384615
−0. 269231	−0. 269231	0. 0		−0. 0384615	−0. 0384615	0. 0
−0. 554945	0. 0	−0. 554945	…	−0. 0384615	0. 0	−0. 0384615
−0. 364103	−0. 248718	−0. 115385		0. 805128	0. 535897	0. 269231
−0. 248718	−0. 248718	0. 0		0. 535897	0. 535897	0. 0
−0. 115385	0. 0	−0. 115385		0. 269231	0. 0	0. 269231

In[32] : *sel = [true, true, false]*　　　#R 矩阵的缺失模式

models = "y1 =　　trt;

　　　　　　y2 =　　trt; "

mme = initMME(models, R0[sel, sel]) ;

getMME(mme, df)

round[full(mme. mmeLhs), 3]　　　#MME 的左手项, 保留最多 3 位有效数字

Out[32] : 4x4 Array{ Float64, 2} :

2. 143	0. 0	−0. 286	0. 0
0. 0	2. 286	0. 0	−0. 571
−0. 286	0. 0	0. 571	0. 0
0. 0	−0. 571	0. 0	1. 143

第七章 分子标记和多基因效应单性状模型

对影响重要经济性状基因进行研究的最终目的是要在育种中加以利用，以提高育种效率。这种利用主要是通过利用分子遗传标记，来对影响性状的基因进行追踪。根据 QTL 分析和基因定位结果，可将在标记辅助育种中可以利用的分子标记分为 2 种类型，一是直接标记，它们本身就是功能突变位点，其多态直接决定性状的表达，例如猪的兰尼定受体基因（ryr-1 基因，又称氟烷基因）中 1843 处的 C →T 突变，直接导致猪的应激敏感性增加；二是连锁标记，即与功能突变位点相连锁的多态位点，这种连锁又分两种情形。一是高度紧密连锁，以致它们与功能突变位点处于群体范围的连锁不平衡（population-wide linkage disequilibrium）状态，也就是说由于几乎不发生重组，它们与功能突变位点的连锁相在不同家系中是基本相同的，这种标记称为连锁不平衡标记或 LD 标记；二是一般连锁，它们与功能突变位点的连锁并不太紧密，以至于在群体范围内往往处于连锁平衡状态。也就是说，由于可能发生重组，尽管在各个家系内，它们与功能突变位点是连锁不平衡的，但在不同的家系中，其连锁相是不同的，这种标记称为连锁平衡标记或 LE 标记。

第一节 标记辅助选择

标记辅助选择（marker-assisted selection，MAS）主要是指在一个品种内在进行种畜选择时利用标记的信息来辅助候选个体的遗传评估。主要有两种方式：MA-BLUP 和两阶段选择。

一、MA-BLUP

MA - BLUP 即标记辅助最佳线性无偏预测（marker - assisted best linear unbiased prediction），是指同时利用标记和表型信息，基于线性混合模型用 BLUP 方法进行个体育种值估计。当只考虑一个 QTL 时，其基本模型是

$$y = Xb + Wv + Za + e \tag{7.1}$$

其中，y 为表型观察值向量，b 是固定效应向量，v 是 QTL 效应向量，a 为随机多基因效应向量，e 为随机残差向量，X、W 和 Z 分别为 b、v 和 a 的关联矩阵。

对于 a 和 e，假设

$$E\begin{bmatrix} a \\ e \end{bmatrix} = \begin{bmatrix} 0 \\ 0 \end{bmatrix}, \ Var\begin{bmatrix} a \\ e \end{bmatrix} = \begin{bmatrix} A\sigma_a^2 & 0 \\ 0 & I\sigma_e^2 \end{bmatrix}$$

其中，A 是动物个体间的加性遗传相关矩阵，I 是单位矩阵。

模型中的 QTL 效应 v 是根据标记信息来定义的，根据标记类型的不同，有不同的假设，如果标记是直接标记或 LD 标记，则 v 等于标记基因型的固定效应，如果标记是 LE 标记，则 v 等于 QTL 等位基因的随机效应，并假设

$$E(v) = 0 \ , \ Var(v) = G\sigma_v^2$$

其中，G 是 QTL 等位基因的配子相关矩阵，其中的元素是同一个体及不同个体所携带的 QTL 等位基因的 IBD（identical by descent）概率，它需要通过与 QTL 连锁的标记信息来计算，σ_v^2 是 QTL 等位基因效应方差。

当 v 为固定效应时，基于模型（7.1）的混合模型方程组为

$$\begin{bmatrix} X'X & X'W & X'Z \\ W'X & W'W & W'Z \\ Z'X & Z'W & Z'Z + A^{-1}k \end{bmatrix} \begin{bmatrix} \hat{b} \\ \hat{v} \\ \hat{a} \end{bmatrix} = \begin{bmatrix} X'y \\ W'y \\ Z'y \end{bmatrix}$$

当 v 为随机效应时，基于模型（7.1）的混合模型方程组为

$$\begin{bmatrix} X'X & X'W & X'Z \\ W'X & W'W + G^{-1}d & W'Z \\ Z'X & Z'W & Z'Z + A^{-1}k \end{bmatrix} \begin{bmatrix} \hat{b} \\ \hat{v} \\ \hat{a} \end{bmatrix} = \begin{bmatrix} X'y \\ W'y \\ Z'y \end{bmatrix}$$

其中，$k = \dfrac{\sigma_e^2}{\sigma_a^2}$，$d = \dfrac{\sigma_e^2}{\sigma_v^2}$。

根据模型式（7.1），个体的估计育种值（EBV）可定义为：

$$EBV_i = \begin{cases} \hat{v}_i + \hat{a}_i & \text{对于直接标记和 LD 标记} \\ \hat{v}_i^p + \hat{v}_i^m + \hat{a}_i & \text{对于 LE 标记} \end{cases}$$

其中，$\hat{v}_i$ 是个体 i 的标记基因型效应估计值（对于直接标记和 LD 标记），$\hat{v}_i^p$ 和 $\hat{v}_i^m$ 分别为个体 i 所携带的来自父亲和母亲的 QTL 等位基因的效应估计值（对于 LE 标记），$\hat{a}_i$ 是个体 i 的多基因效应估计值。

相对于常规的基于 BLUP 的选择方法，MA-BLUP 的效率取决于标记与 QTL 的重组率、QTL 效应大小、性状的遗传力、性状类型和选择的世代数。

二、两阶段选择

即在候选个体尚未有表型资料时，先用分子标记进行选择（预选），对中选个体进行性能测定获取表型信息，再根据表型信息用表型值或 EBV 进行选择。这种选择方式适用于在进行性能测定前必须进行预选的情形，例如在猪中，由于不可能对所有的个体进行性能测定，

必须从每窝中预先淘汰一部分个体。再如在奶牛中，由于 MOET 技术的应用，一个供体母牛可生产若干个全同胞公牛犊，需要从中选择一部分参加后裔测定。在这些情形下，个体本身尚无表型信息，而系谱信息也毫无帮助，因为全同胞具有相同的系谱，在传统的育种中，就只能进行随机选择，而有了标记信息后，就可利用分子标记的信息来进行选择。

三、标记辅助导入

标记辅助导入（marker-assisted introgression，MAI）是指借助分子标记的信息，将一个品种/系（供体）中的某个或多个有利基因导入另一品种/系（受体）中，而与此同时要保留受体的遗传背景。在动物育种中常常会碰到这种情况，一个在各个方面都很优良的品种或品系却很遗憾地存在某些缺陷，从而影响其总体经济价值。比如目前在世界各国使用最普遍的猪的品种长白猪和大白猪，经过多年的选育，具有生长速度快、饲料利用率高、瘦肉率高等优点，但却存在肉质较差的缺点，而中国的很多地方猪种均具有优良的肉质，但在生长速度、饲料利用率和瘦肉率等方面却比较差。如果我们知道地方猪种的优良肉质是由某个或某些特定的基因造成的，就可以将这些基因利用标记信息导入长白或大白猪中，以改善其肉质。

四、标记辅助基因聚合

在动物群体中存在大量的遗传变异，而在不同的品种或品系中存在不同的优良基因。一个品种或品系不可能具有所有的优良基因。如果已经定位了一系列重要的主效基因，而这些基因分布在不同的品种（系）中，一个自然的想法是将这些基因聚合（pyramiding）到一起，从而构造一种理想的基因型，它在所有这些座位上都是纯合的，进而培育出一个"超级"品种。但在传统的育种方式下，这是几乎不可能实现的"奢望"。但在现代分子标记技术的帮助下，通过基因聚合手段可以将这种"奢望"变成现实。在植物中，利用基因聚合技术培育新品种或品系已有了一些成功的例子，其中最成功的例子是抗病基因聚合。但是在动物中，由于目前已发现的重要功能基因还十分有限，而对已发现的基因功能和效应还缺乏足够的认识，对基因之间的互作更是知之甚少，加上动物的繁殖率低、世代间隔长、不能自交以及存在近交衰退等问题，对动物进行基因聚合的难度更大，因此目前还没有在动物中进行基因聚合的成功报道。

第二节　混合模型方程组的储存技术

储存混合模型方程组的直接方式是用一个二维数组储存方程组系数矩阵的所有元素，用一个一维数组储存右手项的元素。但在实际应用中混合模型方程组往往十分巨大，可达到数万、数十万乃至上百万。当方程组个数为 10000 时，按这种储存方式约需 800 兆字节内存空间，因而对于实际应用来说，这种储存方式是不可取的，需要寻找有效的方法来减少储存空间。

一、吸收法

吸收法的基本思想是将方程组中的一些方程"吸收（absorb）"到另一些方程中去，从而减少方程组中的方程个数，减少所需的储存空间。对于混合模型方程组来说，多数情况下，人们对某些固定效应（如场－年－季）的解并不感兴趣，此时就可将这些效应所对应的方程吸收到其他方程中去，从而大大减小方程组系统。在求解之后，如果有必要，还可再用"反演法"求出被吸收方程的解。

设有如下的方程组：

$$A_{11}b_1 + A_{12}b_2 = {}_1 \qquad 或 \qquad \begin{bmatrix} A_{11} & A_{12} \\ A_{21} & A_{22} \end{bmatrix} \begin{bmatrix} b_1 \\ b_2 \end{bmatrix} = \begin{bmatrix} {}_1 \\ {}_2 \end{bmatrix} \tag{7.2}$$
$$A_{21}b_1 + A_{22}b_2 = {}_2$$

欲将 b_2 所对应的方程吸收到 b_1 所对应的方程中。

由方程组中的第二行，可得

$$b_2 = A_{22}^{-1}({}_2 - A_{21}b_1) \quad （假设 A_{22}^{-1} 老存在）$$

将它代入方程组的第一行中，有

$$A_{11}b_1 + A_{12}[A_{22}^{-1}({}_2 - A_{21}b_1)] = {}_1$$

或

$$(A_{11} - A_{12}A_{22}^{-1}A_{21})b_1 = {}_1 - A_{12}A_{22}^{-1}{}_2 \tag{7.3}$$

式（7.3）中的系数矩阵可看作是对式（7.2）中 b_1 对应的系数矩阵 A_{11} 的一个校正（减去 $A_{12}A_{22}^{-1}A_{21}$），等式右边的向量可看作是对 ${}_1$ 的一个校正（减去 $A_{12}A_{22}^{-1}{}_2$）。

例如设有以下的方程组：

$$\begin{bmatrix} 8 & 6 & -3 & -1 \\ 6 & 7 & -5 & 4 \\ -3 & -5 & 9 & 0 \\ -1 & 4 & 0 & 2 \end{bmatrix} \begin{bmatrix} a \\ b \\ c \\ d \end{bmatrix} = \begin{bmatrix} 5 \\ -36 \\ 37 \\ -21 \end{bmatrix}$$

若我们欲将 d 所对应的方程吸收，则令

$$A_{11} = \begin{bmatrix} 8 & 6 & -3 \\ 6 & 7 & -5 \\ -3 & -5 & 9 \end{bmatrix}, A_{12} = \begin{bmatrix} -1 \\ 4 \\ 0 \end{bmatrix}, A_{21} = \begin{bmatrix} -1 & 4 & 0 \end{bmatrix} = A'_{12}$$

$$A_{22} = \begin{bmatrix} 2 \end{bmatrix}, b_1 = \begin{bmatrix} a \\ b \\ c \end{bmatrix}, b_2 = \begin{bmatrix} d \end{bmatrix}, {}_2 = \begin{bmatrix} -21 \end{bmatrix}, {}_1 = \begin{bmatrix} 5 \\ -36 \\ 37 \end{bmatrix}$$

于是

$$(A_{11} - A_{12}A_{22}^{-1}A_{21}) = \begin{bmatrix} 8 & 6 & -3 \\ 6 & 7 & -5 \\ -3 & -5 & 9 \end{bmatrix} - \begin{bmatrix} -1 \\ 4 \\ 0 \end{bmatrix} \begin{bmatrix} 2 \end{bmatrix}^{-1} \begin{bmatrix} -1 & 4 & 0 \end{bmatrix}$$

$$= \begin{bmatrix} 8 & 6 & -3 \\ 6 & 7 & -5 \\ -3 & -5 & 9 \end{bmatrix} - \frac{1}{2} \begin{bmatrix} 1 & -4 & 0 \\ -4 & 16 & 0 \\ 0 & 0 & 0 \end{bmatrix}$$

$${}_1 - A_{12}A_{22}^{-1}{}_2 = \begin{bmatrix} 5 \\ -36 \\ 37 \end{bmatrix} - \begin{bmatrix} -1 \\ 4 \\ 0 \end{bmatrix} \begin{bmatrix} 2 \end{bmatrix}^{-1} \begin{bmatrix} -21 \end{bmatrix} = \begin{bmatrix} 5 \\ -36 \\ 37 \end{bmatrix} - \frac{1}{2} \begin{bmatrix} 21 \\ -84 \\ 0 \end{bmatrix}$$

若欲将 c 和 d 所对应的方程吸收，则有

$$A_{11} = \begin{bmatrix} 8 & 6 \\ 6 & 7 \end{bmatrix}, A_{12} = \begin{bmatrix} -3 & -1 \\ -5 & 4 \end{bmatrix}, A_{21} = \begin{bmatrix} -3 & -5 \\ -1 & 4 \end{bmatrix} = A'_{12}, A_{22} = \begin{bmatrix} 9 & 0 \\ 0 & 2 \end{bmatrix}$$

$$b_1 = \begin{bmatrix} a \\ b \end{bmatrix}, b_2 = \begin{bmatrix} c \\ d \end{bmatrix}, {}_1 = \begin{bmatrix} 5 \\ -36 \end{bmatrix}, {}_2 = \begin{bmatrix} 37 \\ -21 \end{bmatrix}$$

于是

$$(A_{11} - A_{12}A_{22}^{-1}A_{21}) = \begin{bmatrix} 8 & 6 \\ 6 & 7 \end{bmatrix} - \begin{bmatrix} -3 & -1 \\ -5 & 4 \end{bmatrix} \begin{bmatrix} 1/9 & 0 \\ 0 & 1/2 \end{bmatrix} \begin{bmatrix} -3 & -5 \\ -1 & 4 \end{bmatrix}$$

$$= \begin{bmatrix} 8 & 6 \\ 6 & 7 \end{bmatrix} - \frac{1}{9} \begin{bmatrix} (-3)\times(-3) & (-3)\times(-5) \\ (-5)\times(-3) & (-5)\times(-5) \end{bmatrix}$$

$$- \frac{1}{2} \begin{bmatrix} (-1)\times(-1) & (-1)\times4 \\ 4\times(-1) & 4\times4 \end{bmatrix}$$

$$= \begin{bmatrix} 8 & 6 \\ 6 & 7 \end{bmatrix} - \frac{1}{9} \begin{bmatrix} 9 & 15 \\ 15 & 25 \end{bmatrix} - \frac{1}{2} \begin{bmatrix} 1 & -4 \\ -4 & 16 \end{bmatrix}$$

$$({}_1 - A_{12}A_{22}^{-1}{}_2) = \begin{bmatrix} 5 \\ -36 \end{bmatrix} - \begin{bmatrix} -3 & -1 \\ -5 & 4 \end{bmatrix} \begin{bmatrix} 1/9 & 0 \\ 0 & 1/2 \end{bmatrix} \begin{bmatrix} 37 \\ -21 \end{bmatrix}$$

$$= \begin{bmatrix} 5 \\ -36 \end{bmatrix} - \frac{1}{9} \begin{bmatrix} (-3) \times 37 \\ (-5) \times 37 \end{bmatrix} - \frac{1}{2} \begin{bmatrix} (-1) \times (-21) \\ 4 \times (-21) \end{bmatrix}$$

$$= \begin{bmatrix} 5 \\ -36 \end{bmatrix} - \frac{1}{9} \begin{bmatrix} -111 \\ -185 \end{bmatrix} - \frac{1}{2} \begin{bmatrix} 21 \\ -84 \end{bmatrix}$$

由此可看出，如果要吸收多个方程，而 A_{22} 又是一个对角矩阵时，可以逐次吸收 b_2 对应的每一个方程。如上例中，可先吸收 c 对应的方程而不考虑 d 的存在，而后再吸收 d 对应的方程。也就是说，在实际计算时，我们可将数据文件按 b_2 中的元素排序，先读入与 c 有关的记录，读完后即将 c 吸收进 a 和 b，而后读入与 d 有关的记录，读完后将 d 吸收进 a 和 b。这样，在每次吸收时，A_{12} 就是一个列向量，A_{21} 是一个行向量，而 A_{22} 就成了一个纯量，r_2 也是一个纯量，因而

$$(A_{11} - A_{12} A_{22}^{-1} A_{21}) = \{a_{ij} - u_i u_j / v\}$$
$$(r_1 - A_{12} A_{22}^{-1} r_2) = \{r_i - u_i r_2 / v\}$$

(7.4)

其中，a_{ij} 为 A_{11} 中的第 i 行第 j 列上的元素；u_i（u_j）为 A_{12}（A_{21}）中的第 i（j）个元素；v 为 A_{22} 中的元素；r_i 为 r_1 中的第 i 个元素；r_2 为 r_2 中的元素。

这个性质对家畜育种中常见的混合模型方程组进行吸收时很有用处，因为在这些方程组中，欲被吸收的方程所对应的系数矩阵常常是对角阵。下面以一带有遗传分组的公畜模型为例来说明吸收法在混合模型方程组中的应用。

例如设有如下模型：

$$y = X_1 h + X_2 g + Zs + e$$

其中，h 为场年季效应向量；g 为公畜遗传组效应向量；s 为公畜效应向量；e 为残差效应向量。

其混合模型方程组为

$$\begin{bmatrix} X'_1 X_1 & X'_1 X_2 & X'_1 Z \\ X'_2 X_1 & X'_2 X_2 & X'_2 Z \\ Z' X_1 & Z' X_2 & Z' Z + A^{-1} \lambda \end{bmatrix} \begin{bmatrix} \hat{h} \\ \hat{g} \\ \hat{s} \end{bmatrix} = \begin{bmatrix} X'_1 y \\ X'_2 y \\ Z' y \end{bmatrix}$$

其中，A 为公畜间的加性遗传相关矩阵；$\lambda = \sigma_e^2 / \sigma_s^2$。

现欲将 h 所对应的方程（可简称 h 方程）吸收到 g 和 s 方程中去，可按以下步骤进行。

（1）建立暂时忽略 g 方程和 $A^{-1} \lambda$ 的方程组（即不含 g 的最小二乘方程组）

$$\begin{bmatrix} X'_1 X_1 & X'_1 Z \\ Z' X_1 & Z' Z \end{bmatrix} \begin{bmatrix} \hat{h} \\ \hat{s} \end{bmatrix} = \begin{bmatrix} X'_1 y \\ Z' y \end{bmatrix}$$

并将 h 方程吸收进 s 方程，由（7.3）式，可得

$$[Z' Z - Z' X_1 (X'_1 X_1)^{-1} X'_1 Z] \hat{s} = Z' y - Z' X_1 (X'_1 X_1)^{-1} X'_1 y$$

由于 X'_1X_1 是对角阵，我们可逐个吸收场年季方程。也就是说，我们可将数据文件按场年季排序，每次读入一个场年季的记录，并统计以下的量：

n_T —该场年季的观察值总数；

n_i —第 i 头公畜在该场年季中的后代数；

$n_{i.}$ —第 i 头公畜的到该场年季的累积后代数；

y_T —该场年季中的所有观察值总和；

y_i —第 i 头公畜在该场年季中所有后代的观察值总和；

$y_{i.}$ —第 i 头公畜的到该场年季的累积后代观察值总和。

而后计算

$M = \{m_{ij}\}$，$t = \{t_i\}$，$i,j = 1,2,\cdots,p$（p 为公畜数量），其中：

$$m_{ij} = \begin{cases} n_{i.} - n_i^2/n_T & （当 i = j 时，即对角线元素）\\ - n_i n_j/n_T & （当 i \neq j 时，即非对角线元素）\end{cases}$$

$$t_i = y_{i.} - n_i y_T/n_T$$

当所有的场年季记录读完后，方程组

$$M\hat{s} = t$$

就是将 $\hat{h}$ 方程吸收进 $\hat{s}$ 方程后的方程组。

（2）将 g 方程加入方程组。首先定义一个 L 矩阵如下：

$$L = \begin{bmatrix} 1_1 & & & \\ & 1_2 & & \\ & & \ddots & \\ & & & 1_q \end{bmatrix}$$

其中，q 为公畜遗传组数（即 g 的长度）；1_j（$j = 1, \cdots, q$）为单位向量，其长度等于第 j 个公畜组中的公畜数。

加入 g 方程后的方程组为

$$\begin{bmatrix} L'ML & L'M \\ ML & M \end{bmatrix} \begin{bmatrix} \hat{g} \\ \hat{s} \end{bmatrix} = \begin{bmatrix} L't \\ t \end{bmatrix}$$

（3）将 $A^{-1}\lambda$ 加入方程组

$$\begin{bmatrix} L'ML & L'M \\ ML & M + A^{-1}\lambda \end{bmatrix} \begin{bmatrix} \hat{g} \\ \hat{s} \end{bmatrix} = \begin{bmatrix} L't \\ t \end{bmatrix}$$

此即为我们最终所需要的将 h 方程吸收后的混合模型方程组。

二、半储存矩阵技术

对于一个阶数为 N 的方阵，在计算机中需要 N^2 个存储单元来储存它。但如果该方阵是一个对称矩阵，则可利用半储存矩阵（half stored matrix）技术，使所需的存储单元数大大减少。由于对称矩阵的对角线上方和下方的元素是对称的，所以我们只需储存对角线元素和对角线以上或以下的元素，即只需要 $N(N+1)/2$ 个存储单元。也就是说，我们可以用一个维度为 $N(N+1)/2$ 的一维数组来存储阶数为 N 的对称方阵中的所有元素，对于大型的对称矩阵，这种储存方式可节省将近一半的存储空间。由于混合模型方程组的系数矩阵通常为对称矩阵，因而半储存矩阵技术在混合模型方程组的有关计算中得到了广泛的应用。

在用一维数组存储一个对称矩阵时，需要按各行（或列）的顺序依次将对角线和对角线以上（或以下）的元素放进一维数组中。

例如，对于矩阵

$$\begin{bmatrix} a_{11} & a_{12} & a_{13} \\ a_{12} & a_{22} & a_{23} \\ a_{13} & a_{23} & a_{33} \end{bmatrix}$$

可用一维数组储存为

$$(a_{11} \quad a_{12} \quad a_{13} \quad a_{22} \quad a_{23} \quad a_{33})$$

半储存矩阵技术的关键在于如何将原矩阵中的每一个元素定位于一维数组中的等阶位置上。矩阵中第 i 行第 j 列上的元素在一维数组中的等阶位置可用如下公式计算：

$$k = \begin{cases} (2N-I)(I-1)/2+J & (\text{当 } I \leq J) \\ (2N-J)(J-1)/2+I & (\text{当 } I > J) \end{cases} \tag{7.5}$$

这个公式可用一个函数来实现，例如，下面是一个实现这个公式的 Julia 函数：

```
function IHMSSF (I, J, N)
    if (I>J)
        IHMSSF = (N+N-J) . * (J-1) /2+I
    else
        IHMSSF = (N+N-I) . * (I-1) /2+J
    end
    return
end
```

在需要针对原矩阵的某个元素进行运算时，可用它在矩阵中的位置，即矩阵的行号 I 和

列号 J，以及该矩阵的大小 N，调用这个函数，即可得到它在一维数组中的相应位置。因而可借助它并利用半储存矩阵来进行各种矩阵运算。下面举例说明这个函数的应用。

例如半储存矩阵相乘。设 A 和 B 为阶数 N 的半储存矩阵，y 和 z 为阶数 N 的向量，C 为全储存的非对称矩阵。

（1）计算 $z = Ay$ 完成这一计算的 Julia 语句为

```
for I = 1：N
    X = 0.0
    for J = 1：N
        X = X + A（IHMSSF（I，J，N））．＊Y（J）
    end
    Z（I）= X
end
```

（2）计算 $C = AB$ 完成这一计算的 Julia 语言如下：

```
for I = 1：N
    for J = 1：N
        X = 0.0
        for K = 1：N
            X = X+A（IHMSSF（I，K，N））．＊B（IHMSSF（K，J，N））
        end
        C（I，J）= X
    end
end
```

例如固定模型半储存最小二乘方程组的建立。

所谓半储存最小二乘方程组是指将最小二乘方程组的系数矩阵用半储存方式储存。

建立最小二乘方程组的步骤如下。

（1）分别建立一个长度为 $L(L + 1)/2$ 的零向量 xx 和长度为 L 的零向量 xy，其中 L 为所有因子的水平数之总和；

（2）定义数组 $add(nf)$，其中 nf 为因子数，令 $add(1) = 0$，并计算 $add(i) = \sum_{k=1}^{i-1} n_k$，$(i = 2, \cdots, nf)$，其中 n_k 为第 k 个因子的水平数；

（3）依次读入数据文件中的每一条记录 $(ia(i), i = 1, \cdots, nf, y)$，其中 $ia(i)$ 为第 i 个因子的水平编码，y 为性状观测值。每读入一条记录，就执行以下运算：

```
for i = 1：nf
```

$ja = ia\ (i)\ +\ add\ (i)$

  $for\ j = i:\ nf$

  $jb = ia\ (j)\ +add\ (j)$

   $k =IHMSSF\ (ja, jb, neq)$

   $xx\ (k) = xx\ (k) + 1$

  end

$xy\ (ja) = xy\ (ja) + y$

end　$\cdot$

三、稀疏矩阵的储存技术

如果一个矩阵中有"许多"元素为 0，则称该矩阵为稀疏（sparse）矩阵，不是稀疏的矩阵被称为稠密（dense）矩阵，在稀疏矩阵和稠密矩阵之间并没有一个明确的界线。

设有由 n 个方程组成的线性方程组，要对它求解，最直接的方法是将其系数矩阵用一个二维数组存放在内存中，然后用高斯消去法或 LU 分解法等常规方法求解，这样我们所需要的内存约为 n^2 个双精度（8bytes）的元素，需要的运算时间为 n^3 次算术运算。当 n = 10 000 时，所需内存为 $10\ 000^2 \times 8 \approx 760$Mb，需要的算术运算次数约为 10^{12} 次，对于一个 CPU 运算速度为 25 MFLOPS（million of floating point operations per second，每秒 100 万次浮点运算）的计算机来说，这意味着需要约 11 个小时。当方程组的个数每增加 1 倍，所需内存就增加 3 倍，所需运算时间就增加 7 倍。在实际的大规模动物个体遗传评估中，往往需要对数万、数十万乃至数百万个体进行育种值估计，因而要求解的混合模型方程组将十分庞大，以致用最先进的计算机也无法用常规方法求解。如果系数矩阵是对称的，可用前面介绍的半储存矩阵技术来节省储存空间和减少运算次数。但对于超大型的矩阵，半储存矩阵技术也不能解决问题，而且在有的运算中，对称矩阵可能会变为非对称矩阵，在这种情况下就不能运用半储存矩阵技术，可考虑采用稀疏矩阵技术来解决问题，而且还可同时结合半储存矩阵技术，以进一步提高效率。

现在让我们来看一下混合模型方程组的系数矩阵中非零元素所占的比例。如果模型中有 k 个因子，每读入一条记录，要在系数矩阵的数组中的 k^2 个不同位置上累加 1，因此当不考虑动物个体间的亲缘关系时，假设共有 n 条记录，则系数矩阵中的非零元素最多为 $n \times k^2$。再来考虑个体间的亲缘关系，由构建 A^{-1} 的算法可知，对每一个个体，当其双亲已知时，要在 A^{-1} 的 9 个不同位置上累加一个数值，因此，假设共有 a 个个体，则 A^{-1} 中的非零元素最多为 $9a$，两者合计，系数矩阵中的非零元素最多为 $N = nk^2 + 9a$。

假设每个动物个体都有一个观察值，即 $n = a$，则

$$N = ak^2 + 9a = a(k^2 + 9)$$

方程组中的方程个数一般主要取决于动物个体数，假设它等于 $3a$，则系数矩阵总的元素个数为 $9a^2$，其中的非零元素所占比例最大为

$$\frac{N}{9a^2} = \frac{k^2 + 9}{9a}$$

假设模型中有 6 个因子，动物个体数为 10 000，则非零元素所占比例最大为

$$\frac{6^2 + 9}{90\ 000} = \frac{5}{10\ 000}$$

如果模型中有母体遗传效应，则由于个体间的亲缘关系贡献的非零元素最多为 $4 \times 9a$，此时系数矩阵中非零元素所占比例最大为 8/10000。

由此可看出，混合模型方程组的系数矩阵是一个高度稀疏的矩阵，其中 99.9%以上的元素都是 0，而且动物个体数越多，稀疏程度越高。对于如此稀疏的矩阵，对其中大量的零元素进行储存和运算显然是极大的浪费，因此有必要采用特殊的稀疏矩阵技术来处理系数矩阵的储存和运算。

稀疏矩阵储存技术的基本出发点是只储存其中的非零元素，由于非零元素的分布一般是没有规律的，因此在存储非零元素的同时，还必须存储非零元素所在的行号、列号，才能迅速确定一个非零元素是矩阵中的哪一个元素。稀疏矩阵的压缩存储会失去随机存取功能。常用的储存方式有以下几种。

（1）三元组表。

矩阵中的每一个元素所在的行号、列号和元素值组成一个三元组 (i, j, a_{ij})，三元组表（triples）方式是用三个等长的一维数组来储存矩阵中的非零元素，其中两个整型数组（Irow，Jcol）分别储存各非零元素所在的行和列的序号，一个实型数组（Val）用于储存非零元素的数值。

例如设有一个 4×4 的矩阵：

$$A = \begin{bmatrix} 10 & 0 & 2 & 0 \\ 0 & 5 & 0 & 3 \\ 2 & 0 & 8 & 0 \\ 0 & 3 & 0 & 20 \end{bmatrix}$$

用三元组表方式储存这个矩阵的结果如下：

Irow（行号）	Jcol（列号）	Val（元素值）
1	1	10
1	3	2

（续表）

Irow（行号）	Jcol（列号）	Val（元素值）
2	2	5
2	4	3
3	1	2
3	3	8
4	2	3
4	4	20

由于这个矩阵是对称的，也可以只储存其对角线及其以下（或以上）的非零元素：

Irow（行号）	Jcol（列号）	Val（元素值）
1	1	10
1	3	2
2	2	5
2	4	3
3	3	8
4	4	20

以这种方式储存时，可将各元素按行或按列排序，也可不排序。这是一种最简单的储存方式，如果用双精度数组来储存元素值，则所需要的储存空间共为 $8N + 2 \times 4N = 16N$，其中 N 为非零元素个数。

这种方式的缺点是不容易在数组 Val 中找到某个特定行和列的元素。

（2）行压缩方式。

行压缩方式（compressed row storage）与三元组表方式的区别是不储存所有非零元素所在行的行号，而只储存各行中第一个非零元素在数组 Val 中的位置（称为行指针）。对于上例其结果如下：

Irow（行指针）	Jcol（列号）	Val（元素值）
1	1	10
3	3	2
5	2	5
6	4	3
	3	8
	4	20

Irow 中的 1、3、5 和 6 分别表示矩阵 4 行中的第一个非零元素分别位于 Val 中的第一、第三、第五和第六个位置上。需要注意的是，这种储存方式需要将 Val 中的元素按行排序。

与行压缩方式等价的另一种方式是列压缩方式，即储存每个非零元素所在行的行号和每一列的第一个非零元素在数组 Val 中的位置（列指针），要求将 Val 中的元素按列排序。

行（列）压缩方式是储存效率最高的一种方式，而且很容易对所需的某行的元素进行定位，但是由于需要按一定顺序储存。对于处于动态变化的矩阵，非零元素的个数和位置在不断发生改变。例如，在构建混合模型方程组的过程中，每读入一条记录，系数矩阵就会发生变化，这时就很难用这种方式储存，因而这种储存方式主要用于已经定型的矩阵的储存。

（3）连接链表。

连接链表（linked list）是在行压缩方式的基础上增加一个数组（Next），用来储存每行中每一元素的后一个元素在数组 Val 中的位置，即下一元素指针，每行最后一个元素的下一元素指针为 0。对于上例用连接链表储存的结果是：

Irow（行指针）	Jcol（列号）	Val（元素值）	Next（下一元素指针）
1	1	10	2
3	3	2	0
5	2	5	4
6	4	3	0
	3	8	0
	4	20	0

从这个表中，可知矩阵中第一行的第一个非零元素储存于 Val 中的第一个位置上，其列号为 1，该行的下一个非零元素储存于 Val 中的第二个位置上，其列号为 3，其余类推。需要特别注意的是，用这种方式无需将 Val 中的元素排序。如对此例也可用以下方式储存：

Irow（行指针）	Jcol（列号）	Val（元素值）	Next（下一元素指针）
1	1	10	5
2	2	5	6
3	3	8	0
4	4	20	0
	3	2	0
	4	3	0

与前两种储存方式相比，这种储存方式虽然需要更多的储存空间，但更适用于动态变化的矩阵。例如，如果在矩阵的（1，4）位置出现了一个新的非零元素4，可将它存于 Val 的末尾，并对 Next 作相应调整。

Irow（行指针）	Jcol（列号）	Val（元素值）	Next（下一元素指针）
1	1	10	5
2	2	5	6
3	3	8	0
4	4	20	0
	3	2	7
	4	3	0
	4	4	0

（4）哈希表。

哈希表（hash table）法是用一个数学函数，即用哈希函数（hash function）将非零元素在矩阵中的位置与在储存非零元素数值的一维数组中的地址直接联系起来。在储存某一非零元素的时候，根据它在矩阵中的位置通过该函数来分配它在储存数组中的地址，当需要对该元素进行运算操作时，也可通过该函数直接找到它在储存数组中的地址。

哈希函数有很多种，其中最常用的一种是

$$hash(k) = k \ \ MOD \ \ prime \tag{7.6}$$

其中，MOD 为求余运算；$prime$ 为一素数。该函数的取值在 0 ~（$prime-1$）。在用该函数为矩阵中的某个位置分配在储存数组中的地址前，先要将矩阵的二维空间位置转换成一个能与之一一对应的纯量，如对于矩阵的（i，j）位置，可将其转换为：

$$k = 65536 \times i + j$$

将 k 代入哈希函数，即可得到一个函数值，将该函数值与储存数组中的地址关联起来，就建立了矩阵中的位置与储存数组中的地址的直接联系。需要注意的是，对于不同的 k，可能会得到相同的函数值，此时矩阵中的位置与储存数组中的地址就不能一一对应，碰到这种情况就需要为其另安排地址。$prime$ 越大，出现这种情况的概率就越小，因此要用较大的 $prime$。

具体算法如下，在为非零元素在矩阵中的位置分配地址之前，首先建立数组。

Val（0：isize）—存放矩阵中的非零元素值；Table（0：iprime）—存放非零元素在矩阵中的位置（转换后的），全部赋初值为0；Address（0：iprime）—存放非零元素在 Val 中的地址。

对于矩阵 (i, j) 位置上的非零元素，用下图中所示的算法为其分配它在 Val 中的地址 Add。可以看出，用这种方法，无需对要储存的非零元素作任何排序，也不受矩阵动态变化的任何影响，而且可以很容易找到每一矩阵 (i, j) 位置在储存数组中的地址。与前两种方法相比，它需要的储存空间要多一些。但对于极其稀疏的大型矩阵来说，这点多出来的储存空间是可以忽略不计的。

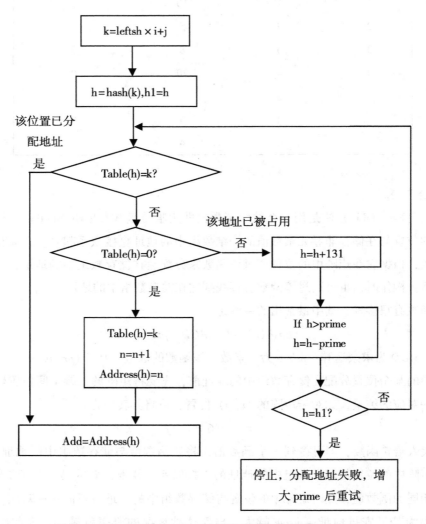

用 **hash** 函数为矩阵的 (i, j) 位置分配在储存数组中的地址

第三节　Julia 语言示例

模拟具有分子标记的数据，其 Julia 代码如下：

In [1]: *Animal = ["S1", "D1", "O1", "O3"]*

y = [100. 0, 50. 0, 150. 0, 40. 0];

df = DataFrame(Animal = Animal, y = y);

srand(123)

d = Binomial(2, 0. 5)

nObs = 4   #观察值数量

nMarkers = 5   #分子标记数量

M = float(rand(d, (nObs, nMarkers)));   #模拟分子标记数据

df = [dfDataFrame(M)]

Out[1]:

	Animal	y	x1	x2	x3	x4	x5
1	S1	100. 0	1. 0	0. 0	1. 0	1. 0	1. 0
2	D1	50. 0	2. 0	2. 0	2. 0	2. 0	1. 0
3	O1	150. 0	1. 0	1. 0	0. 0	1. 0	0. 0
4	O3	40. 0	0. 0	0. 0	2. 0	1. 0	1. 0

本章使用的函数与前几章类似, 故不再赘述。

In [2]: *FILE = ". . / small. ped";*

ped = PedModule. mkPed(FILE);

mme = MMEModule. initMME("y = intercept + Animal")

*varg = 1. 0 * 0. 5*

vare = 5. 0

$\lambda 1 = varg/vare$

G = reshape([$\lambda 1$] , 1, 1)

MMEModule. setAsRandom(mme, "Animal", ped, G)

resG = MMEModule. getSolG(mme, df, outFreq = 100)

Out[2]: 6x2 Array{ Any, 2}:

    "intercept: intercept"   84. 7563

      "Animal: S1"   2. 27265

      "Animal: D1"   −2. 27295

      "Animal: O1"   3. 1067

      "Animal: O3"   −2. 1314

```
        "Animal: O2"         −0.000149061
```

增加标记矩阵的 Julia 代码:

```julia
functionaddMarkers( mme, df, G: : Float64)
    M = convert( Array, df)
    mme. M = MarkerMatrix( M, G)
end
function get_ column( X, j)
    nrow, ncol = size( X)
    if j>ncol | | j<0
        error( "column number is wrong!")
    end
    indx = 1 + (j−1) * nrow
    ptr = pointer( X, indx)
    pointer_ to_ array( ptr, nrow)
end
functionget_ column_ ref( X)
    ncol = size( X)[2]
    xArray = Array( Array{ Float64, 1}, ncol)
    for i = 1: ncol
        xArray[ i] = get_ column( X, i)
    end
    return xArray
end
function center!( X)        #标记矩阵中心化
    nrow, ncol = size( X)
    colMeans = mean( X, 1)
    BLAS. axpy!( −1, ones( nrow) * colMeans, X)
    return colMeans
end
In [ 3]: MMEModule. addMarkers( mme, df[ :, 3: 7]) ;
        lhs= full( mme. mmeLhs)        #左手项
Out[ 3]: 6x6 Array{ Float64, 2}:
        4. 0    1. 0    1. 0    1. 0    1. 0    0. 0
```

$$\begin{array}{cccccc}
1.0 & 2.25 & 0.75 & -0.5 & -0.5 & -0.5 \\
1.0 & 0.75 & 2.25 & -0.5 & -0.5 & -0.5 \\
1.0 & -0.5 & -0.5 & 2.0 & 0.0 & 0.0 \\
1.0 & -0.5 & -0.5 & 0.0 & 2.0 & 0.0 \\
0.0 & -0.5 & -0.5 & 0.0 & 0.0 & 1.0
\end{array}$$

In[4]: $M = mme.\,M$ #标记矩阵

Out[4]: 4x5 Array{Float64, 2}:

$$\begin{array}{ccccc}
1.0 & 0.0 & 1.0 & 1.0 & 1.0 \\
2.0 & 0.0 & 2.0 & 2.0 & 1.0 \\
1.0 & 2.0 & 0.0 & 1.0 & 0.0 \\
0.0 & 0.0 & 2.0 & 1.0 & 1.0
\end{array}$$

In [5]: $vRes = 1.0$ #剩余方差

$vEff = 1.0 * 0.5/5$ #随机多基因效应方差

$\lambda = vRes/vEff$

$lhs2 = [\,lhs \qquad mme.\,X'M$

$\qquad M'mme.\,X \quad M'M + eye\{size(M, 2)\} * \lambda$

Out[5]: 11x11 Array{Float64, 2}:

$$\begin{array}{ccccccccccc}
4.0 & 1.0 & 1.0 & 1.0 & 1.0 & 0.0 & 4.0 & 2.0 & 5.0 & 5.0 & 3.0 \\
1.0 & 2.25 & 0.75 & -0.5 & -0.5 & -0.5 & 1.0 & 0.0 & 1.0 & 1.0 & 1.0 \\
1.0 & 0.75 & 2.25 & -0.5 & -0.5 & -0.5 & 2.0 & 0.0 & 2.0 & 2.0 & 1.0 \\
1.0 & -0.5 & -0.5 & 2.0 & 0.0 & 0.0 & 1.0 & 2.0 & 0.0 & 1.0 & 0.0 \\
1.0 & -0.5 & -0.5 & 0.0 & 2.0 & 0.0 & 0.0 & 0.0 & 2.0 & 1.0 & 1.0 \\
0.0 & -0.5 & -0.5 & 0.0 & 0.0 & 1.0 & 0.0 & 0.0 & 0.0 & 0.0 & 0.0 \\
4.0 & 1.0 & 2.0 & 1.0 & 0.0 & 0.0 & 16.0 & 2.0 & 5.0 & 6.0 & 3.0 \\
2.0 & 0.0 & 0.0 & 2.0 & 0.0 & 0.0 & 2.0 & 14.0 & 0.0 & 2.0 & 0.0 \\
5.0 & 1.0 & 2.0 & 0.0 & 2.0 & 0.0 & 5.0 & 0.0 & 19.0 & 7.0 & 5.0 \\
5.0 & 1.0 & 2.0 & 1.0 & 1.0 & 0.0 & 6.0 & 2.0 & 7.0 & 17.0 & 4.0 \\
3.0 & 1.0 & 1.0 & 0.0 & 1.0 & 0.0 & 3.0 & 0.0 & 5.0 & 4.0 & 13.0
\end{array}$$

In [6]: $y = mme.\,ySparse$

$rhs = [\,mme.\,X'y$

$\qquad M'y\,]$ #右手项

Out[6]: 11x1 Array{Float64, 2}:

340.0

100. 0

50. 0

150. 0

40. 0

0. 0

350. 0

300. 0

280. 0

390. 0

190. 0

In [7]: *sol = fill(0. 0, size(lhs, 1));*

    MMEModule. GaussSeidel(lhs, sol, rhs)   #高斯赛德尔迭代求解

Out[7]: 11−element Array{Float64, 1}:

84. 9652

5. 09672

−11. 4662

20. 1023

−13. 7329

0. 0

3. 00111

2. 74656

−2. 29328

−2. 74666

1. 01918

0. 00026709575586159853

此外，"computeG" 函数可以计算 VanRaden（2008）或 Yang 等（2010）定义的 G 矩阵，并可以使用等位基因频率平均值或 2 倍基因频率（需满足 Hardy-Weinberg 平衡）进行中心化。

$$G = \frac{ZZ'}{k}, \text{ 此处 } k = 2\sum p_j(1 - p_j)$$

function computeG(SNPdata: : String, methoduse: : Int64 = 2, methodcentric: : Int64 = 1)

    geno = readdlm(SNPdata)

    nanim = size(geno, 1)

```
nsnp = size(geno, 2)
println("Number of SNPs : ", nsnp)
println("Number of Animals : ", nanim)
G = Array(Float64, nsnp, nsnp)
G[:, :] = 0.0
freq = Array(Float64, nsnp)
freq[:] = 0.0
XD = Array(Float64, nanim, nsnp)
XD[:, :] = 0.0
#得到 X 矩阵, 如果缺失 SNP 设为 5
fori = 1: nsnp
    freq[i] = sum(geno[:, i])./(2.0. * sum(geno[:, i].! = 5.0))
end
mean1 = mean(freq)
println("Average freq: ", mean1)
println[ "var(freq) : ", var(freq)]
fori = 1: nsnp
if (methodcentric == 1) && (geno[:, i]! = 5.0)
#如果哈代温伯格平衡, 则中心化时减去 2 倍频率
    geno[:, i] = geno[:, i] - 2.0. * freq[i]
elseif (methodcentric == 2) && (geno[:, i]! = 5.0)
#中心化减去平均数
    geno[:, i] = geno[:, i] - mean1
end
end
freq1 = freq. * (1.0 - freq)
coun = sum(freq1. > 0.05)
if (methoduse == 1)
#用 Van Raden 计算 G 矩阵
    G = (geno' * geno)./(2.0. * sum(freq1))
elseif (methoduse == 2)
#用 VanRaden's 和 Yang 方法计算 G 矩阵
    XD[:, :] = 0.0
```

```
for i = 1: nsnp
    if (( freq[ i]. * ( 1. 0-freq[ i])). > 0. 05)
        XD[:, i] = geno[:, i]. /sqrt(2. 0. * freq[ i]. * ( 1. 0-freq[ i]))
    end
end
G = XD' * XD
G = G. /coun
else
    println( "Computes G-matrix coefficients")
    println( "1-VanRaden firstG = ZZ/sum( 2pq) ")
    println( "2-VanRaden secondG( or Yang et al. ) = mean (Z_ i Z_ i/(2p_ i q_ i)) ")
end
#修改 G=0. 95G+0. 05I, 使 G 矩阵可逆
G = G. * 0. 95
for i = 1: nsnp
    G[ i, i] = G[ i, i] +0. 05
end
outfile = open( "Gmatrix", "w")
writedlm( outfile, G)
close( outfile)
return G
end
```

由以上函数，标记矩阵求得的 G 矩阵结果如下：

标记矩阵					G 矩阵				
2	1	1	2	0	0. 81	0. 387836	0. 0	0. 76	−0. 38
0	0	1	0	1	0. 387836	0. 366667	0. 0791667	0. 387836	0. 0
1	1	2	1	0	0. 0	0. 0791667	1. 15833	0. 0	−0. 387836
1	1	0	1	2	0. 76	0. 387836	0. 0	0. 81	−0. 38
1	1	2	1	2	−0. 38	0. 0	−0. 387836	−0. 38	1. 57

In [8] : *Gibbs(mme. mmeLhs, sol, mme. mmeRhs, 50000, outFreq = 10000)*   #Gibbs 抽样求解

Out[8] : at sample: 10000

at sample: 20000

at sample: 30000

at sample: 40000

at sample: 50000

5-element Vector{Float64}:

84. 75254310370885

2. 271055268116255

-2. 268079340434824

3. 10816258371331

-2. 1283972672803433

```
function sampleMCMC( nIter, mme, df; outFreq = 100)
    vRes = 1. 0
    vEff = 1. 0
    if size( mme. mmeRhs) = = ( )
        getMME( mme, df)
    end
    p = size( mme. mmeLhs, 1)
    sol = fill( 0. 0, p)
    solMean = fill( 0. 0, p)
    α    = zeros[ Float64, size( mme. M, 2)]
    meanAlpha = zeros[ Float64, size( mme. M, 2)]
    mArray = get_ column_ ref( mme. M)
    mpm = [ dot( mme. M[ :, i], mme. M[ :, i]) for i = 1: size( mme. M, 2)]
    ycorr = mme. ySparse
    for iter = 1: nIter
        #sample non-marker part
        mme. ySparse = ycorr + mme. X * sol
        mme. mmeRhs = mme. X'mme. ySparse
        Gibbs( mme. mmeLhs, sol, mme. mmeRhs)
        ycorr = mme. ySparse - mme. X * sol
        solMean += ( sol - solMean)/iter
        #sample marker
sample_ effects_ ycorr!( mme. M, mArray, mpm, vec( ycorr), α, meanAlpha, vRes, vEff, iter)
      if iter%outFreq = = 0
        println( "at sample: ", iter)
```

```
            end
    end
    output = Dict( )
    output[ "posteriorMeanLocationParms"] = solMean
    output[ "posteriorMeanMarkerEffects"] = meanAlpha
        return output
    end
```

In [9]: *sampleMCMC(1000, mme, df, outFreq = 10)*

Out[9]: Dict{ Any, Any} with 2 entries:

   " posteriorMeanLocationParms " = > [127. 995, 1. 85331, − 1. 82607, 1. 38299,
−1. 0354⋯

   "posteriorMeanMarkerEffects" => [NaN, NaN, NaN, NaN, NaN]

第八章　MCMC 算法

贝叶斯推断（Bayesian inference）是对给定的样本数据配合统计模型，并由模型参数或不可观察的随机变量的后验分布来进行统计推断的过程。其核心特点是用概率的描述来将不确定性定量化。

在贝叶斯的框架内，一个统计系统中的所有未知量都被当成是随机变量。这些未知量可以是总体参数（如总体均数、遗传力等）、随机效应（如个体育种值）、预测值（如某个亲本的后代平均数）、样本数据的抽样分布（如对于给定的参数，样本观察值可能来自正态分布或者 t 分布）等，甚至可以是整个模型本身。贝叶斯推断的基本思想是将在获得样本数据前我们对未知量的了解（用未知量的先验概率分布来表示）与来自样本的信息相结合，从而获得未知量的后验概率分布，再由后验概率分布，用标准的概率计算技术来对未知量进行统计推断。所作出的推断取决于要解决的统计学问题，有时可由某个未知量的边际后验分布推断，有时可由若干个未知量的联合或条件后验分布推断。而贝叶斯分析的结果可以用整个后验分布（或密度函数）来表示，也可用某些后验分布参数（如平均数、中位数、方差、百分位数等）来表示。例如，如果要对某一分布的总体均数进行推断，贝叶斯分析的结果可表示为该均数位于 a 和 b 之间的后验概率是多大。

在本章我们将主要介绍贝叶斯推断中的一些基本概念和基本原理。

第一节　贝叶斯统计

贝叶斯统计源于英国学者贝叶斯（R. T. Bayes）1763 年的论文《论有关机遇问题的求解》（*An Essay Towards Solving a Problem in the Doctrine of Chances*）。后来的学者在此基础上发展了一整套的统计推断的原理和方法，这就是贝叶斯统计。一些学者更是极力主张把贝叶斯的方法作为全部统计推断的合理基础，这些学者所形成的学派称之为贝叶斯学派。对于贝叶斯学派的形成有重要贡献的数学家有：B. De Finetti、H. Jeffreys、I. Good、L. Savage 和 D. Lindley。贝叶斯学派如今已成为与经典学派（即频率学派）并列的两大学派之一，贝叶斯学派和"经典统计"在根本观点上有分歧。所谓"经典统计"，按照 J. O. Berger 中表述的观点，其特点主要有二：一是它只依据样本而不考虑先验知识；二是经典统计推断的"可信度"，一般是"事前决定的"，也就是说，某项统计推断的可信度如何，在进行观察以获得样本 x 以前就决定了，无论得到的具体样本如何，都不对此产生影响，贝叶斯学派在这两个根本点上都与"经典统计"有原则分歧。20 世纪 50 年代，H. Robbins 把经典学派和贝叶斯学派的方法派融合于一体，形成经验贝叶斯（Empirical Bayes，EB）方法。似然函数是贝叶斯学派的基点和支柱，最大似然估计和最大后验估计是其常用的参数估计方法。

一、贝叶斯定理

在现代育种分析中，变量数（如标记数）k 往往超过观察值数量 n。在这种情况下，最小二乘法不能同时估计 k 个变量的效应。一个广泛使用的办法是贝叶斯推断，使用先验信息结合数据信息推断变量效应。在贝叶斯统计中，贝叶斯定理基于条件概率。

假设 X 和 Y 是两个随机变量，其联合分布为 $\Pr(X, Y)$，则给定 Y 条件下 X 概率如下：

$$\Pr(X \mid Y) = \frac{\Pr(X, Y)}{\Pr(Y)} \tag{8.1}$$

此处，$\Pr(Y)$ 是 Y 的概率分布。与式（8.1）类似，给定 X 条件下 Y 的概率如下：

$$\Pr(Y \mid X) = \frac{\Pr(X, Y)}{\Pr(X)} \tag{8.2}$$

将式（8.2）式重排得

$$\Pr(X, Y) = \Pr(Y \mid X)\Pr(X) \tag{8.3}$$

综合式（8.1）、式（8.3）得

$$\Pr(X \mid Y) = \frac{\Pr(X, Y)}{\Pr(Y)}$$
$$= \frac{\Pr(Y \mid X)\Pr(X)}{\Pr(Y)} \tag{8.4}$$

可以使用（8.4）式在给定 Y 的条件下推断 X。

假设我们研究一百万人群中吸烟与癌症的关系：

吸烟\癌症	是	否	总计
是	42 500	7 500	50 000
否	207 500	742 500	950 000
总计	250 000	750 000	1 000 000

利用以上数据，我们计算吸烟者中患癌症的频率。数据中共有 250 000 个吸烟者。其中 42 500 患有癌症。这样，吸烟者的患癌症比例是 $\dfrac{42\ 500}{250\ 000}$。由于以下原因，这个比例也是吸烟个体患癌症的条件概率。

（1）事件发生的概率是大样本条件下其发生的极值；

（2）可以认为这个概率是从 250 000 吸烟者中进行可放回抽样获得的患癌率；

（3）这个概率可以认为是当样本趋近于无限时，相对概率接近于 $\dfrac{42\ 500}{250\ 000} = 0.17$；

（4）这个比例也可以被改写为 $\dfrac{42\ 500/1\ 000\ 000}{250\ 000/1\ 000\ 000} = 0.17$；

（5）上式的分子部分是吸烟和患癌症的联合概率，分母部分是吸烟的边缘概率。

二、贝叶斯推断

贝叶斯概率是由贝叶斯理论所提供的一种对概率的解释，它采用将概率定义为某人对一个命题信任的程度的概念。贝叶斯理论同时也建议贝叶斯定理可以用作根据新的信息导出或者更新现有的置信度的规则。这样，贝叶斯统计可以回答以下这样的问题：

1. 产奶量的遗传力大于 0.5 的概率是多少？

2. 产奶量的变异受超过 100 个位点影响的概率是多少？

这些贝叶斯概率实际上并非为一个随机试验指定发生的概率。

贝叶斯推断的基本步骤如下。

（1）指定参数的先验分布。在全基因组分析中，我们使用概率密度代表我们对标记效应的先验判断，如为 0，接近于 0，或少数标记效应为非 0 值。

（2）以上参数值通过模型或似然函数与数据相联系，即给定参数时数据的条件概率。在全基因组分析中往往使用多元回归模型，其残差服从正态分布。

（3）先验分布和似然函数通过贝叶斯定理得到后验概率，即给定数据时参数的条件分布。

（4）基于后验概率进行参数推断。

令 $f(\theta)$ 表示参数 θ 的先验概率密度，$f(y \mid \theta)$ 为似然函数，则 θ 为后验概率：

$$f(\theta \mid y) = \frac{f(y \mid \theta) f(\theta)}{f(y)} \tag{8.5}$$

$$\propto f(y \mid \theta) f(\theta) \tag{8.6}$$

三、马尔科夫蒙特卡罗（MCMC）

MCMC（Markov Chain Monte Carlo）方法突破了原本极为困难的计算问题，它通过模拟的方式对高维积分进行计算，进而使原本异常复杂的高维积分计算问题迎刃而解。设 $f(\theta \mid y)$ 为一高维函数，即使 $f(\theta \mid y)$ 的计算是可行的，获的 $f(\theta_i \mid y)$ 也需要计算高维积分。因此可以从 $f(\theta \mid y)$ 的经验后验分布抽样来进行统计推断。吉布斯抽样（Gibbs sampler）是经常使用的方法之一。

假设由 $f(x_1, x_2, \cdots, x_n)$ 抽样，即使计算可行，直接抽样经常也是十分困难的。Gibbs 抽样的步骤如下：

（1）给定初始值 x^0；

（2）抽取 x^t

$$x_1^t \sim f(x_1 \mid x_2^{t-1}, x_3^{t-1}, \cdots, x_n^{t-1})$$

$$x_2^t \sim f(x_2 \mid x_1^t, x_3^{t-1}, \cdots, x_n^{t-1})$$

$$x_3^t \sim f(x_3 \mid x_1^t, x_2^t, \cdots, x_n^{t-1})$$

$$\vdots$$

$$x_n^t \sim f(x_n \mid x_1^t, x_2^t, \cdots, x_{n-1}^t)$$

由 $x^1, x^2, \cdots, x^n$ 构成"平稳分布"（Stationary Distribution）为 $f(x_1, x_2, \cdots, x_n)$ 的马尔科夫链，可由此进行统计推断，具有如下性质：

（1）不可约性：由任一状态 i 出发可抵达另一任意状态 j；

（2）正递归性：可在有限时间内抵达任一状态。

四、贝叶斯推断在线性模型中的应用

简单线性模型的参数可用贝叶斯统计估计，这里分别使用 Gibbs 抽样和最小二乘法对以下模型的截距、斜率和剩余方差进行估计。

$$y_i = \beta_0 + x_i\beta_1 + e_i \tag{8.7}$$

此处，第 i 个观察值为 y_i，β_0 是截距，β_1 是斜率，x_i 是自变量，e_i 是残差；截距和斜率的先验分布为均匀分布；残差服从独立同分布的正态分布 $N(0, \sigma_e^2)$，σ_e^2 的先验分布为逆卡方分布。上式的矩阵形式为

$$y = X\beta + e$$

此处

$$X = \begin{bmatrix} 1 & x_1 \\ 1 & x_2 \\ \vdots & \vdots \\ 1 & x_n \end{bmatrix}$$

因此，β 的最小二乘估计为 $\hat{\beta} = (X'X)^{-1}X'y$，其方差为 $Var(\hat{\beta}) = (X'X)^{-1}\sigma_e^2$。

以下由贝叶斯推断估计参数，从 $f(\beta \mid y, \sigma_e^2)$ 抽取 β，使用贝叶斯定理，其条件密度为

$$f(\beta \mid y, \sigma_e^2) = \frac{f(y \mid \beta, \sigma_e^2) f(\beta) f(\sigma_e^2)}{f(y, \sigma_e^2)}$$

$$\propto f(y \mid \beta, \sigma_e^2) f(\beta) f(\sigma_e^2) \qquad (8.8)$$

$$\propto f(y \mid \beta, \sigma_e^2)$$

$$= (2\pi\sigma_e^2)^{-n/2} \exp\left\{ -\frac{1}{2} \frac{(y - X\beta)'(y - X\beta)}{\sigma_e^2} \right\}$$

（8.8）式为 n 维正态分布，平均值为 $X\beta$，协方差矩阵为 $I\sigma_e^2$。因为 $f(\beta \mid y, \sigma_e^2)$ 是二维密度函数，所以（8.8）式指数部分二次型 $Q = (y - X\beta)'(y - X\beta)$ 可以重排为：

$$Q = (y - X\beta)'(y - X\beta)$$

$$= y'y - 2y'X\beta + \beta'(X'X)\beta \qquad (8.9)$$

$$= y'y + (\beta - \hat{\beta})'(X'X)(\beta - \hat{\beta}) - \hat{\beta}'(X'X)\hat{\beta}$$

此处 $\hat{\beta}$ 是 $(X'X)\hat{\beta} = X'y$ 的解，即用最小二乘估计的 β。在（8.9）式中只有第二部分与 β 有关。这样，$f(\beta \mid y, \sigma_e^2)$ 能被写为

$$f(\beta \mid y, \sigma_e^2) \propto \exp\left\{ -\frac{1}{2} \frac{(\beta - \hat{\beta})'(X'X)(\beta - \hat{\beta})}{\sigma_e^2} \right\}$$

上式右侧部分为均值 $\hat{\beta}$，方差为 $(X'X)^{-1}\sigma_e^2$ 的二元正态分布，这样为了简单起见，此处设 β 后验分布的均值为上面的最小二乘解，使用 Gibbs 抽样法在本例子中没有必要，这里只是为了阐明 Gibbs 抽样如何使用。为了对 β 进行抽样，将上面的线性模型改写为：

$$y = 1\beta_0 + x\beta_1 + e$$

在 Gibbs 抽样中，β_0 的完全后验分布为 $f(\beta_0 \mid y, \beta_1, \sigma_e^2)$，由此可以计算当前抽样的 β_1 和 σ_e^2，因此我们可将模型改写为

$$w_0 = 1\beta_0 + e$$

此处，$w_0 = y - x\beta_1$，则 β_0 的最小二乘估计为

$$\hat{\beta}_0 = \frac{1' w_0}{1' 1}$$

此估计值的方差为

$$Var(\hat{\beta}_0) = \frac{\sigma_e^2}{1' 1}$$

β_0 的完全条件后验分布为均值 $\hat{\beta}_0$，方差 $\frac{\sigma_e^2}{1' 1}$ 的正态分布。与此类似，β_1 的完全条件后验分布也是正态分布，其均值为

$$\hat{\beta}_1 = \frac{x' w_1}{x' x}$$

方差为 $\dfrac{\sigma_e^2}{x'x}$，$w_1 = y - 1\beta_0$。此处，我们使用 σ_e^2 的真值进行计算。

σ_e^2 的完全条件后验分布为逆卡方分布，其密度函数为

$$f(\sigma_e^2) = \frac{(S_e^2 v_e/2)^{v/2}}{\Gamma(v_e/2)} (\sigma_e^2)^{-(2+v_e)/2} \exp\left\{-\frac{v_e S_e^2}{2\sigma_e^2}\right\} \tag{8.10}$$

此处 S_e^2 和 v_e 分别为尺度参数和自由度，由贝叶斯定理合并先验分布和似然函数式 (8.8)，剩余方差的完全后验分布为：

$$\begin{aligned} f(\sigma_e^2 \mid y, \beta) &= \frac{f(y \mid \beta, \sigma_e^2) f(\beta) f(\sigma_e^2)}{f(y, \beta)} \\ &\propto f(y \mid \beta, \sigma_e^2) f(\beta) f(\sigma_e^2) \\ &\propto (\sigma_e^2)^{-n/2} \exp\left\{-\frac{1}{2}\frac{(y - X\beta)'(y - X\beta)}{\sigma_e^2}\right\} \\ &\quad \times (\sigma_e^2)^{-(2+v_e)/2} \exp\left\{-\frac{v_e S_e^2}{2\sigma_e^2}\right\} \\ &= (\sigma_e^2)^{-(n+2+v_e)/2} \exp\left(-\frac{(y - X\beta)'(y - X\beta) + v_e S_e^2}{2\sigma_e^2}\right) \end{aligned} \tag{8.11}$$

比较 (8.10) 式和 (8.11) 式，可以看出其服从自由度为 $\tilde{v}_e = n + v_e$，尺度参数为 $\tilde{S}_e^2 = \dfrac{(y - X\beta)'(y - X\beta) + v_e S_e^2}{\tilde{v}_e}$ 的逆卡方分布，因此 σ_e^2 可由 $\dfrac{(y - X\beta)'(y - X\beta) + v_e S_e^2}{\chi_{\tilde{v}_e}^2}$ 抽样获得，此处 $\chi_{\tilde{v}_e}^2$ 是自由度为 $\tilde{v}_e$ 的卡方分布。

斜率 β_1 的先验分布为正态分布 $N(0, \sigma_\beta^2)$，且 σ_β^2 已知时的参数推断，设模型为：

$$y = 1\beta_0 + x\beta_1 + e$$

此处，我们假设 β_0 的先验分布为均匀分布，参数 $\theta' = [\beta, \sigma_e^2]$ 的完全后验分布为

$$\begin{aligned} f(\theta \mid y) &\propto f(y \mid \theta) f(\theta) \\ &\propto (\sigma_e^2)^{-n/2} \exp\left\{-\frac{(y - 1\beta_0 - x\beta_1)'(y - 1\beta_0 - x\beta_1)}{2\sigma_e^2}\right\} \\ &\quad \times (\sigma_\beta^2)^{-1/2} \exp\left\{-\frac{\beta_1^2}{2\sigma_\beta^2}\right\} \\ &\quad \times (\sigma_e^2)^{-(2+v_e)/2} \exp\left\{-\frac{v_e S_e^2}{2\sigma_e^2}\right\} \end{aligned}$$

β_1 的完全条件分布可去除所有与 β_1 无关的项而获得：

$$f(\beta_1 \mid ELSE) \propto \exp\left\{-\frac{(y - 1\beta_0 - x\beta_1)'(y - 1\beta_0 - x\beta_1)}{2\sigma_e^2}\right\} \times \left\{-\frac{\beta_1^2}{2\sigma_\beta^2}\right\}$$

$$\propto \exp\left\{-\frac{w'w - 2w'x\beta_1 + \beta_1^2(x'x + \sigma_e^2/\sigma_\beta^2)}{2\sigma_e^2}\right\}$$

$$\propto \exp\left\{-\frac{w'w - (\beta_1 - \hat{\beta}_1)^2(x'x + \sigma_e^2/\sigma_\beta^2) - \hat{\beta}_1^2(x'x + \sigma_e^2/\sigma_\beta^2)}{2\sigma_e^2}\right\}$$

$$\propto \exp\left\{-\frac{(\beta_1 - \hat{\beta}_1)^2}{\dfrac{2\sigma_e^2}{(x'x + \sigma_e^2/\sigma_\beta^2)}}\right\}$$

此处，$\hat{\beta}_1 = \dfrac{x'w}{(x'x + \sigma_e^2/\sigma_\beta^2)}$，$w = y - 1\beta_0$，因此 β_1 的完全条件后验分布为平均数 $\hat{\beta}_1$，方差

为 $\dfrac{2\sigma_e^2}{(x'x + \sigma_e^2/\sigma_\beta^2)}$ 的正态分布。

第二节　Julia 语言的实现

1. 模拟数据

In [1]: *using Distributions*

　　　using StatsBase

　　　$n = 20$　　#观察值数量

　　　$k = 1$　　　#协变量数量

　　　$x = sample([0, 1, 2], (n, k))$

　　　$X = hcat(ones(Int64, n), x)$

　　　$betaTrue = [1, 2]$

　　　$y = X * betaTrue + randn(n);$

2. 由最小二乘法估计参数

In[2]: $XPX = X'X$

　　　$rhs = X'y$

　　　$XPXi = inv(XPX)$

　　　$println(XPXi)$　　# $(X'X)^{-1}$

Out[2]：[0. 16363636363636364　−0. 09090909090909091

　　　　−0. 09090909090909091　0. 072727272727272774]

In [3]: $betaHat = XPXi * rhs$

$$println(\ betaHat\ ) \qquad \# \hat{\beta}$$

Out[3]: [0.6986138506616033, 2.293983905821345]

In [4]: $eHat = y - X * betaHat$

$$resVar = eHat'eHat/(n-2)$$

$$println(\ resVar) \qquad \# \sigma_e^2$$

Out[4]: [0.45974834730130465]

3. Gibbs 抽样

In [5]: $niter = 10000$ #迭代次数

$b = [0.0,\ 0.0]$

$meanB = [0.0,\ 0.0]$

$a = Float64[\ ]$

$foriter = 1: niter$

　　#对截距抽样

　　$w = y - X[:,2]\ *\ b[2]$

　　$x = X[:,1]$

　　$xpxi = 1/(x'x)[1,1]$

　　$bHat = (\ xpxi * x'w)[1,1]$

　　$b[1] = rand(\ Normal(bHat,\ sqrt(xpxi)))$　　#剩余方差 = 1

　　#对斜率抽样

　　$w = y - X[:,1] * b[1]$

　　$x = X[:,2]$

　　$xpxi = 1/(x'x)[1,1]$

　　$bHat = (\ xpxi * x'w)[1,1]$

　　$b[2] = rand(\ Normal(bHat,\ sqrt(xpxi)))$　　#剩余方差 = 1

　　$meanB = meanB + b$

　　$push!\ (\ a,b[2])$

　　$if\ ((\ iter\%1000) = = 0)$

　　　　$@printf(\ "Intercept = \%6.3f\ \backslash n",\ meanB[1]/iter)$

　　　　$@printf(\ "Slope \quad = \%6.3f\ \backslash n",\ meanB[2]/iter)$

　　end

　end

Out[5]: Intercept = 　0.725

　　　Slope = 　2.283

Intercept =　0. 695

Slope 　　=　2. 301

Intercept =　0. 700

Slope 　　=　2. 297

Intercept =　0. 702

Slope 　　=　2. 294

Intercept =　0. 700

Slope 　　=　2. 294

Intercept =　0. 696

Slope 　　=　2. 296

Intercept =　0. 699

Slope 　　=　2. 294

Intercept =　0. 709

Slope 　　=　2. 287

Intercept =　0. 714

Slope 　　=　2. 283

Intercept =　0. 712

Slope 　　=　2. 285

In [6] : *using Gadfly*

myplot = plot(x = a, Geom. histogram,

Guide. title("Posterior distribution of β1"),

Guide. ylabel("Frequency"),

Guide. xlabel("β1"))

draw(PNG("beta. png", 4inch, 3inch), myplot)

Out[6] :

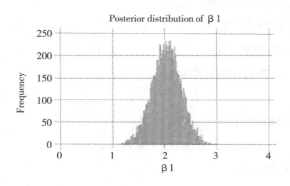

例 1 依据上述 Julia 代码，将其扩展为对 σ_e^2 完全后验条件的抽样，在 Julia 语言中可以使用 $rand$（$Chisq$（v），1）产生服从自由度为 v 的卡方分布的随机数。假设有如下线性模型：

$$y_i = a + bx_i + e_i$$

此处，y_i 为观察值，a 为截距，b 为独立自变量，e_i 为剩余效应；截距和斜率的先验分布为均匀分布，残差的先验分布为独立同分布的正态分布，其平均数为 0，方差为 σ_e^2，且 σ_e^2 的先验分布也为均匀分布。

1. 模拟数据

```
In [7]: using Distributions

        usingStatsBase

        n = 1000      #观察值数量

        k = 1      #协变量数量

        x = sample([0, 1, 2], (n, k))

        X = hcat(ones(Int64, n), x)

        a = 1      #截距效应

        b = 3      #协变量效应

        y = X * [a, b] + randn(n);
```

2. 最小二乘法

```
In [8]: lhs = X'X

        rhs = X'y

        a, b = lhs \ rhs

        res = y-X * [a, b]

        sigma2 = res'res/(n-2)

        println("a is ", a)

        println("b is ", b)

        println("sigma2 is ", sigma2[1, 1])

Out[8]: a is 1.0060280661122776

        b is 2.989354973917022

        sigma2 is 1.0397210048334844
```

3. Gibbs 抽样法

将以上模型写为矩阵形式：

$$y = 1 a + xb + e$$

Gibbs 抽样的第 i 步迭代为

$$a^{(j)} \sim N\left(\frac{1'(y-xb)}{1'1}, \frac{\sigma_e^2}{1'1}\right)$$

$$b^{(j)} \sim N\left(\frac{x'(y-1a)}{x'x}, \frac{\sigma_e^2}{x'x}\right)$$

$$\sigma_e^{2(j)} \sim \frac{(y-1a-xb)'(y-1a-xb)}{\chi^2_{n-2}}$$

In [9]: $a = 0$

$b = 0$

$sigma2 = 2$

$niter = 1000$

$ones = X[:, 1]$ #第一列

$x = X[:, 2]$ #协变量

$n = length(y)$

$mean\_a = 0$

$mean\_b = 0$

$mean\_sigma2 = 0$

$chain = Float64[\,]$

$foriter = 1: niter$

#对 a 进行抽样

$rhs = ones' * (y-x * b)$

$lhs = ones'ones$

$mean = (lhs \backslash rhs)[1, 1]$

$var = sigma2/lhs[1, 1]$

$a = rand(Normal(mean, sqrt(var)))$

#对 b 进行抽样

$rhs = x' * (y-ones * a)$

$lhs = x'x$

$mean = (lhs \backslash rhs)[1, 1]$

$var = sigma2/lhs[1, 1]$

$b = rand(Normal(mean, sqrt(var)))$

#对 σ_e^2 进行抽样

$res = y-ones * a-x * b$

$SSE = (res'res)[1, 1]$

```
sigma2 = SSE/rand( Chisq( n-2) )
mean_a = mean_a+a
mean_b = mean_b+b
mean_sigma2 = mean_sigma2+sigma2
push! ( chain, mean_a/iter)
#输出结果
if( iter%200 = = 0)
    @ printf( "a= %6. 3f \ \n", mean_a/iter)
    @ printf( "b= %6. 3f \ \n", mean_b/iter)
    @ printf( "sigma2= %6. 3f \ \n", mean_sigma2/iter)
  end
end
```

Out[9] :　a = 1. 011

　　　　　b = 3. 006

　　　　　sigma2 = 1. 025

　　　　　a = 0. 988

　　　　　b = 3. 020

　　　　　sigma2 = 1. 008

　　　　　a = 0. 976

　　　　　b = 3. 028

　　　　　sigma2 = 1. 003

　　　　　a = 0. 970

　　　　　b = 3. 032

　　　　　sigma2 = 1. 000

　　　　　a = 0. 968

　　　　　b = 3. 033

　　　　　sigma2 = 0. 998

In [10] :　*myplot=plot(x =[1: 1000] , y = chain[1: 1000] ,*

　　　　　Geom. line, Guide. xlabel (" iterations") , Guide. ylabel (" alpha") , Guide. title (" Trace

　　　　　Plot"))

Out[10] :

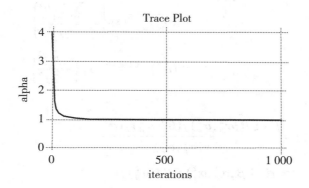

读者可以将以上例子自行扩展为：模拟均值为0，方差为3的服从正态分布的1 000个β_1；使用$\beta_0 = 1$，$\beta_1 = 2$ 和$\sigma_e^2 = 5$ 产生y观察值，并使用简单线性模型进行估计；使用 Gibbs 抽样法从β_1的后验分布抽样10 000次，计算这些样本的均值和方差，并使用 Julia 语言画出抽样的分布图与先验分布进行比较。（答案见第六节）

第三节　贝叶斯统计在多元线性模型中的应用

假设有如下多元线性模型

$$y_i = \beta_0 + \sum_j x_{ij}\beta_j + e_i \tag{8.12}$$

此模型可以看做以上一元线性模型增加协变量后的扩展。（8.12）式可以写成如下矩阵形式：

$$y = X\beta + e$$

此处$\beta' = [\beta_0, \beta_1, \beta_2, \cdots, \beta_k]$ ，矩阵X为相应的设计矩阵。

一、多元线性模型系数的先验分布

设β_0的先验分布为均匀分布，其余β的先验分布为独立同分布（iid）的正态分布：

$$\beta_j \sim N(0, \sigma_\beta^2) \quad , j = 1, 2, \cdots, k$$

这里假设σ_β^2已知，剩余效应服从均值为0，方差为σ_e^2正态分布，此处σ_e^2服从逆卡方分布，参数θ的联合后验分布为：

$$f(\theta|y) \propto f(y|\theta)f(\theta)$$

$$\propto (\sigma_e^2)^{-n/2}\exp\left\{-\frac{(y - X\beta)'(y - X\beta)}{2\sigma_e^2}\right\}$$

$$\times (\sigma_\beta^2)^{-k/2} \exp\left\{-\frac{\sum_{j=1}^k \beta_j^2}{2\sigma_\beta^2}\right\}$$

$$\times (\sigma_e^2)^{-(2+v_e)/2} \exp\left\{-\frac{v_e S_e^2}{2\sigma_e^2}\right\}$$

β 的后验分布为

$$f(\beta \mid y, \sigma_\beta^2, \sigma_e^2) = \frac{f(y \mid \beta, \sigma_\beta^2, \sigma_e^2) f(\beta \mid \sigma_\beta^2) f(\sigma_e^2)}{f(y, \sigma_\beta^2, \sigma_e^2)}$$

$$\propto f(y \mid \beta, \sigma_\beta^2, \sigma_e^2) f(\beta \mid \sigma_\beta^2) f(\sigma_e^2)$$

$$\propto f(y \mid \beta, \sigma_\beta^2, \sigma_e^2) f(\beta \mid \sigma_\beta^2)$$

$$\propto (\sigma_e^2)^{-n/2} \exp\left\{-\frac{(y - X\beta)'(y - X\beta)}{2\sigma_e^2}\right\}$$

$$\times (\sigma_\beta^2)^{-k/2} \exp\left\{-\frac{\sum_{j=1}^k \beta_j^2}{2\sigma_\beta^2}\right\}$$

$$\propto \exp\left\{-\frac{(y - X\beta)'(y - X\beta) + \sum_{j=1}^k \beta_j^2 \frac{\sigma_e^2}{\sigma_\beta^2}}{2\sigma_e^2}\right\}$$

$$\propto \exp\left\{-\frac{y'y - 2y'X\beta + \beta'\left(X'X + D\frac{\sigma_e^2}{\sigma_\beta^2}\right)\beta}{2\sigma_e^2}\right\}$$

$$\propto \exp\left\{-\frac{y'y - (\beta - \hat{\beta})'\left(X'X + D\frac{\sigma_e^2}{\sigma_\beta^2}\right)(\beta - \hat{\beta}) - \hat{\beta}'\left(X'X + D\frac{\sigma_e^2}{\sigma_\beta^2}\right)\hat{\beta}}{2\sigma_e^2}\right\}$$

$$\propto \exp\left\{-\frac{(\beta - \hat{\beta})'\left(X'X + D\frac{\sigma_e^2}{\sigma_\beta^2}\right)(\beta - \hat{\beta})}{2\sigma_e^2}\right\}$$

因为

$$\left(X'X + D\frac{\sigma_e^2}{\sigma_\beta^2}\right)\hat{\beta} = X'y \tag{8.13}$$

式 (8.13) 中 D 为对角线元素，其第一个对角线元素为 0，其余对角线元素为 1，这样 β 的完全条件后验分布为正态分布，其均值可由式 (8.13) 得到，方差为 $\left(X'X + D\frac{\sigma_e^2}{\sigma_\beta^2}\right)^{-1}\sigma_e^2$。$\beta_0$ 和 σ_e^2 的完全条件后验分布和上一节的简单线性模型相同。β_j 的完全条件后验分布可以去除与其无关的项而得到：

$$f(\beta_j \mid ELSE) \propto \exp\left\{-\frac{(w_j - x_j\beta_j)'(w_j - x_j\beta_j)}{2\sigma_e^2}\right\} \times \exp\left\{-\frac{\beta_j^2}{2\sigma_\beta^2}\right\}$$

$$\propto \exp\left\{-\frac{w'_j w_j - 2w'_j x_j \beta_j + \beta_j^2 (x'_j x_j + \sigma_e^2/\sigma_\beta^2)}{2\sigma_e^2}\right\}$$

$$\propto \exp\left\{-\frac{w'_j w_j - (\beta_j - \hat{\beta}_j)^2 (x'_j x_j + \sigma_e^2/\sigma_\beta^2) - \hat{\beta}_j^2 (x'_j x_j + \sigma_e^2/\sigma_\beta^2)}{2\sigma_e^2}\right\}$$

$$\propto \exp\left\{-\frac{(\beta_j - \hat{\beta}_j)^2}{\dfrac{2\sigma_e^2}{(x'_j x_j + \sigma_e^2/\sigma_\beta^2)}}\right\}$$

此处

$$\hat{\beta}_j = \frac{x'_j w_j}{(x'_j x_j + \sigma_e^2/\sigma_\beta^2)}$$

上式中 $w_j = y - \sum_{l \neq j} x_l \beta_l$，因此 β_j 的完全条件后验分布为均值 $\hat{\beta}_j$，方差 $\dfrac{\sigma_e^2}{(x'_j x_j + \sigma_e^2/\sigma_\beta^2)}$ 的正态分布。

二、σ_β^2 未知时的模型

在上几节中我们认为先验分布中的 σ_β^2 是已知的，这里我们假设 σ_β^2 是未知的，服从尺度参数为 S_β^2、自由度为 v_β 的逆卡方分布。此时参数的联合后验分布为

$$f(\theta \mid y) \propto f(y \mid \theta) f(\theta)$$

$$\propto (\sigma_e^2)^{-n/2} \exp\left\{-\frac{(y - X\beta)'(y - X\beta)}{2\sigma_e^2}\right\}$$

$$\times (\sigma_\beta^2)^{-k/2} \exp\left\{-\frac{\sum_{j=1}^{k} \beta_j^2}{2\sigma_\beta^2}\right\}$$

$$\times (\sigma_\beta^2)^{-(2+v_\beta)/2} \exp\left\{-\frac{v_\beta S_\beta^2}{2\sigma_\beta^2}\right\}$$

$$\times (\sigma_e^2)^{-(2+v_e)/2} \exp\left\{-\frac{v_e S_e^2}{2\sigma_e^2}\right\}$$

σ_β^2 的完全条件后验分布为

$$f(\sigma_\beta^2 \mid y, \beta, \sigma_e^2) \propto (\sigma_\beta^2)^{-k/2} \exp\left\{-\frac{\sum_{j=1}^{k} \beta_j^2}{2\sigma_\beta^2}\right\}$$

$$\times (\sigma_\beta^2)^{-(2+v_\beta)/2} \exp\left\{-\frac{v_\beta S_\beta^2}{2\sigma_\beta^2}\right\}$$

$$\propto (\sigma_\beta^2)^{-(2+k+v_\beta)/2} \exp\left\{-\frac{\sum_{j=1}^{k}\beta_j^2 + v_\beta S_\beta^2}{2\sigma_\beta^2}\right\}$$

上式可被认为是服从自由度为 $\tilde{v}_\beta = k + v_\beta$，尺度参数为 $\tilde{S}_\beta^2 = \left(\sum_{j=1}^{k}\beta_j^2 + v_\beta S_\beta^2\right)/\tilde{v}_\beta$ 的逆卡

方分布，抽样过程可由 $\dfrac{\sum_{j=1}^{k}\beta_j^2 + v_\beta S_\beta^2}{\chi_{\tilde{v}_\beta}^2}$ 获的。

三、协变量方差未知的模型

设模型协变量 j 的先验分布为均值是 0，方差是 σ_j^2 的正态分布，此处 σ_j^2 的先验分布为尺度参数 S_β^2，自由度为 v_β 的逆卡方分布，模型的联合后验分布为：

$$f(\theta \mid y) \propto f(y \mid \theta) f(\theta)$$

$$\propto (\sigma_e^2)^{-n/2} \exp\left\{-\frac{(y-X\beta)'(y-X\beta)}{2\sigma_e^2}\right\}$$

$$\times \prod_{j=1}^{k}(\sigma_j^2)^{-1/2} \exp\left\{-\frac{\beta_j^2}{2\sigma_j^2}\right\}$$

$$\times \prod_{j=1}^{k}(\sigma_j^2)^{-(2+v_\beta)/2} \exp\left\{-\frac{v_\beta S_\beta^2}{2\sigma_j^2}\right\}$$

$$\times (\sigma_e^2)^{-(2+v_e)/2} \exp\left\{-\frac{v_e S_e^2}{2\sigma_e^2}\right\}$$

由上式可知

(1) β_j 的完全条件后验分布是正态分布，其均值：

$$\hat{\beta}_j = \frac{x'_j w_j}{(x'_j x_j + \sigma_e^2/\sigma_j^2)}$$

其方差为

$$\frac{\sigma_e^2}{(x'_j x_j + \sigma_e^2/\sigma_j^2)}$$

(2) σ_j^2 的完全条件后验分布是自由度为 $\tilde{v}_\beta = 1 + v_\beta$，尺度参数为 $\tilde{S}_\beta^2 = (\beta_j^2 + v_\beta S_\beta^2)/\tilde{v}_\beta$ 的逆

卡方分布，可由 $\dfrac{\beta_j^2 + v_\beta S_\beta^2}{\chi_{\tilde{v}_\beta}^2}$ 进行抽样。

(3) 另外，β_j 服从自由度为 v_β，均值为 0，尺度参数为 S_β^2 的 t 分布。

四、回归系数的先验分布为混合分布

此处,设截距 μ 的先验分布为均匀分布,斜率 j 的先验分布为混合分布:

$$\beta_j = \begin{cases} 0 & \Pr = \pi \\ \sim N(0,\sigma_\beta^2) & \Pr = (1-\pi) \end{cases}$$

此处, σ_β^2 服从尺度参数是 S_β^2 ,自由度为 v_β 的逆卡方分布。为了应用 Gibbs 抽样,将 β_j 改写为

$$\beta_j = \delta_j \gamma_j$$

此处, δ_j 服从 Bernoulli 分布,以 $1-\pi$ 的概率等于 1:

$$\delta_j = \begin{cases} 0 & \Pr = \pi \\ 1 & \Pr = (1-\pi) \end{cases}$$

γ_j 服从均值为 0,方差为 σ_β^2 的正态分布,家畜生产性状的表型值模型可以写为

$$y_i = \mu + \sum_{j=1} X_{ij}\gamma_j\delta_j + e_i$$

所有参数的联合完全条件后验分布如下,此处 θ 表示所有的参数。

$$f(\theta \mid y) \propto f(y \mid \theta) f(\theta)$$

$$\propto (\sigma_e^2)^{-n/2}\exp\left\{-\frac{\left(y - 1\mu - \sum X_j\gamma_j\delta_j\right)'\left(y - 1\mu - \sum X_j\gamma_j\delta_j\right)}{2\sigma_e^2}\right\}$$

$$\times \prod_{j=1}^k (\sigma_\beta^2)^{-1/2}\exp\left\{-\frac{\gamma_j^2}{2\sigma_\beta^2}\right\}$$

$$\times \prod_{j=1}^k \pi^{(1-\delta_j)}(1-\pi)^{\delta_j}$$

$$\times (\sigma_\beta^2)^{-(2+v_\beta)/2}\exp\left\{-\frac{v_\beta S_\beta^2}{2\sigma_\beta^2}\right\}$$

$$\times (\sigma_e^2)^{-(2+v_e)/2}\exp\left\{-\frac{v_e S_e^2}{2\sigma_e^2}\right\}$$

截距 μ 的完全条件后验分布为均值为 $\hat\mu$,方差为 $\dfrac{\sigma_e^2}{n}$ 的正态分布,此处 $\hat\mu$ 为以下模型 μ 的最小二乘解。

$$y - \sum_{j=1}^k X_j\gamma_j\delta_j = 1\mu + e$$

上述模型的方差估计值为 $\dfrac{\sigma_e^2}{n}$, n 为观察值个数。

γ_j 的完全条件后验分布为

$$f(\gamma_j \mid ELSE) \propto \exp\left\{-\frac{(w_j - X_j\gamma_j\delta_j)'(w_j - X_j\gamma_j\delta_j)}{2\sigma_e^2}\right\}$$

$$\times \exp\left\{-\frac{\gamma_j^2}{2\sigma_\beta^2}\right\}$$

$$\propto \exp\left\{-\frac{[w'_jw_j - 2w'_jX_j\gamma_j\delta_j + \gamma_j^2(x'_jx_j\delta_j + \sigma_e^2/\sigma_\beta^2)]}{2\sigma_e^2}\right\}$$

$$\propto \exp\left\{-\frac{(\gamma_j - \hat{\gamma}_j)^2}{\dfrac{2\sigma_e^2}{(x'_jx_j\delta_j + \sigma_e^2/\sigma_\beta^2)}}\right\}$$

此处，$w_j = y - 1\mu - \sum_{l \neq j} X_l\gamma_l\delta_l$，因此 γ_j 的完全条件后验分布为正态分布，其平均值为

$$\hat{\gamma}_j = \frac{X'_jw_j\delta_j}{(x'_jx_j\delta_j + \sigma_e^2/\sigma_\beta^2)}$$

其方差为

$$\frac{\sigma_e^2}{(x'_jx_j\delta_j + \sigma_e^2/\sigma_\beta^2)}$$

δ_j 的完全条件后验概率为

$$\Pr(\delta_j = 1 \mid ELSE) \propto \frac{h(\delta_j = 1)}{h(\delta_j = 1) + h(\delta_j = 0)}$$

此处，$h(\delta_j) = \pi^{(1-\delta_j)}(1-\pi)^{\delta_j}\exp\left\{-\frac{(w_j - X_j\gamma_j\delta_j)'(w_j - X_j\gamma_j\delta_j)}{2\sigma_e^2}\right\}$

σ_β^2 的完全条件后验分布为

$$f(\sigma_\beta^2 \mid ELSE) \propto (\sigma_\beta^2)^{-k/2}\exp\left\{-\frac{\sum_{j=1}^{k}\gamma_j^2}{2\sigma_\beta^2}\right\}$$

$$\times (\sigma_\beta^2)^{-(v_\beta+2)/2}\exp\left\{-\frac{v_\beta S_\beta^2}{2\sigma_\beta^2}\right\}$$

$$\propto (\sigma_\beta^2)^{-(k+v_\beta+2)/2}\exp\left\{-\frac{\sum_{j=1}^{k}\gamma_j^2 + v_\beta S_\beta^2}{2\sigma_\beta^2}\right\}$$

上式服从自由度为 $\tilde{v}_\beta = v_\beta + k$，尺度参数为 $\tilde{S}_\beta^2 = \left(\sum_{j=1}^{k}\gamma_j^2 + v_\beta S_\beta^2\right)/\tilde{v}_\beta$ 的逆卡方分布。

π 的完全条件后验分布为

$$f(\pi \mid ELSE) \propto \pi^{(k-\sum_{j=1}^{k}\delta_j)}(1-\pi)^{\sum_{j=1}^{k}\delta_j}$$

上式服从参数 $a = k - \sum_{j=1}^{k} \delta_j + 1$ 和 $b = \sum \delta_j + 1$ 的 Beta 分布。

σ_e^2 的完全条件后验分布为

$$f(\sigma_e^2 \mid ELSE) \propto (\sigma_e^2)^{-n/2} \exp\left\{ - \frac{(y - 1\mu - \sum X_j \gamma_j \delta_j)'(y - 1\mu - \sum X_j \gamma_j \delta_j)}{2\sigma_e^2} \right\}$$

$$\times (\sigma_e^2)^{-(v_e+2)/2} \exp\left\{ - \frac{v_e S_e^2}{2\sigma_e^2} \right\}$$

$$\propto (\sigma_e^2)^{-(n+2+v_e)/2} \exp\left\{ - \frac{(y - 1\mu - \sum X_j \gamma_j \delta_j)'(y - 1\mu - \sum X_j \gamma_j \delta_j) + v_e S_e^2}{2\sigma_e^2} \right\}$$

上式服从自由度为 $\tilde{v}_e = n + v_e$ ，尺度参数为 $\tilde{S}_e^2 = \dfrac{(y - 1\mu - \sum X_j \gamma_j \delta_j)'(y - 1\mu - \sum X_j \gamma_j \delta_j) + v_e S_e^2}{\tilde{v}_e}$

的逆卡方分布。

读者可以用 Julia 语言实现以上过程：令 $\beta_0 = 1$ ， $\sigma_\beta^2 = 0.1$ ， $\sigma_e^2 = 1.0$ ，产生有 $k = 15$ 协变量，10 个观察值的多变量模型。使用 Gibbs 抽样法对 β 进行推断，计算 β 的后验平均数，并计算协变量的后验方差–协方差矩阵（答案见第六节）。

第四节　贝叶斯统计示例

一、Gibbs 抽样结果的交互式输出

使用 Julia 交互式输出方式，可以有效地观察 Gibbs 抽样的输出结果。

```
In [11]: using Gadfly, Interact, Compose
         using Reactive
         using Distributions
         #模拟数据
         niter = nrow = 200
         m = [0, 0]
         v = [1.0 0.6
             0.6 1.0];
         ncol = 2
         ypair = Array(Float64, nrow, ncol);
         y = Array(Float64, 1, 2)
```

```
s12 = sqrt( v[1, 1] − v[1, 2] * v[1, 2]/v[2, 2]);
s21 = sqrt( v[2, 2] − v[1, 2] * v[1, 2]/v[1, 1]);
for ( iter in 1: niter)
m12 = m[1] + v[1, 2]/v[2, 2] * ( y[2] − m[2]);
y[1] = rand( Normal( m12, s12));
m21 = m[2] + v[1, 2]/v[1, 1] * ( y[1] − m[1]);
y[2] = rand( Normal( m21, s21));
ypair[ iter, : ] = y
end
lower_1 = m[1] −3 * v[1, 1]
upper_1 = m[1] +3 * v[1, 1]
lower_2 = m[2] −3 * v[2, 2]
upper_2 = m[2] +3 * v[2, 2];
#交互式输出
gady1, gady2 = [ ypair[1, 1]], [ ypair[1, 2]]
fori = 2: niter
    push!( gady1, ypair[ i−1, 1])
    push!( gady2, ypair[ i, 2])
    push!( gady1, ypair[ i, 1])
    push!( gady2, ypair[ i, 2])
end
set_ default_ plot_ size( 10cm, 10cm)        #设置图片大小
@ manipulate for n = 1: niter
    Gadfly. plot(
    y = gady1[ 1: ( n−2)], x = gady2[ 1: ( n−2)],
    Geom. point,
    Guide. ylabel( "Trait 2"),
    Guide. xlabel( "Trait 1"),
    Guide. title( "Bivariate Samples − Gibbs Sampling"),
    Theme( default_ color = colorant"orange", default_ point_ size = 4pt),
    Scale. x_ continuous( minvalue = −5, maxvalue = 5),
    Scale. y_ continuous( minvalue = −5, maxvalue = 5),
    layer( y = [ gady1[ n−1]], x = [ gady2[ n−1]],
```

```
    Geom. point,
    Theme( default_ color=colorant"blue", default_ point_ size=4pt)),
layer( y=[gady1[n]], x=[gady2[n]],
    Geom. point,
    Theme( default_ color=colorant"red", default_ point_ size=4pt)))
    end
Out[ 11]
```

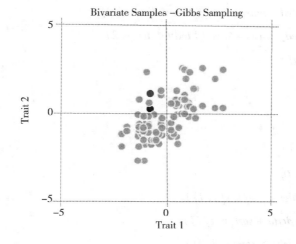

Bivariate Samples −Gibbs Sampling

二、Metropolis−Hasting （MH） 算法的交互式输出

  MH 是蒙特卡罗马尔科夫链中一种重要的抽样方法，MH 算法在参数空间随机取值，作为起始点。按照参数的概率分布生成随机的参数，按照这一系列参数的组合，计算当前点的概率密度。依据当前点和起始点概率密度比值是否大于（0，1）之间的随机数来判断是否保留当前点。若当前点的概率密度大于该随机数，就称这种状态为接受状态，此时，在满足参数概率分布的前提下，继续随机抽取参数的组合，作为下一点，计算下一点的概率密度，并计算下一点概率密度和概率密度的比值，并继续循环。若当前点不能被接受，则继续在满足参数概率分布的前提下，继续生成随机数，作为新的参数组合，直到参数组合能够被接受为止。

```
In [ 12]: m=[0. 0 0. 0]
         v=[1. 0 0. 6
             0. 6 1. 0]
         niter = 500;
```

```
nrow = niter
ncol = 2
ypair = Array( Float64, nrow, ncol);
y = zeros( 1, 2)
ynew = Array( Float64, 1, 2)
ycount = 0
xcount = 0
all_ accepted_ pairs = Array( Float64, nrow, 2);
all_ rejected_ pairs = Array( Float64, nrow, 2);
vi = inv( v)
m1 = 0;
m2 = 0;
xx = 0;
y1 = 0;
delta = 1. 0;
min1 = −delta * sqrt( v[ 1, 1]);
max1 = +delta * sqrt( v[ 1, 1]);
min2 = −delta * sqrt( v[ 2, 2]);
max2 = +delta * sqrt( v[ 2, 2]);
lower_ 1 = m[ 1]−3 * sqrt( v[ 1, 1])
upper_ 1 = m[ 1]+3 * sqrt( v[ 1, 1])
lower_ 2 = m[ 2]−3 * sqrt( v[ 2, 2])
upper_ 2 = m[ 2]+3 * sqrt( v[ 2, 2])
ytmp = Array( Float64, nrow, 4)
xtmp = Array( Float64, nrow, 4)
naccept = 0
nreject = 0
z = ( y−m)'
denOld = exp( −0. 5 * z' * vi * z);
nrow = niter
recnum = Array( Int64, nrow, 2)
points = Any[ ]
v3 = zeros( 3)
```

```
v3copy = copy( v3)
push! ( points, v3copy)
fori = 1: niter
    ynew[ 1]  = y[ 1] + rand( Uniform( min1, max1) )
    ynew[ 2]  = y[ 2] + rand( Uniform( min2, max2) )
    denNew  = exp( -0. 5 * ( ynew-m) * vi * ( ynew-m)' ) ;
    alpha    = denNew/denOld;
    #建议分布区间
    xtmp[ i, 1] = y[ 1] +min1
    ytmp[ i, 1] = y[ 2] +min2
    xtmp[ i, 2] = y[ 1] +max1
    ytmp[ i, 2] = y[ 2] +min2
    xtmp[ i, 3] = y[ 1] +min1
    ytmp[ i, 3] = y[ 2] +max2
    xtmp[ i, 4] = y[ 1] +max1
    ytmp[ i, 4] = y[ 2] +max2
    #接受概率
    if rand( ) <alpha[ 1, 1]      #接受新值
        y[ 1] =ynew[ 1]
        y[ 2] =ynew[ 2]
        denOld = exp( -0. 5 * ( y-m) * vi * ( y-m)' ) ;
        v3[ 1]  = 1. 0
    else
        v3[ 1]  = 0. 0
    end
    v3[ 2] =ynew[ 1]
    v3[ 3] =ynew[ 2]
    v3copy = copy( v3)
    push! ( points, v3copy)
end
numaccept = int( sum( points) [ 1] )
numreject = niter+1-numaccept
all_ accepted_ pairs = Array( Float64, numaccept, 2) ;
```

```
all_rejected_pairs = Array( Float64, numreject, 2) ;
nreject = 0
naccept = 0
vecAccept = Int64[ ]
for i = 1: niter
    if points[ i] [ 1] = =0. 0
        nreject += 1
        all_rejected_pairs[ nreject, : ] = points[ i] [ 2: 3]
    else
        naccept += 1
        all_accepted_pairs[ naccept, : ] = points[ i] [ 2: 3]
    end
    push! ( vecAccept, naccept)
end
set_default_plot_size( 10cm, 10cm)
@ manipulate for n = 1: ( niter−1)
    Gadfly. plot(
    x = [ points[ n+1] [ 2] ] , y = [ points[ n+1] [ 3] ] ,    #建议分布
    Geom. point,
    Scale. x_continuous( minvalue = −3, maxvalue = 3) ,
    Scale. y_continuous( minvalue = −3, maxvalue = 3) ,
    Theme( default_color = colorant"red", default_point_size = 4pt) ,
    Guide. ylabel( "Trait 2") ,
    Guide. xlabel( "Trait 1") ,
    Guide. title( "Bivariate Samples − MH Sampling") ,
    #接受的点
    layer( x = [ all_accepted_pairs[ vecAccept[ n] , 1] ] ,
        y = [ all_accepted_pairs[ vecAccept[ n] , 2] ] ,
        Geom. point,
    Theme( default_color = colorant"black", default_point_size = 4pt) ) ,
    #建议分布
    layer( y = ytmp[ n, 1: 2] , x = xtmp[ n, 1: 2] ,
        Geom. line,
```

Theme(default_ color=colorant"blue", default_ point_ size=20pt)),

layer(y=ytmp[n, 3: 4], x=xtmp[n, 3: 4],

  Geom. line,

  Theme(default_ color=colorant"blue", default_ point_ size=20pt)),

 layer(y=ytmp[n, [1, 3]], x=xtmp[n, [1, 3]],

  Geom. line,

  Theme(default_ color=colorant"blue", default_ point_ size=20pt)),

 layer(y=ytmp[n, [2, 4]], x=xtmp[n, [2, 4]],

  Geom. line,

  Theme(default_ color=colorant"blue", default_ point_ size=20pt)),

Guide. annotation(

  compose(context( ), circle([all_ rejected_ pairs[1: (n−vecAccept[n−1]) , 1]],

  [all_ rejected_ pairs[1: (n−vecAccept[n−1]) , 2]],

  [1. 0mm]), fill(nothing),

  stroke(colorant"red"))),

Guide. annotation(

  compose(context( ), circle([all_ accepted_ pairs[1: vecAccept[n−1] , 1]],

  [all_ accepted_ pairs[1: vecAccept[n−1] , 2]],

  [1. 0mm]), fill(nothing),

  stroke("black")))

)

 end

Out[12] :

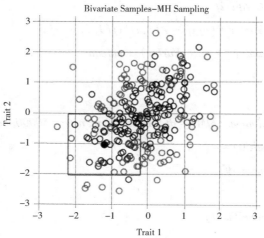

三、Gibbs 抽样法解决单性状模型问题

需要使用前面介绍的 PedModule 包中的函数。Gibbs 函数的 Julia 代码如下：

```
function Gibbs(A, x, b, nIter; outFreq = 100)
    n = size(x, 1)
    xMean = zeros(n)
    for iter = 1: nIter
        if iter%outFreq == 0
            println("at sample: ", iter)
        end
        for i = 1: n
            cVarInv = 1.0/A[i, i]
            cMean   = cVarInv * (b[i] - A[:, i]'x)[1, 1] + x[i]
            x[i]    = randn() * sqrt(cVarInv) + cMean
        end
        xMean += (x - xMean)/iter
    end
    return xMean
end

function Gibbs(A, x, b)
    n = size(x, 1)
    for i = 1: n
        cVarInv = 1.0/A[i, i]
        cMean   = cVarInv * (b[i] - A[:, i]'x)[1, 1] + x[i]
        x[i]    = randn() * sqrt(cVarInv) + cMean
    end
end

function getSolGibbs(mme::MME, df::DataFrame; nIter = 50000, outFreq = 100)
    if size(mme.mmeRhs) == ()
        getMME(mme, df)
    end
    p = size(mme.mmeRhs, 1)
```

```
    return [ getNames( mme)

        Gibbs( mme. mmeLhs, fill( 0. 0, p), mme. mmeRhs, nIter, outFreq = outFreq)]

end
```

In [13] :
```
using DataFrames

using Distributions

Animal = [ "S1", "D1", "O1", "O3"]

y = [ 100. 0, 50. 0, 150. 0, 40. 0];

df = DataFrame( Animal = Animal, y = y);

srand( 123)

d = Binomial( 2, 0. 5)

nObs    = 4

nMarkers = 5

M       = float( rand( d, ( nObs, nMarkers)));

df = [ df DataFrame( M)]
```

Out[13] :

	Animal	y	x1	x2	x3	x4	x5
1	S1	100. 0	1. 0	0. 0	1. 0	1. 0	1. 0
2	D1	50. 0	2. 0	0. 0	2. 0	2. 0	1. 0
3	O1	150. 0	1. 0	2. 0	0. 0	1. 0	0. 0
4	O3	40. 0	0. 0	0. 0	2. 0	1. 0	1. 0

In [14] :
```
varRes = 5. 0     #剩余方差

varGen = 5. 0     #遗传方差

markerProp = 0. 8      #标记解释的遗传方差比例

MVarGen = varGen * markerProp      #标记遗传方差

PVarGen = varGen * ( 1-markerProp);    #多基因效应方差

FILE = ".. /small. ped";

ped = PedModule. mkPed( FILE);

mme = MMEModule. initMME( "y = intercept + Animal", varRes);    #指定模型

G = reshape( [ PVarGen], 1, 1)

MMEModule. setAsRandom( mme, "Animal", ped, G)     #指定随机效应

sol = fill( 0. 0, size( mme. mmeLhs, 1));
```

$res2 = MMEModule. getSolGibbs(mme, df, outFreq = 10000)$ 　　　　#Gibbs 抽样

Out[14] : at sample: 10000

　　　　　　at sample: 20000

　　　　　　at sample: 30000

　　　　　　at sample: 40000

　　　　　　6x2 Array{ Any, 2} :

　　　　　　"intercept: intercept"　　84. 5217

　　　　　　"Animal: S1"　　　　　　4. 17441

　　　　　　"Animal: D1"　　　　　−4. 16322

　　　　　　"Animal: O1"　　　　　　5. 95959

　　　　　　"Animal: O3"　　　　　−4. 04315

　　　　　　"Animal: O2"　　　　　　0. 0073063

四、带有标记的单性状模型

将以上模型扩充为带有标记的单性状模型，所需要的新函数和类型如下：

$function\ addMarkers(mme, df, G: : Float64)$ 　　　　#模型增加标记数据

　　　$M = convert(Array, df)$

　　　$mme. M = MarkerMatrix(M, G)$

end

$functionget\_ column(X, j)$ 　　　#得到列的指针函数

　　　$nrow, ncol = size(X)$

　　　$if\ j>ncol | | j<0$

　　　　　$error("column number is wrong! ")$

　　　end

　　　$indx = 1 + (j−1) * nrow$

　　　$ptr = pointer(X, indx)$

　　　$pointer\_ to\_ array(ptr, nrow)$

end

$functionget\_ column\_ ref(X)$ 　　　#得到列名

　　　$ncol = size(X) [2]$

　　　$xArray = Array(Array\{Float64, 1\}, ncol)$

　　　$fori = 1: ncol$

```
        xArray[ i]  = get_ column( X, i)
    end
    returnxArray
end
function center! ( X)      #中心化
    nrow, ncol = size( X)
    colMeans = mean( X, 1)
    BLAS. axpy! ( −1, ones( nrow) ∗ colMeans, X)
    returncolMeans
end
typeMarkerMatrix
    X: : Array{ Float64, 2}
    xArray: : Array{ Array{ Float64, 1} , 1}
    markerMeans: : Array{ Float64, 2}
    mean2pq: : Float64
    G: : Float64
    centered: : Bool
    functionMarkerMatrix( X: : Array{ Float64, 2} , G: : Float64)
        markerMeans = center! ( X)    #中心化
        p            = markerMeans/2. 0
        mean2pq      = ( 2 ∗ p ∗ ( 1−p) ′) [ 1, 1]
        xArray       = get_ column_ ref( X)
        new( X, xArray, markerMeans, mean2pq, G, true)
    end
  end
  functionsampleVariance( x,  n,  df,  scale)      #抽样方差
    return ( dot( x, x)  + df ∗ scale) /rand( Chisq( n+df) )
end
functionsampleMCMC( nIter, mme, df; outFreq = 100)
    if size( mme. mmeRhs) = = ( )
        MMEModule. getMME( mme, df)
    end
    p = size( mme. mmeRhs, 1)
```

```
sol  =  zeros( p)

solMean  =  zeros( p)

vEff = mme. M. G/mme. M. mean2pq

vRes = mme. R

dfEffectVar = 100

nuRes = 100

scaleVar  =  vEff * ( dfEffectVar−2)/dfEffectVar        #标记的尺度效应

scaleRes  =  vRes * ( nuRes−2)/nuRes

nObs, nLoci  =  size( mme. M. X)

α  =  zeros( Float64, nLoci)

meanAlpha  =  zeros( Float64, nLoci)

mArray  =  mme. M. xArray

mpm  =  [ dot( mme. M. X[ : , i], mme. M. X[ : , i]) for i = 1: size( mme. M. X, 2)]

ycorr  =  vec( full( mme. ySparse))

M  = mme. M. X

ν  =  10

ifmme. ped ! =  0

pedTrmVec  =  mme. pedTrmVec

    k  =  size( pedTrmVec, 1)

    νG0  =  ν + k

    G0  =  inv( mme. Gi)

    P  =  G0 * ( νG0 − k − 1)

    S  =  zeros( Float64, k, k)

    G0Mean  =  zeros( Float64, k, k)

end

foriter = 1: nIter

    #非标记部分抽样

    ycorr  =  ycorr + mme. X * sol

    rhs  =  mme. X'ycorr

    MMEModule. Gibbs( mme. mmeLhs, sol, rhs, vRes)

    ycorr  =  ycorr − mme. X * sol

    solMean += ( sol − solMean)/iter

    #标记部分抽样
```

```
MMEModule. sample_ effects_ ycorr! ( M, mArray, mpm,
                                ycorr, α, meanAlpha, vRes, vEff, iter)
    for ( i, trmi) = enumerate( pedTrmVec)
        pedTrmi = mme. modelTermDict[ trmi]
        startPosi = pedTrmi. startPos
        endPosi = startPosi + pedTrmi. nLevels − 1
        for ( j, trmj) = enumerate( pedTrmVec)
            pedTrmj = mme. modelTermDict[ trmj]
            startPosj = pedTrmj. startPos
            endPosj = startPosj + pedTrmj. nLevels − 1
            S[ i, j] = ( sol[ startPosi: endPosi]' * mme. Ai * sol[ startPosj: endPosj])[ 1, 1]
        end
    end
    ifmme. ped ! = 0
        pedTrm1 =mme. modelTermDict[ pedTrmVec[ 1] ]
        q = pedTrm1. nLevels
        G0 = rand( InverseWishart( νG0 + q,  P + S) )
        mme. Gi = inv( G0)
        MMEModule. addA( mme)
    end
end
#抽样方差
vRes = sampleVariance( ycorr,  nObs,  nuRes,  scaleRes)
vEff = sampleVariance( α,  nLoci,  dfEffectVar,  scaleVar)
ifiter%outFreq = = 0
    println( "at sample:  ", iter)
    println( dot( ycorr, ycorr) , " ", vRes, " ", vEff)
    println( "vEff ", dot( α, α) , "   ", dfEffectVar * scaleVar, "
        ", rand( Chisq( nLoci+dfEffectVar) ) )
    end
end
output  =Dict( )
output[ "posteriorMeanLocationParms"] = [ MMEModule. getNames( mme) solMean]
output[ "posteriorMeanMarkerEffects"] = meanAlpha
```

return output

end

In [15]: *addMarkers(mme, df[: , 3: 7], MVarGen)*   #增加标记方差

      output = sampleMCMC(10 000, mme, df, outFreq = 5 000) #抽样 10000, 输出频率 5000

Out[15]: at sample: 5000

      414. 4492985578072 8. 193596631540066 11. 943180640338412

      vEff 1098. 3540811525681   171. 83561643835617   98. 89982752891986

      at sample:

      Dict{ Any, Any} with 2 entries:

      "posteriorMeanLocationP... = > 6x2 Array{ Any, 2} : ...

      "posteriorMeanMarkerEff... = >

      [8. 02133912712481, 10. 184282138786415, −32. 73676856...

      10000

      294. 8789799206849 7. 734806508762098 10. 719790316871185

      vEff 1275. 9112268696997   171. 83561643835617   102. 36329198271523

第五节   多性状模型的 Gibbs 抽样

使用上一节的 Gibbs 函数, 假设有如下数据集 *df*:

	Y1	Y2	Y3	trt
1	1. 0	2. 0	1. 2	1
2	1. 1	NA	3. 1	1
3	0. 9	1. 9	NA	2
4	1. 2	1. 7	1. 9	2

In [16]: *R0 = Array(Float64, 1, 1)*

      R0[1, 1] = 1. 0

      models = "y1 = intercept +trt"

      mme = initMME(models, R0);

      nIter = 500   #迭代次数

      solGibbs = Gibbs(mme. mmeLhs, sol, mme. mmeRhs, nIter)

      *mme. mmeLhs * solGibbs*

Out[16]: at sample: 100

3-element Array{Float64, 1}:

4.23291

2.06891

2.164

In [17]: *models = "y1 = intercept + Animal;*

y2 = intercept + Animal"

R = [10 2; 2 1.0]

mme = initMME(models, R)

G0 = [5 1; 1 1.0]

setAsRandom(mme, "Animal", ped, G0)

getMME(mme, df)

nIter = 500

solGibbs = Gibbs(mme. mmeLhs, sol, mme. mmeRhs, nIter)

Out[17]: at sample: 100

at sample: 200

at sample: 300

at sample: 400

at sample: 500

模拟二性状模型数据:

In [18]: *using PedModule*

usingDataFrames

using Distributions

usingMTModule

ped = PedModule. mkPed(".. / sim. ped")

dfGen = readtable(".. / sim. gen", separator = ' ')

Q = convert(Array{Float64, 2}, dfGen[:, collect(2: end)])　　　#标记

α1 = randn(200)　　　#性状 1 标记效应

α2 = randn(200)　　　#性状 2 标记效应

*a1 = Q * α1*

*a2 = Q * α2*

G0 = cov([a1 a2])　　　#遗传方差-协方差矩阵

#或 D = diagm(vec(sqrt(var([a1 a2], 1))'))

R = cor([a1 a2])

G0 = D * R * D

R0 = diagm(vec(var([a1 a2], 1)))

L = chol(G0)

#或 L   = chol(R0)

e = L * randn(2, size(Q, 1))

y = [a1 a2] + e'   #性状观察值

df2 = DataFrame(Animal = dfGen[:, 1], y1=round(y[:, 1], 3), y2=round(y[:, 2], 3))

head(df2)   #查看数据集前几个数据

Out［18］:

	Animal	y1	y2
1	10102	−1. 742	−13. 521
2	10103	−32. 401	9. 223
3	10104	−13. 966	6. 076
4	10105	−4. 274	−20. 692
5	10106	−2. 955	−7. 051
6	10107	5. 079	−13. 827

In [19]: *df2[1, 2] = NA*   #第一个性状的第一个数据为缺失值 NA

models = "y1 = intercept + Animal;

y2 = intercept + Animal"

R = G0   #或 R0

mme = MTModule. initMME(models, R)

MTModule. setAsRandom(mme, "Animal", ped, G0)

有缺失数据的多性状模型的 Julia 函数如下:

functionsampleMissingResiduals(mme, resVec)

msngPtrn = mme. missingPattern

n, k = size(msngPtrn)

yIndex = collect(0: k−1) * n

allTrue = fill(true, k)

fori = 1: n

notMsng = reshape(msngPtrn[i, :,], k)

```
        if ( notMsng! = allTrue)
            msng  =  ! notMsng
            nMsng  =  sum( msng)
            resi    =  resVec[ yIndex+i] [ notMsng]
            Ri =  mme. resVar. RiDict[ notMsng] [ notMsng, notMsng]
            Rc      =  mme. R[ msng, notMsng]
            L =  chol( mme. R[ msng, msng]  −  Rc * Ri * Rc')'
            resVec[ ( yIndex+i) [ msng] ]  =  Rc * Ri * resi + L * randn( nMsng)
        end

    end

end

functionsampleMCMC( nIter, mme, df; outFreq = 100)
    getMME( mme, df2)
    p  =  size( mme. mmeLhs, 1)
    sol  =  fill( 0. 0, p)
    solMean  =  fill( 0. 0, p)
    GaussSeidel( mme. mmeLhs, sol, mme. mmeRhs, tol = 0. 000001)
    ν  =  10
    nObs  =  size( df, 1)
    nTraits  =  size( mme. lhsVec, 1)
    νR0  =  ν +nTraits
    R0  =mme. R
    PRes  =  R0 * ( νR0 − nTraits − 1)
    SRes  =  zeros( Float64, nTraits, nTraits)
    R0Mean  =  zeros( Float64, nTraits, nTraits)
    ifmme. ped ! = 0
        pedTrmVec  =  mme. pedTrmVec
        k  =  size( pedTrmVec, 1)
        νG0  =  ν + k
        G0  =  inv( mme. Gi)
        P  =  G0 * ( νG0 − k − 1)
        S  =  zeros( Float64, k, k)
        G0Mean  =  zeros( Float64, k, k)
```

```
    end
for iter = 1: nIter
    ifiter%outFreq = = 0
            println( "at sample:  ", iter, " \ n")
            println( G0Mean, " \ n")
    end
    Gibbs( mme. mmeLhs, sol, mme. mmeRhs)
#利用矩阵对称性提高运算效率
for ( i, trmi)  = enumerate( pedTrmVec)
  pedTrmi = mme. modelTermDict[ trmi]
 startPosi  = pedTrmi. startPos
 endPosi  = startPosi + pedTrmi. nLevels − 1
  for ( j, trmj)  = enumerate( pedTrmVec)
    pedTrmj = mme. modelTermDict[ trmj]
    startPosj = pedTrmj. startPos
    endPosj = startPosj + pedTrmj. nLevels − 1
    S[ i, j]  = ( sol[ startPosi: endPosi] ′ * mme. Ai * sol[ startPosj: endPosj]) [ 1, 1]
  end
end
resVec = mme. ySparse − mme. X * sol
sampleMissingResiduals( mme, resVec)
fortraiti = 1: nTraits
    startPosi = ( traiti−1) * nObs + 1
    endPosi = startPosi + nObs − 1
    fortraitj = traiti: nTraits
        startPosj = ( traitj−1) * nObs + 1
        endPosj = startPosj + nObs − 1
        SRes[ traiti, traitj] =
                      ( resVec[ startPosi: endPosi] ′resVec[ startPosj: endPosj]) [ 1, 1]
        SRes[ traiti, traitj]  = SRes[ traitj, traiti]
    end
end
R0 = rand( InverseWishart( νR0 + nObs,  PRes + SRes))
```

```
    mme. R = R0
    Ri = mkRi( mme, df)
    X = mme. X
    mme. mmeLhs = X'Ri * X
    mme. mmeRhs = X'Ri * mme. ySparse
    if mme. ped ! = 0
        pedTrm1 = mme. modelTermDict[ pedTrmVec[ 1]]
        q = pedTrm1. nLevels
        G0 = rand( InverseWishart( νG0 + q, P + S))
        mme. Gi = inv( G0)
        addA( mme)
    end
    solMean += ( sol − solMean)/iter
    G0Mean += ( G0  − G0Mean )/iter
    R0Mean += ( R0  − R0Mean )/iter
    end
    output = Dict( )
    output[ "posteriorMeanLocationParms"] = solMean
    output[ "posteriorMeanG0"] = G0Mean
    output[ "posteriorMeanR0"] = R0Mean
    return output
end
```

In [20] : @ time res = sampleMCMC(2000, mme, df2)
        res["posteriorMeanG0"]

Out[20] : at sample: 100

[99. 3520520270497 −0. 8548131659229353

−0. 8548131659229353 58. 20863955327304]

$$\vdots$$

at sample: 1900

[93. 01231946037345 1. 3283584254834664

1. 3283584254834664 74. 8806787511305]

at sample: 2000

2x2 Array{ Float64, 2} :

92. 3069   1. 33832

1. 33832   75. 0051

[92. 30874811855898 1. 3356496227493266

1. 3356496227493266 74. 99797395033926]

150. 857966 seconds (896. 92 M allocations: 74. 257 GB, 6. 20% gc time)

In [21]: *res["posteriorMeanR0"]*   #后验平均 R0 矩阵

Out[21]: 2x2 Array{ Float64, 2}:

80. 9276   −0. 0481069

−0. 0481069   69. 0774

In [22]: *p = size(mme. mmeLhs, 1)*

sol = fill(0. 0, p)

Gibbs(mme. mmeLhs, sol, mme. mmeRhs)

*resVec = mme. ySparse − mme. X * sol*   #剩余方差

Out[22]: 8198x1 Array{ Float64, 2}:

23. 849

9. 92661

12. 9877

−0. 827962

⋮

0. 473818

7. 84256

4. 86123

In [23]: *sampleMissingResiduals(mme, resVec)*   #使用缺失值抽样函数求解

resVec

Out[23]: 8198x1 Array{ Float64, 2}:

0. 756685

9. 92661

12. 9877

−0. 827962

⋮

0. 473818

7. 84256

4. 86123

注意比较 Out［22］和 Out［23］第一个输出结果的异同。

第六节　思考题解答

一、第二节问题答案

首先，我们模拟数据：

```
In [24]: using Distributions
         usingStatsBase
         n = 10      #观察值数量
         k = 1       #协变量数量
         x = sample([0, 1, 2], (n, k))
         X = [ones(n) x]
         betaTrue = [1, 2]
         y = X * betaTrue+ randn(n) * sqrt(5);
```

第二, Gibbs 抽样过程：

```
In [25]: niter = 10000      # 抽样数
         b = [0.0, 0.0]
         meanB = [0.0, 0.0]
         a = Float64[]
         varBeta = 3
         varRes = 5
         λ = varRes/varBeta
         foriter = 1: niter
            #抽样截距
            w = y - X[:, 2]  *  b[2]
            x = X[:, 1]
            xpxi = 1/(x'x)[1, 1]
            bHat = (xpxi * x'w)[1, 1]
            b[1] = rand(Normal(bHat, sqrt(xpxi * varRes)))  #剩余方差 = 1
            #抽样斜率
            w = y - X[:, 1] * b[1]
            x = X[:, 2]
```

$$xpxi = 1/((x'x)[1, 1]+\lambda)$$

$$bHat = (xpxi * x'w)[1, 1]$$

$$b[2] = rand(Normal(bHat, sqrt(xpxi * varRes)))\#剩余方差 = 1$$

$$meanB = meanB + b$$

$$push!(a, b[2])$$

$$if (((iter\%1000) == 0)$$

$$\quad @printf("Intercept = \%6.3f \backslash \backslash n", meanB[1]/iter)$$

$$\quad @printf("Slope \quad = \%6.3f \backslash \backslash n", meanB[2]/iter)$$

$$end$$

$$end$$

Out[25]: Intercept = 1.625

Slope = 1.285

Intercept = 1.622

Slope = 1.287

⋮

Intercept = 1.633

Slope = 1.283

Intercept = 1.638

Slope = 1.279

第三, 绘制 β_1 的先验分布和后验分布

In [26]: *using Gadfly*

$$plot(x=randn(1000) * sqrt(3), Geom. histogram,$$

$$Guide. title("Prior distribution of \beta1"),$$

$$Guide. ylabel("Frequency"),$$

$$Guide. xlabel("\beta1"))$$

Out[26]:

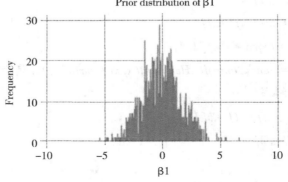

In [27] : *plot(x = a, Geom. histogram,*

    Guide. title("Posterior distribution of β1 with n = 10"),

    Guide. ylabel("Frequency"),

    Guide. xlabel("β1"))

Out[27] :

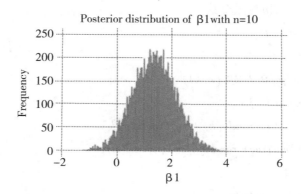

同理，修改程序参数可以得到观察值等于 1000 时的后验分布。

In [28] : *plot(x = a, Geom. histogram,*

    uide. title("Posterior distribution of β1 with n = 1000"),

    Guide. ylabel("Frequency"),

    Guide. xlabel("β1"))

Out[28] :

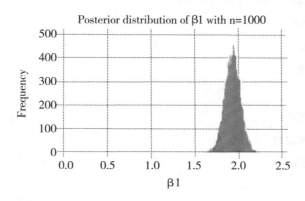

二、第三节问题答案

第一，模拟多元回归模型数据。

In [29]:
```
n = 10        #观察值数量
k = 15        #协变量个数
varBeta = 0.1
varRes = 1.0
x = sample([0, 1, 2], (n, k))
X = [ones(n)  x]
betaTrue = [1, randn(k) * sqrt(varBeta)]
y = X * betaTrue+ randn(n) * sqrt(varRes);
```

第二，建立 MME

In [30]:
```
λ = varRes/varBeta
d = eye(k+1)
d[1, 1] = 0
lhs = X'X+d * λ        #左手项
rhs = X'y              #右手项
ilhs = inv(lhs)
sol = ilhs * rhs
```

Out[30]: 16-element Array{Float64, 1}:

```
3.52339
0.167593
-0.146692
   ⋮
0.0989246
-0.0133227
0.00253498
```

第三，MCMC

In [31]:
```
#Gibbs 抽样
niter = 100 000       #抽样数
burnin = 1 000        #burn-in 数
b = zeros(1+k)
```

```
meanB = zeros( 1+k)

vB = zeros( 1+k, 1+k)

meansigma2 = 0

nu = 4

sigma2 = 2

covariates = length( b) − 1    #协变量数量

b_ mcmc = zeros( niter, length( b) )

foriter = 1: niter

    #抽样截距

    w = y − X * b + X[ :, 1] * b[ 1]

    x = X[ :, 1]

    xpxi = 1/( x′x) [ 1]

    bHat = ( xpxi * x′w) [ 1]

    b[ 1] = rand( Normal( bHat, sqrt( xpxi) ) )        #剩余方差 = 1

    #抽样协变量

    for j = 2: length( b)

        w = y − X * b + X[ :, j] * b[ j]

        x = X[ :, j]

        xpxi = 1/( ( x′x) [ 1] +λ)

        bHat = ( xpxi * x′w) [ 1]

        b[ j] = rand( Normal( bHat, sqrt( xpxi) ) )

        end

        if iter >= burnin

        b_ mcmc[ iter, : ] = b

        meanB += b

        vB      += b * b′

    end

end
```

In [32]: *meanB /= (niter−burnin)*   #从 MCMC 抽样结果推断 β 的后验均值

Out[32]: 16−element Array{ Float64, 1}:

    1. 20281

    −0. 0941883

    −0. 143509

$$\vdots$$

-0.341597

-0.152182

0.179394

In [33]: $vB/(niter-burnin) - meanB * meanB'$ #从 MCMC 抽样结果推断 β 的后验协方差

Out[33]: 16x16 Array{Float64, 2}:

1.4572	−0.0785652	−0.096245	…	−0.108517	−0.135783
−0.0785652	0.0683634	0.00252907		0.00535987	−0.00125133
−0.096245	0.00252907	0.0729469		0.0118998	0.00548336
−0.0757254	−0.00119479	−0.000510028		0.00104667	0.0138005
−0.0844532	0.0197459	0.00147216		−0.00103772	0.00829013
−0.0631974	0.000799235	0.00448989	…	0.00349489	−0.0114576
−0.103027	0.000659767	0.00249236		0.00278101	−0.00562114
−0.0586434	−0.00643618	0.000633182		−0.00372221	0.00283743
−0.112758	0.00808638	−0.0101501		−0.00142809	0.0155035
−0.111743	−0.00365265	0.00712472		0.000679491	0.000690476
−0.0359423	−0.00364403	−0.0023669	…	−0.00211644	−0.00637085
−0.0780064	−0.00416041	−0.00165605		0.0148648	0.00223988
−0.101571	0.00162739	−0.0151166		0.0117831	−0.00495572
−0.0607458	−0.00547738	−0.00801793		0.000910052	0.00786077
−0.108517	0.00535987	0.0118998		0.0800651	−0.00243725
−0.135783	−0.00125133	0.00548336	…	−0.00243725	0.0782756

第四，方差组分未知的 MCMC 推断

In [34]: *k = 15*

niter = 100000

burnin = 1000

b = zeros(1+k)

meanB = zeros(1+k)

vB = zeros(1+k, 1+k)

meansigma2 = 0

nu = 4

sigma2 = 2

covariates = length(b) − 1

```
dfEffectVar = 4
scaleVar = 0. 1
chi2 = Chisq( dfEffectVar+covariates)
sampleVar = zeros( niter)
foriter = 1: niter
    #抽样截距
    w = y - X * b + X[ : , 1] * b[ 1]
    x = X[ : , 1]
    xpxi = 1/( x′x)[ 1]
    bHat = ( xpxi * x′w)[ 1]
    b[ 1] = rand( Normal( bHat,  sqrt( xpxi) ) )
    #抽样协方差
    λ = varRes/varBeta
    for j = 2: length( b)
        w = y - X * b + X[ : , j] * b[ j]
        x = X[ : , j]
        xpxi = 1/(( x′x)[ 1]+λ)
        bHat = ( xpxi * x′w)[ 1]
        b[ j] = rand( Normal( bHat,  sqrt( xpxi) ) )
    end
    varBeta = ( scaleVar * dfEffectVar + dot( b[ 2: end], b[ 2: end] ) )/rand( chi2)
    if iter >= burnin
        meanB += b
        vB     += b * b′
    end
    sampleVar[ iter] = varBeta
end
```

In [35] : *plot(x = sampleVar, Geom. histogram, Guide. title("Posterior distribution of varBeta"),*
　　　Guide. ylabel("Frequency"),
　　　Guide. xlabel("varBeta"))

Out[35] :

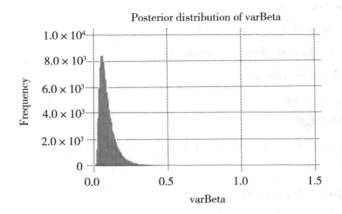

第九章　全基因组连锁及关联分析

基因定位是指确定基因在染色体上的位置。确定基因的位置主要是确定基因之间的距离和顺序；它们之间的距离是用交换值来表示的。先准确地估算出交换值，以确定基因在染色体上的相对位置，根据相对位置把基因标记在染色体上，绘制成图。如果在研究过的群体中，A 和 B 两个位点上的等位基因不是独立关联的，我们就说这两个位点是连锁不平衡的。在群体遗传学中，连锁不平衡是非随机组合的等位基因在两个或多个位点，而不一定要在同一染色体上。连锁不平衡性是指在两个或者多个位点上的非随机关联性，这些位点既可能在同一条染色体上，也可以在不同的染色体上。连锁不平衡性也被称作配子水平的不平衡性或配子不平衡性。从另一个角度讲，连锁不平衡是等位基因或者遗传标记在一个人群中表现出高于或低于由等位基因的随机频率而预测的单模标本的频率。连锁是指染色体上的两个或者多个位点进行有限的组合，而连锁不平衡性不等同于连锁。连锁不平衡的数量取决于观察和预期的位点频率的差异。对于那些重组后位点或者基因型的频率等于预期的群体我们称其为连锁平衡。连锁不平衡的程度取决于多方面的因素，包括遗传连锁、选择和重组的概率，遗传漂变、选型交配以及群体结构。对于采用无性繁殖的生物，比如细菌，则不会发生重组进而体现了连锁平衡。

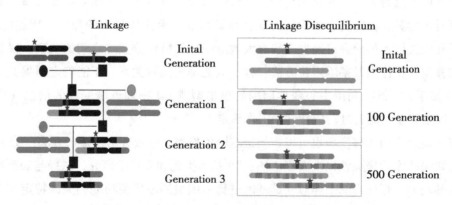

连锁和连锁不平衡的差异，五星处表示突变，祖先的突变位点由深色片段表示，物理上临近的片段倾向于和祖先突变一同传递给后代，重组事件限制了连锁的程度

第一节　考虑稀有变异非加性效应的基因组分析

全基因组关联分析（GWAS）的发展可以鉴定出对复杂性状具有可识别功能作用的单个多态性变异，但是已有的 GWAS 研究表明：大多数显著关联变异的效应都很小，以至于无法确定每个变异对功能的影响。由 GWAS 数据形成的多基因风险评分（Polygenic risk scores，PRS）可对个体性状的遗传倾向进行整体评估，但是需要进行广泛的研究来证明其实际效果，可以使用两种策略在有限的关联分析研究中发现具有明显功能作用的可单独识别的变异：① 严格筛选候选稀有变异；② 选择极端值表型或具有较高遗传力的性状。

"无穷小模型"是数量遗传学的基础，它解释了根据孟德尔遗传学观察到的亲戚之间的相关性，但并未试图确定特定遗传变异对数量性状的因果关系。在人类应用中，相当于育种值被称为多基因风险评分（PRS），可以在个体水平上估计该性状的遗传倾向。常规 GWAS 一般不包括频率显著低于 1% 的稀有变异，主要原因是 OR 值为 1.2 或更小的变异需要极大样本量才能达到良好的统计功效。尽管可以根据参考序列的 LD 信息填补稀有变异的基因型，但对于频率低于 0.5% 的 SNP 位点，其准确性通常较低。常见变异和稀有变异间的 LD 水平低，无法通过常见变异关联分析间接检测到稀有大效应变异导致的性状。例如，已有研究中频率为 0.001~0.05 的稀有变异 LD 相关系数的最大值为 $r^2 = 0.02$。结合全外显子组或全基因组测序的研究发现：稀有大效应变异和常见表型间有显著的关联性，可以仅考虑频率 <0.1% 的变异，并使用是否为无义或错义突变、是否影响蛋白质剪接及功能等标准对稀有变异进行筛选，仅对可能具有功能的变异进行分析，从而减少多重比较校正的数量，增加检验功效。基于家系和无关样本的研究已经发现稀有大效应变异与精神分裂症之间的关联。稀有变异关联分析和其他遗传作图及基因定位方法一样，只能确定关联关系，不能确定因果关系，其原因为：① 关联分析没有利用中心变异周围的单倍型或 LD 物理近端变异的信息（即精细定位）；② 因果关系只能通过功能性试验工作确定。

具有功能效应的稀有变异也可以在候选基因中检测，一般有两种筛选方法：① 选择产生严重功能缺失的家族聚类性极端表型个体；② 基于生化和生理学研究，选择与表型有明确生物学关系的基因。筛选出的个体对候选基因进行基因组测序检测功能相关的特定变异，其后和 GWAS 一样，将在筛选出的个体中发现的特定变异的频率与对照组中的频率进行比较。该策略大大降低了对统计功效的限制，因为多重比较校正中只需要考虑候选个体的数量。这一策略的灵感来源于研究引起家族性结肠息肉的 APC 基因错义突变，后又在大肠腺瘤和高密度脂蛋白胆固醇水平的研究中得到确认。由于候选基因的数量可能相对较大，甚至单个基因中也存在大量稀有变异，此类研究将超越标准的统计方法，不再需要独立地检验每个变异和使用 Bonferroni 校正 P 值，产生使用基于基因的稀有变异负荷检验（burden test）。

全基因组关联分析（GWAS）已成功发现了数千个与复杂性状相关的基因座。在过去的 12 年中，GWAS 的样本量和所研究性状数量均显著增长，迄今为止报告了 128 550 个关联和 4 000 多种出版物。但是，GWAS 还留下了许多悬而未决的问题。特别是，大多数与疾病相关的基因座都位于基因组的非编码区，尽管认为它们在基因表达调控中发挥作用，但目前尚不清楚它们调控哪些基因以及在哪些细胞类型或生理环境中起作用。首先，由于连锁不平衡（LD），相邻的遗传变异通常相互关联，这种相关性导致在同一个体中存在一个基因座的多个变异，这导致很难区分特定关联的因果变异。其次，由于复杂疾病的病理生理学常常牵涉多种细胞类型的相互作用，因此尚不清楚哪种细胞类型是导致该疾病的原因。例如，动脉粥样硬化斑块的发育涉及单核细胞、淋巴细胞、肥大细胞、中性粒细胞和平滑肌细胞，尚不清楚 GWAS 变异在哪种细胞类型起作用。最后，超过 90% 的 GWAS 变异属于基因组的非编码区域，因此不会直接影响基因的编码序列。这些变异在 DNA 调控元件中的积累，以及破坏转录因子（TFs）的结合位点等现象表明这些变异通过调节基因的表达水平起作用。但是，与疾病相关的基因座通常包含多个基因，很难区分受影响的基因。因此，后续研究主要关注 GWAS 结果的解释，推断确切的致因变异及所调控的基因，确定其起作用的细胞类型。统计方法将 GWAS 结果与功能基因组学数据（例如跨多种细胞类型和组织测定的基因表达或染色质活性谱）相结合，可以使用精细定位寻找因果变异，SNP 富集方法优先处理与疾病相关的细胞类型，共定位方法推测可能的靶基因。

精细定位。截至 2021 年 2 月 25 日，美国国家人类基因组研究所（NHGRI）-欧洲生物信息学研究所（EBI）GWAS 收录 4892 项已经发表的研究，154381 个影响复杂性状的单核苷酸多态性（SNP），248356 个关联。标签 SNP 由于连锁不平衡（LD）与相邻 SNP 高度相关，充当了含有未知 SNP 基因组区域的替代物。标签-SNP 与性状之间的关联可以是间接的，即标签-SNP 与因果 SNP 相关联，因果 SNP 又与性状相关联。GWAS 初步识别出与性状强相关的 SNP 区域后，需要探索每个区域的 LD 结构和已知定位到该区域的基因（Halpoview 图和 Locus Zoom 图），通常用所有 p 值的曼哈顿图来展示 GWAS 结果，该 p 值检测一个 SNP 与性状的边际关联，然后用感兴趣区域的 Locus Zoom 图。因每次精细定位一个因果变异较容易，所以每个区域都被划分为对性状具有独立影响的子区域。基于公共基因组注释数据库，进一步评估了选定 SNP 可能的功能，为后续实验室的功能研究提供依据。精细定位重点在于发展针对每个感兴趣区域的统计方法，确定最有可能发挥作用的变异，并量化证据的强度，已有的方法有：简单的启发式方法、针对高维数据的惩罚回归和为精细定位量身定制的贝叶斯方法。这些方法既可以用在单项研究，也可以用于 Meta 研究。当研究对象来源于不同种群时，跨种群精细定位有时可以提高定位精度。研究关注在不同区域中先导或索引 SNP（p 值最小的 SNP），用于校正多重检验阈值 $p<5\times10^{-8}$，一些研究使用的弱阈值 $p<10^{-6}$ 以突显可能包含因果变异的区域。先导或索引 SNP 往往不是因果变异，因为 GWAS 芯片基于标签 SNP，而标

签 SNP 仅与未检测的因果 SNP 相关。统计功效小时，即使对因果 SNP 进行了检测或填补，因果 SNP 与性状的统计关联也不是所有关联 SNP 中最显著的。病例对照组样本量均为 1000 的模拟研究，当疾病风险 OR 为 1.5 且风险等位基因频率为 0.5 时，有 79% 的可能性发现因果先导 SNP，但是当 OR 为 1.1 且风险等位基因频率为 0.05 时，只有 2.4% 的可能性。Zaykin 等 （2005） 研究多种因果变异以及 LD 的影响，也得出了类似的结论，即真正的关联不太可能导致最小的 p 值，部分原因是变异对复杂性状的效应较小。这些研究结论强调应谨慎将先导 SNP 视为可能的因果关系，以及为了确定因果变异而进行精细定位的重要性。基于群体的精细定位利用了成对基因座之间的非随机关联，基本原理都为同一单倍型上出现的等位基因联合频率与随机期望的联合频率之间的差异，出现配子关联或称为连锁不平衡 （LD），通过两个 SNP 次等位基因数量之间的皮尔逊相关系数估算 LD 的标准化差异，该相关系数与统计功效直接相关。使用 LD 精细定位复杂性状的前提是减数分裂重组会减少 LD，即与性状最强关联的 SNP 是因果变异或邻近因果变异。但是，由于基因组区域中 LD 的复杂性，一次评估一个 SNP 可能会产生错误结论。例如，阿尔茨海默症与 19 号染色体上 APOE 基因周围的多个 SNP 关联。随着 SNP 与 APOE 距离的增加，p 值并非单调模式，可能增加也可能减小，这种现象引发该区域是否存在除 APOE 以外其他导致阿尔茨海默症基因的争论。影响 LD 的因素除重组外，还包括遗传标记的突变率、自然选择、种群迁移和混合、种群瓶颈和群体历史（如群体数量和交配模式）。由于 LD 受重组以外因素的影响，因此仅依赖 LD 或单倍型域进行精细定位是有局限性的。许多因素都会影响精细定位，包括区域中因果 SNP 的数量及其对性状的影响大小，局部 LD 结构、样本大小、SNP 密度以及因果变异是否可以被测量。精细测量和区分表型 （例如疾病的严重程度，家族病史的程度） 可能会增加检测遗传效应大小的能力。本地 LD 结构难以控制，但是跨种族的 Meta 分析可以利用 LD 结构的差异，因此通过合并不同的研究或进行 Meta 分析来增加样本量。实际研究设计中可以控制的因素主要是样本大小和 SNP 密度。大样本量 DNA 测序可以提高 SNP 的密度，但测序成本可能较高，另外两种策略包括使用高度相关性参考序列的基因型填补和对 LD 较弱区域的附加基因分型 （填补 SNP 的验证、弱 LD 区域的低频率 SNP、鉴定参考序列中不具备的 SNP、寻找由于样本量小造成的 "完美 LD" 中没有包含的新 SNP）。针对某些疾病或性状的定制基因分型芯片优势为已知基因区域中 SNP 密度增加且成本较低。但局限性为：① 芯片针对已知与特定疾病或特征相关的 SNP 或基因，这可能会排除寻找新基因的可能性；② 芯片可能基于覆盖范围不完整的参考数据；③ 芯片基于 SNP 而不是结构变异；④ 由于测序错误，芯片可能缺少某些 SNP；⑤ 芯片设计主要基于特定种群。

基因组划分为独立区域。当多个非因果 SNP 与单个因果 SNP 相关，每次分析一个 SNP 时，通常会在一个区域中找到与性状边缘相关的多个 SNP。SNP 之间的 LD 将使每个 SNP 似乎都与一个性状相关。然而，当共同分析所有 SNP 时，在考虑 SNP 之间的 LD 时，仅预期因果 SNP 与性状相关，从而简化了精细定位工作。当实际上存在多个因果 SNP，并且它们相互关联以及与其他非因果 SNP 相关时，联合分析不会仅凸显一个因果 SNP。为了简化精细定位，首先根据 SNP 对性状的独立影响对感兴趣区域进行分区，然后分别对每个分区进行精细定位。为了确定一个或几个独立的统计关联是否导致了多个边缘相关的 SNP，经常使用前向条件逐步回归（例如病例对照研究的逻辑回归，或数量性状的线性回归），GWAS 中的主 SNP 视为回归模型中的协变量检验目标区域中的其余 SNP。顺序检验在筛选其余 SNP 时将一些 SNP 视为协变量，整个过程直到没有显著的条件检验为止。GWAS 显著性阈值可以使用严格的 $p<5\times10^{-8}$，或宽松的阈值，例如 $p<10^{-4}$ 甚至 $p<0.05$。前向条件逐步回归的局限性：① 随着逐步回归数量的增加，统计检验的数量也随之增加，如果有 m 个 SNP，经过 k 次逐步回归之后，将进行约 km 次统计检验，从而增加了出现假阳性结果的可能性；② 当 m 接近样本中的 SNP 数时，并且在每个步骤中使用自由阈值选择 SNP 时，前向选择过程变得不稳定，并且会高估所选 SNP 对性状的效应；③ 随着 SNP 之间的相关性增加，检测到次级信号的概率（即统计功效）减小。模拟研究显示了即使在 SNP 相关性 $\rho=0.2$ 的水平下，随着 SNP 相关性的增加，检测次级信号的功效也急剧下降。检验功效也随着次级 SNP 的效应减小而减小。常见三种精细定位策略：启发式方法，惩罚回归模型和贝叶斯方法。

启发式精细定位方法：由于 GWAS 中先导 SNP 周围的 LD 结构在精细定位中起着重要作用，因此常见的方法是首先检测先导 SNP 周围 SNP 之间的相关性。一种方法是根据 SNP 与先导 SNP 的相关性（r^2）过滤，仅保留 r^2 高于阈值的 SNP 作为潜在的因果变异。另一种方法为基于区域中所有 SNP 成对相关性 r^2 进行分层聚类。但是，这两种方法都依赖于任意阈值过滤或形成聚类。也可以使用 Haploview 查看单倍型块。将 GWAS 先导 SNP 与同一单倍型块中的 SNP 组合是选择潜在因果 SNP 的另一种方法。重组热点强烈影响块特征，由于统计模型参数和计算方法以及遗传标记密度和等位基因频率，块边界可以是任意的。块的内部可能不一致，例如强 LD 侧翼有两个标记，弱 LD 侧翼有一个标记。启发式方法选择 SNP 的局限性为没有考虑 SNP 对性状的联合效应，没有客观地衡量 SNP 是因果关系的可信度，仅依靠宽松阈值和 SNP 之间相关性的主观解释。

惩罚回归模型：大量 SNP 及 SNP 之间的高度相关性会使传统回归模型变得不稳定。惩罚回归模型估计 SNP 效应大小，通过将较小的效应估计值压缩到零选择进入模型的 SNP。常见惩罚回归模型有 lasso、弹性网络、最小最大凹惩罚、正态-指数-伽玛先验分布压缩。模拟研究表明：惩罚模型的性能往往优于前向选择模型。当使用非常严格的 P 值阈值来选择 SNP 时，正向选择模型可能会过于保守，但是较宽松的阈值会增加错误选择 SNP 的可能性。惩罚模型使用调优参数来选择模型中的 SNP，从模型中删除效应较小的 SNP。调优参数通常通过交叉验证选择具有最小预测误差的模型。惩罚模型倾向于出现稀疏模型，仅选择一组相关 SNP 中的一个或几个 SNP，产生一个良好的预测模型，该模型包括非因果 SNP，并在 SNP 高度相关时排除因果 SNP。

贝叶斯方法：贝叶斯推理着重于特定假设或特定模型的概率，从而提供了对感兴趣模型的概率解释。精细定位模型可以由每个 SNP 的指示变量表示，因果 SNP 表示为 1，非因果 SNP 表示为 0，用向量 c 记录 SNP 的指示变量，m 个 SNP 有 2^m 个可能的 c 向量（因此也有 2^m 个可能的模型），无任何因果 SNP 的 c 所有值等于 0，全为因果 SNP 的 c 所有值等于 1。使用贝叶斯公式，将模型的先验概率与数据 D（性状和 SNP）结合，计算指定模型 M_c 的后验概率。模型的先验概率：① 变异是独立的并且有同样可能性是因果变异；② 全部变异中因果变异的数量固定。模型的后验概率可以用来确定模型中包含某个 SNP 的后验概率（后验包含概率，PIP），以及确定检测可能因果 SNP 所需的最小 SNP 集（可信集）。模型 M_c 的后验概率：

$$P(M_c \mid D) = \frac{P(D \mid M_c)P(M_c)}{\sum_{M \in \mathcal{M}} P(D \mid M)P(M)} \tag{9.1}$$

分母之和是指定模型空间 $\mathcal{M}$ 中所有模型的总和。例如，如果模型空间要允许 k 个 SNP 中恰好有一个因果 SNP，那么在空间 $\mathcal{M}$ 中将有 k 个可能的 c 向量，k 个可能的模型。$P(D \mid M_c)$ 是假设模型条件下数据的概率，如果仅考虑一组固定的 β 值，则 $P(D \mid M_c)$ 将是数据的可能性，表示为 $P(D \mid \beta)$。贝叶斯推理将 β 视为随机效应，β 具有先验分布 $P(\beta \mid M_c)$，边缘似然值通过对 β 值的分布进行积分：

$$P(D \mid M_c) = \int P(D \mid \beta)P(\beta \mid M_c) \partial\beta$$

贝叶斯方法：后验包含概率

SNP 的 PIP 是在任何模型中都将 SNP 包括在因果关系中的可能性。对于 SNPj，PIP 由所有模型（包括 SNP j 作为因果关系）的后验概率之和计算得出：

$$PIP_j = P(C_j = 1 \mid D) = \sum_{M, C_j = 1} P(M \mid D)$$

通过 PIP 对 SNP 进行排序选择可能的因果 SNP，使因果 SNP 的预期数量最大。但是，当一个区域中的多个 SNP 高度相关，并且所有 SNP 与表型大致相关时，没有一个单独的 PIP 会很大，可以对区域中所有 SNP 的估计 PIP 求和来估计因果 SNP 的后验预期数量。

贝叶斯方法：可信集

贝叶斯方法可用于确定 α 可信集，即包含所有概率为 α 的因果 SNP 的最小集合。当仅假设一个因果 SNP 时，α 是一组中 SNP 的 PIP 之和。α 可信集等效于将 SNP 从最大 PIP 到最小 PIP 进行排序，并取 PIP 的累加总和直到至少为 α。

用于精细定位的贝叶斯方法有很多优点。首先与 P 值不同，可以直接比较 SNP 的后验概率。其次，与基于先导 SNP 相关性选择 SNP 相比，贝叶斯方法倾向于选择较少的 SNP。再次，模拟研究表明，贝叶斯方法比条件逐步回归和惩罚回归模型有更好的表现。最后，由于贝叶斯模型基于 SNP 的联合效应，因此可控制较大效应的 SNP，从而提高检测较小效应 SNP 的能力。

整合研究和 Meta 分析

整合多项研究的数据可以提高精细定位的精度，使用性状与 SNP 关联的统计量，大多数统计量数据集中在边际回归 β 值及其方差上。个体水平的数据获得多个 SNP 的联合效应，性状 y 同时对所有 SNP 作回归分析，$y = X\beta^J + e$，此处 β^J 是单核苷酸多态性的联合效应向量，X 为 SNP 效应矩阵（最少等位基因数），e 为随机误差。在统计量数据中，当只有边际 β 值，仍然有可能确定精细定位所需的 SNP 联合效应。效应量小时，联合和边际效应之间的关系为 $\beta^J = R^{-1}\beta^M$，此处 β^M 为边际效应的向量，R^{-1} 是成对 SNP 的相关矩阵的逆（假设 X 的列被标准化为平均值为 0，方差为 1）。SNP 相关矩阵表示 SNP 之间的 LD，由于不能直接使用原始数据估计 SNP 相关性，在实践中通常使用适当的参考样本来估算 SNP 相关性，将来自单个 SNP 分析的边际统计量数据合并起来用于联合分析。如果参考样品中的 LD 模式不代表分析样品中的 LD 模式，则估计的联合效应可能会产生偏差，从而导致精细定位中的错误。

跨种群精细定位

比较不同种群的 GWAS 结果表明：与复杂性状关联的 SNP 在不同群体中一致，等位基因对性状的效应方向也一致。不同种群数据的 Meta 分析可以通过利用 LD 模式中的种群差异来进行精细定位。精细定位使用种群间遗传关系越远的数据，则 LD 越短，可以大大减少贝叶斯精细定位可信集合的大小，且种群比例相等时最优。跨种群精细定位通常使用随机效应方法进行 Meta 分析，因为 SNP 在不同群体中可能具有不同的效应值。这种效应异质性的原因可能为实验设计的差异，SNP 间相互作用或者影响基因效应的环境因素。贝叶斯分类法将相似种群的个体作为一类，假设同一类中个体具有相同的等位基因效应，而来自不同类的个体具有不同的等位基因效应，如高密度脂蛋白胆固醇精细定位研究。考虑基因组特定区域（continuum）等位基因异质性，并使用个体之间遗传相似性的主成分确定遗传变异的轴，然后使用主成分来调整等位基因效应大小的异质性。

影响贝叶斯 PIP 进行精细定位的因素

期望后验概率取决于因果 SNP 对性状的效应大小（通过多元回归 R^2 来衡量，因果 SNP 解释性状变异的百分比）和样本大小（N）。重要的是，这两个因素组合成确定功效的非中心参数：

$$\lambda = NR^2 / (1 - R^2)$$

影响期望后验概率的因素还包括 SNP 数量（假设一个因果 SNP 和 m 个非因果 SNP）和 SNP 相关结构。为了简化相关结构，假设所有 SNP 有均等相关 ρ，这种情况可能在检测较小的基因组区域或对 SNP 进行过滤以达到相关阈值时发生。最后，假设因果 SNP 的先验概率也影响后验概率。基于这些假设，因果 SNP 的期望后验概率可以表示为：

$$\text{post}_C = \frac{\text{pr}_C}{\text{pr}_C + \sum_{i \neq c}^{m} \text{pr}_i \exp\{-(1-\rho)NR^2/(1-R^2)\}} \tag{9.2}$$

其中 pr_i 是第 i 个 SNP 为因果关系的先验概率，而下标 c 为因果 SNP。通过在多个非因果 SNP 之间扩展后验概率，增加非因果 SNP 的数量往往会降低后验概率，尤其是当非中心性参数 λ 较小时。

当 SNP 高度相关时，很难获得因果 SNP 的较大后验概率。因此，在执行精细定位之前预先过滤与先导 SNP 具有较大相关性的 SNP 可能为时过早，因为相关性小的 SNP 仍然是可行的候选对象。此外，当功效较弱或 SNP 相关性较大时，先验概率的选择至关重要，错误指定先验概率可能会导致非因果 SNP 具有较大的后验概率。

第二节　多元混合线性模型

一、基本理论

GWAS 中可以应用多元混合线性模型，由 Henderson 模型扩展而来：

$$y = \mu + X_{js}\beta + X_{-js}u + e \tag{9.3}$$

此处，y 为表型；μ 为均值；β 为 SNP 窗口效应，为固定效应，由 j 行相邻的 SNP 组成；$u \sim N(0, G\sigma_a^2)$ 是未知的随机多基因效应，行数 p 是 SNP 数减去 j，此处 G 是基因组关系矩阵，σ_a^2 是遗传方差。X_{js} 和 X_{-js} 分别是 β 和 u 的指示矩阵。$e \sim N(0, \sigma_e^2)$ 是剩余效应，σ_e^2 是剩余方差。为了检测 SNP 窗口和表型的关联性，原假设（H_0）是 $\beta = 0$，备择假设（H_1）是 $\beta \neq 0$。使用 F 检测进行假设检验：

$$F = \frac{(n-1)(\hat{\beta}X'_{js}y - 1/ny'y)}{y'y - \hat{\beta}X'_{js}y - \hat{\mu}1'_n y}$$

此处，n 是表型的数量，F 检测的自由度为 j 和 $n-j$。

使用混合模型估计 SNP 效应，G 矩阵计算公式如下：

$$G = TT'/\left(\sum 2p_i q_i\right)$$

此处，T 是 $n \times m$ 矩阵，n 为家畜数，m 为 SNP 数，2 个等位基因的频率分别为 p 和 q，下标 i 为第 i 个标记。由于计算 G 矩阵需要连续移出 SNP 窗口，G 矩阵需要重复计算 $l = \dfrac{\text{总标记数}}{\text{窗口中的 SNP 数}}$ 次，计算密集，因此使用 PRESS（Prediction Sum of Squares）统计量：

$$(X_{-js}X_{-js})^{-1} = (XX')^{-1} + (XX')^{-1}X_{js}(I - X'_{js}(XX')^{-1}X_{js})^{-1}X'_{js}(XX')^{-1}$$

此处，I 为单位矩阵。

本节的模拟方案基本同上节，其结果如下。

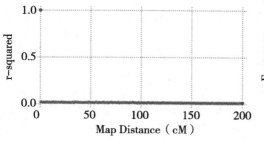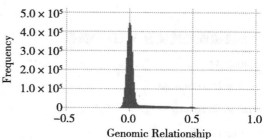

染色体片段的 r^2 值及基因组相关性分布

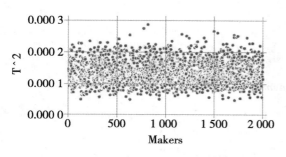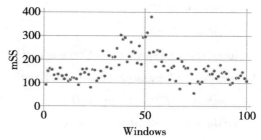

1 号染色体上连锁分析的 T 统计量和 mSS

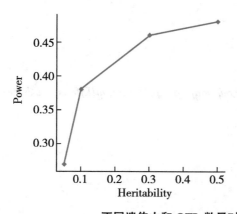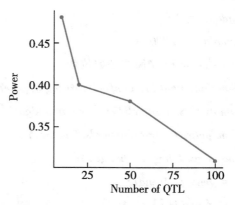

不同遗传力和 QTL 数目对多元回归模型功效的影响

　　左侧图中 QTL 数目是 20，遗传力由 0.05 变化到 0.5。右侧图中遗传力是 0.3，QTL 数目由 10 增加到 100

二、Julia 代码

1. 模拟既无连锁也无 LD 的数据

```
using XSim
using Distributions
using StatsFuns
using Gadfly
chrLength = 1.0
numChr = 1
numLoci = 2010
mutRate = 2e-8
locusInt = chrLength * numChr/numLoci
mapPos = [locusInt/2: locusInt: chrLength * numChr-0.0001]
geneFreq = fill(0.5, numLoci)
qtlMarker = fill(false, numLoci)
qtlEffects = fill(0.0, numLoci)
nQTL = 10
windows = 20
animalno = 2000
xprecision = 6    #保留小数位数
XSim.init(numChr, numLoci, chrLength, geneFreq, mapPos, qtlMarker, qtlEffects, mutRate)
animals = XSim.sampleFounders(animalno);
XSim.outputPedigree(animals, "bv.txt")
geno = readdlm("bv.txt.gen");
M = geno[:, 2: end];
geno = nothing
gc()
#质量控制
p = vec(mean(M, 1)/2)
sel = 0.01.< p.< 0.99
MSel = M[:, sel];
M = nothing
```

```
gc( )
#随机抽样 QTL 位置
k = size( MSel, 2)
QTLPos = sample([ 1: k], nQTL, replace =false);
QTLPos = sort( QTLPos);
outfile = open( "QTLposfile", "w")
writedlm( outfile, round( QTLPos, xprecision))
close( outfile)
#标记位置
mrkPos = deleteat!([ 1: k], sort( QTLPos));
#QTL 和标记矩阵
Q = MSel[ :, QTLPos];
X = MSel[ :, mrkPos];
outfile = open( "SNPdata", "w")
writedlm( outfile, round( X, xprecision))
close( outfile)
#模拟育种值和表型值
nQTL = size( Q, 2)
nObs = size( Q, 1)
α = 0. 01 * ones( nQTL)
b = [5]
for i in b
    α[ i] = 100 * α[ i]
end
a = Q * α
va = var( a)
ve = 3. * va
resStd = sqrt( ve)
y = a + rand( Normal( 0, resStd), nObs);
vary = var( y)
h2 = va/vary
@ printf "heritability = %5. 2f" h2
outfile = open( "alfa", "w")
```

writedlm(outfile, round(α, xprecision))

close(outfile)

nsnp = size(X, 2)

freq = zeros(Float64, nsnp) ;

for i = 1: nsnp

*freq[i] = sum(X[: , i]) . /(2. 0. * sum(X[: , i]. ! = 5. 0))*

end

mean1 = mean(freq)

X = X. −mean1;

*freq1 = freq. * (1. 0−freq) ;*

*XTX = X * X´;*

XTXI = inv(XTX) ;

XTX = nothing

gc( )

*H = X´ * XTXI * X;*

ind = size(X, 1)

nmark = size(X, 2)

Za = eye(ind, ind) ;

YY = zeros(Float64, ind, 1+windows) ;

YY[: , 1] = 1;

Ftest = zeros(Float64, int(nmark. /windows)) ;

for i = 1: int(nmark. /windows)

 *start1 = (i − 1) * windows + 1*

 end1 = start1 + (windows−1)

 YY[: , 2: (windows+1)] = X[: , start1: end1]

 Imatrix = eye(windows)

 delfreq1 = deleteat! ([1: nmark] , [start1: end1])

 *GIve = (XTXI + XTXI * X[: , start1: end1] * (inv(Imatrix −*

  *H[start1: end1, start1: end1])) * X[: , start1: end1] ´ * XTXI) . * (2. 0. * sum(freq1*

 [delfreq1]))

 LHS = [YY´YY YY´Za

   *Za´YY Za´Za + GIve. * (ve. /va)]*

 RHS = [YY´y

Za´y]

C = inv(LHS)

bhat = C ∗ RHS

msn = 2

Ftest[i] = −log10(fdistpdf(windows, animalno−windows,

　　　((bhat[msn, :] . ∗ bhat[msn, :]) . / C[2, 2]) [1, 1]))

if (i%10) = = 0

　　println ("This is Windows ", i)

end

end

outfile = open("Ftest", "w")

writedlm(outfile, round(Ftest, xprecision))

close(outfile)

some_plot = plot(x = 1: 100, y = Ftest[1: 100], Guide. XLabel("Windows"),

　　　Guide. YLabel("−log10P"))

draw(PNG("Ftest", 5inch, 3inch), some_plot)

2. 模拟只有连锁的数据

以下程序代替上面的两行加粗程序即可。

nf = 100　#半同胞家系数

ns = 100　#同胞数

nd = 20　　#与每头公畜交配的母畜数

no = 2　　　#每头母畜的后代数

ind = [1: (ns+ns ∗ nd+ns ∗ nd ∗ no)]

sire = int([fill(0, ns+ns ∗ nd), kron([1: ns], ones(nd ∗ no))])

dam = int([fill(0, ns+ns ∗ nd), kron([1+ns: ns+ns ∗ nd], ones(no))])

pedSim = [ind sire dam]

for i in 2: nf

　　n = pedSim[end, 1]

　　ind1 = ind+n

　　sire1 = copy(sire)

　　sire1[sire. > 0] += n

　　dam1 = copy(dam)

　　dam1[dam. >0] += n

```
    pedSim = [pedSim; [ind1 sire1 dam1]]
end
pedArray = Array(XSim.PedNode, size(pedSim, 1))
for i in 1: size(pedSim, 1)
    indi = pedSim[i, 1]
    sirei = pedSim[i, 2]
    dami = pedSim[i, 3]
    pedArray[pedSim[i, 1]] = XSim.PedNode(indi, sirei, dami)
end
#产生群体
pop1 = startPop()
ngen = 1
popSize = 2000
pop1.popSample(ngen, popSize);
```

第三节　贝叶斯 GWAS

Meuwissen 等 2001 年提出 3 种针对全基因组预测育种值的回归模型：

$$y_i = \mu + \sum_{j=1}^{k} X_{ij} a_j + e_i \tag{9.4}$$

此处，y_i 是表型值，μ 是截距，X_{ij} 是第 i 个动物的第 j 个标记协变量，a_j 是 X_{ij} 的偏回归系数，e_i 是独立同分布的剩余效应，平均数为 0，方差为 σ_e^2。大多数情况下，X_{ij} 是 SNP 基因型协变量，可以依据第 j 个 SNP 标记的 B 等位基因编码为 0，1，2。

Meuwissen 等提出的 3 种方法只是在 a_j 的先验分布上有差异，截距的先验分布都是均匀分布，σ_e^2 的先验分布都是逆卡方分布。

一、BLUP

Meuwissen 等的第一种全基因组分析方法被称为 "BLUP"，a_j 的先验分布是均值为 0，方差为 σ_a^2 的正态分布。假设标记中包含 QTL，随机抽样的家畜 i 的基因型值 g_i 为：

$$g_i = \mu + x'_i a \tag{9.5}$$

此处，x'_i 是 SNP 的基因型协方差向量，a 是回归系数向量。随机抽样的家畜只是 x'_i 不同，a 是相同的。因此，基因型值的变异完全取决于家畜基因型的变化，且 σ_a^2 并不是一个位点的遗传变异。

1. σ_a^2 和遗传变异的关系

假设对性状有影响的位点处于连锁平衡状态，则加性遗传方差为：

$$V_A = \sum_{j=1}^{k} 2p_j q_j a_j^2 \tag{9.6}$$

此处，$p_j = 1 - q_j$ 是 SNP 位点 j 的基因频率，令 $U_j = 2p_j q_j$ ，$V_j = a_j^2$ ，则

$$V_A = \sum_{j=1}^{k} U_j V_j$$

对于随机抽样的位点，U_j 和 V_j 的协方差为：

$$C_{UV} = \frac{\sum_j U_j V_j}{k} - \left(\frac{\sum_j U_j}{k}\right)\left(\frac{\sum_j V_j}{k}\right)$$

重新排列 C_{UV} 表达式

$$\sum_j U_j V_j = k C_{UV} + \left(\sum_j U_j\right)\left(\frac{\sum_j V_j}{k}\right)$$

因此

$$V_A = k C_{UV} + \left(\sum_j 2p_j q_j\right)\left(\frac{\sum_j a_j^2}{k}\right)$$

令 $\sigma_a^2 = \dfrac{\sum_j a_j^2}{k}$ ，则

$$V_A = k C_{UV} + \left(\sum_j 2p_j q_j\right)\sigma_a^2$$

并且

$$\sigma_a^2 = \frac{V_A - k C_{UV}}{\sum_j 2p_j q_j}$$

如果基因频率和基因效应无关，则

$$\sigma_a^2 = \frac{V_A}{\sum_j 2p_j q_j}$$

2. 完全条件后验分布

所有参数的联合后验分布为：

$$f(\theta \mid y) \propto f(y \mid \theta) f(\theta)$$

$$\propto (\sigma_e^2)^{-n/2} \exp\left\{-\frac{(y - 1\mu - \sum X_j a_j)'(y - 1\mu - \sum X_j a_j)}{2\sigma_e^2}\right\}$$

$$\times \prod_{j=1}^{k} (\sigma_a^2)^{-1/2} \exp\left\{-\frac{a_j^2}{2\sigma_a^2}\right\}$$

$$\times (\sigma_a^2)^{-(2+v_a)/2} \exp \left\{ -\frac{v_a S_a^2}{2\sigma_a^2} \right\}$$

$$\times (\sigma_e^2)^{-(2+v_e)/2} \exp \left\{ -\frac{v_e S_e^2}{2\sigma_e^2} \right\}$$

此处，θ 为所有未知参数。

3. μ 的完全条件后验分布

截距 μ 的完全条件后验分布为均值为 $\hat{\mu}$，方差为 $\dfrac{\sigma_e^2}{n}$ 的正态分布，此处 $\hat{\mu}$ 为以下模型 μ 的最小二乘解。

$$y - \sum_{j=1}^{k} X_j a_j = 1\mu + e$$

上述模型的方差估计值为 $\dfrac{\sigma_e^2}{n}$，n 为观察值个数。

4. a_j 的完全条件后验分布

a_j 的完全条件后验分布为：

$$f(a_j \mid ELSE) \propto \exp \left\{ -\frac{(w_j - X_j a_j)'(w_j - X_j a_j)}{2\sigma_e^2} \right\}$$

$$\times \exp \left\{ -\frac{a_j^2}{2\sigma_a^2} \right\}$$

$$\propto \exp \left\{ -\frac{[w'_j w_j - 2w'_j X_j a_j + a_j^2 (x'_j x_j + \sigma_e^2/\sigma_a^2)]}{2\sigma_e^2} \right\}$$

$$\propto \exp \left\{ -\frac{(a_j - \hat{a}_j)^2}{\dfrac{2\sigma_e^2}{(x'_j x_j + \sigma_e^2/\sigma_a^2)}} \right\}$$

此处，$w_j = y - 1\mu - \sum_{l \neq j} X_l a_l$，因此 a_j 的完全条件后验分布为正态分布，其平均值为

$$\hat{\gamma}_j = \frac{X'_j w_j}{(x'_j x_j + \sigma_e^2/\sigma_a^2)}$$

其方差为

$$\frac{\sigma_e^2}{(x'_j x_j + \sigma_e^2/\sigma_a^2)}$$

5. σ_a^2 的完全条件后验分布

$$f(\sigma_a^2 \mid ELSE) \propto \prod_{j=1}^{k} (\sigma_a^2)^{-1/2} \exp \left\{ -\frac{a_j^2}{2\sigma_a^2} \right\}$$

$$\times (\sigma_a^2)^{-(v_a+2)/2} \exp\left\{ -\frac{v_a S_a^2}{2\sigma_a^2} \right\}$$

$$\propto (\sigma_a^2)^{-(k+v_a+2)/2} \exp\left\{ -\frac{\sum_{j=1}^{k} a_j^2 + v_a S_a^2}{2\sigma_a^2} \right\}$$

上式服从自由度为 $\tilde{v}_a = v_a + k$，尺度参数为 $\tilde{S}_a^2 = \left(\sum_{j=1}^{k} a_j^2 + v_a S_a^2 \right) / \tilde{v}_a$ 的逆卡方分布。

6. σ_e^2 的完全条件后验分布

$$f(\sigma_e^2 \mid ELSE) \propto (\sigma_e^2)^{-n/2} \exp\left\{ -\frac{(y-1\mu-\sum X_j a_j)'(y-1\mu-\sum X_j a_j)}{2\sigma_e^2} \right\}$$

$$\times (\sigma_e^2)^{-(v_e+2)/2} \exp\left\{ -\frac{v_e S_e^2}{2\sigma_e^2} \right\}$$

$$\propto (\sigma_e^2)^{-(n+2+v_e)/2} \exp\left\{ -\frac{(y-1\mu-\sum X_j a_j)'(y-1\mu-\sum X_j a_j)+v_e S_e^2}{2\sigma_e^2} \right\}$$

上式服从自由度为 $\tilde{v}_e = n + v_e$，尺度参数为 $\tilde{S}_e^2 = \dfrac{(y-1\mu-\sum X_j a_j)'(y-1\mu-\sum X_j a_j)+v_e S_e^2}{\tilde{v}_e}$ 的逆卡方分布。

二、BayesB

1. 模型

通常使用的 BayesB 模型是：

$$y_i = \mu + \sum_{j=1}^{k} X_{ij} a_j + e_i \tag{9.7}$$

此处，μ 的先验分布是均匀分布，a_j 的先验分布是混合分布：

$$a_j = \begin{cases} 0 & \Pr = \pi \\ \sim N(0,\ \sigma_j^2) & \Pr = (1-\pi) \end{cases}$$

σ_j^2 服从尺度参数是 S_a^2，自由度为 v_a 的逆卡方先验分布。剩余效应服从均值为 0，方差为 σ_e^2 正态分布，此处 σ_e^2 服从逆卡方先验分布，尺度参数为 S_e^2，自由度为 v_e。Meuwissen 等 2001 年给出 σ_j^2 和 a_j 联合分布的 Metropolis–Hastings 抽样算法；以下我们给出 BayesB 的 Gibbs 抽样算法。为了使用 Gibbs 抽样，模型改写为：

$$y_i = \mu + \sum_{j=1}^{k} X_{ij} \beta_j \delta_j + e_i$$

此处，$\beta_j \sim N(0,\ \sigma_j^2)$，$\delta_j$ 服从 Bernoulli 分布，以 $1-\pi$ 的概率等于 1：

$$\delta_j = \begin{cases} 0 & \Pr = \pi \\ 1 & \Pr = (1-\pi) \end{cases}$$

其他先验分布基本和上一章的模型相同，在以上模型中 $a_j = \beta_j \delta_j$ 是和通常的 BayesB 一样，是混合分布。

2. 参数的完全条件后验分布

所有参数的联合完全条件后验分布如下，此处 θ 表示所有的参数。

$$f(\theta \mid y) \propto f(y \mid \theta) f(\theta)$$

$$\propto (\sigma_e^2)^{-n/2} \exp\left\{ -\frac{(y - 1\mu - \sum X_j \beta_j \delta_j)'(y - 1\mu - \sum X_j \beta_j \delta_j)}{2\sigma_e^2} \right\}$$

$$\times \prod_{j=1}^{k} (\sigma_j^2)^{-1/2} \exp\left\{ -\frac{\beta_j^2}{2\sigma_j^2} \right\}$$

$$\times \prod_{j=1}^{k} \pi^{(1-\delta_j)} (1 - \pi)^{\delta_j}$$

$$\times \prod_{j=1}^{k} (\sigma_j^2)^{-(2+v_\beta)/2} \exp\left\{ -\frac{v_\beta S_\beta^2}{2\sigma_j^2} \right\}$$

$$\times (\sigma_e^2)^{-(2+v_e)/2} \exp\left\{ -\frac{v_e S_e^2}{2\sigma_e^2} \right\}$$

3. μ 的完全后验条件分布

截距 μ 的完全条件后验分布为均值为 $\hat{\mu}$，方差为 $\frac{\sigma_e^2}{n}$ 的正态分布，此处 $\hat{\mu}$ 为以下模型 μ 的最小二乘解。

$$y - \sum_{j=1}^{k} X_j \beta_j \delta_j = 1\mu + e$$

上述模型的方差估计值为 $\frac{\sigma_e^2}{n}$，n 为观察值个数。

4. β_j 的完全后验条件分布

$$f(\beta_j \mid ELSE) \propto \exp\left\{ -\frac{(w_j - X_j \beta_j \delta_j)'(w_j - X_j \beta_j \delta_j)}{2\sigma_e^2} \right\}$$

$$\times \exp\left\{ -\frac{\beta_j^2}{2\sigma_j^2} \right\}$$

$$\propto \exp\left\{ -\frac{[w'_j w_j - 2w'_j X_j \beta_j \delta_j + \beta_j^2 (x'_j x_j \delta_j + \sigma_e^2/\sigma_j^2)]}{2\sigma_e^2} \right\}$$

$$\propto \exp\left\{ -\frac{(\beta_j - \hat{\beta}_j)^2}{\frac{2\sigma_e^2}{(x'_j x_j \delta_j + \sigma_e^2/\sigma_j^2)}} \right\}$$

此处，$w_j = y - 1\mu - \sum_{l \neq j} X_l\beta_l\delta_l$ ，因此 β_j 的完全条件后验分布为正态分布，其平均值为

$$\hat{\beta}_j = \frac{X'_j w_j \delta_j}{(x'_j x_j \delta_j + \sigma_e^2/\sigma_j^2)}$$

其方差为

$$\frac{\sigma_e^2}{(x'_j x_j \delta_j + \sigma_e^2/\sigma_j^2)}$$

5. δ_j 的完全条件后验概率

$$\Pr(\delta_j = 1 \mid ELSE) \propto \frac{h(\delta_j = 1)}{h(\delta_j = 1) + h(\delta_j = 0)}$$

此处，$h(\delta_j) = \pi^{(1-\delta_j)} (1 - \pi)^{\delta_j} \exp\left\{ -\frac{(w_j - X_j\beta_j\delta_j)'(w_j - X_j\beta_j\delta_j)}{2\sigma_e^2} \right\}$

6. σ_j^2 的完全条件后验分布

$$f(\sigma_j^2 \mid ELSE) \propto (\sigma_j^2)^{-1/2} \exp\left\{ -\frac{\beta_j^2}{2\sigma_j^2} \right\}$$

$$\times (\sigma_j^2)^{-(v_\beta+2)/2} \exp\left\{ -\frac{v_\beta S_\beta^2}{2\sigma_j^2} \right\}$$

$$\propto (\sigma_j^2)^{-(1+v_\beta+2)/2} \exp\left\{ -\frac{\beta_j^2 + v_\beta S_\beta^2}{2\sigma_j^2} \right\}$$

上式服从自由度为 $\tilde{v}_j = v_\beta + 1$ ，尺度参数为 $\tilde{S}_j^2 = (\beta_j^2 + v_\beta S_\beta^2)/\tilde{v}_j$ 的逆卡方分布。

7. σ_e^2 的完全条件后验分布

$$f(\sigma_e^2 \mid ELSE) \propto (\sigma_e^2)^{-n/2} \exp\left\{ -\frac{(y - 1\mu - \sum X_j\beta_j\delta_j)'(y - 1\mu - \sum X_j\beta_j\delta_j)}{2\sigma_e^2} \right\}$$

$$\times (\sigma_e^2)^{-(v_e+2)/2} \exp\left\{ -\frac{v_e S_e^2}{2\sigma_e^2} \right\}$$

$$\propto (\sigma_e^2)^{-(n+2+v_e)/2} \exp\left\{ -\frac{(y - 1\mu - \sum X_j\beta_j\delta_j)'(y - 1\mu - \sum X_j\beta_j\delta_j) + v_e S_e^2}{2\sigma_e^2} \right\}$$

上式服从自由度为 $\tilde{v}_e = n + v_e$ ，尺度参数为 $\tilde{S}_e^2 = \dfrac{(y - 1\mu - \sum X_j\beta_j\delta_j)'(y - 1\mu - \sum X_j\beta_j\delta_j) + v_e S_e^2}{\tilde{v}_e}$ 的逆卡方分布。

第四节　单步全基因组分析方法

单步基因组关联分析包括 ssGBLUP 和 ssGWAS。ssGBLUP 将 BLUP 中的 A^{-1} 矩阵替换为

H^{-1}。在家畜基因组分析中，往往只有几千个个体有基因型数据，而表型和系谱信息可多达几百万。通常测序个体，尤其是公畜，没有表型数据可以利用。估计标记效应（即训练）是基于反回归 EBV，可以使用选择指数理论结合以标记为基础的 EBV 和系谱为基础的 EBV。

一、ssGBLUP

1. 标记效应模型

$$y = X\beta + Ma + e \tag{9.8}$$

（9.8）式中 β 为固定效应，X 为固定效应指示矩阵，M 为标记协方差，$a \sim N(0, I\sigma_a^2)$，$e \sim N(0, I\sigma_e^2)$。

2. 育种值模型

Henderson 在 1984 年证明，如果两个模型的观察值向量 y 有相同的一阶和二阶矩，则两个线性模型是相等的，并有相同的统计推断结果。据此，（9.8）式可改写为：

$$y = X\beta + g + e \tag{9.9}$$

（9.9）式中 $g = Ma$，且平均数为 0，协方差矩阵为：

$$Var(g \mid M) = Var(Ma)$$
$$= MVar(a) M'$$

则在（9.8）和（9.9）式中，y 的平均数为 $X\beta$，协方差为：

$$Var(y \mid M) = MVar(a) M' + I\sigma_e^2$$

因此，以上两个模型是线性相等的，且有相同的统计推断结果。当标记的数量比 g 大时，可以求解（9.9）的 MME 获得 g 的 BLUP，且

$$\sigma_a^2 = \frac{\sigma_g^2}{\sum_j 2p_j(1 - p_j)}$$

因此

$$Var(g \mid M) = \frac{MM'}{\sum_j 2p_j(1 - p_j)}\sigma_g^2$$
$$= G\sigma_g^2$$

3. 结合系谱和基因型信息的 BLUP

假设 g 可以被拆分为：

$$g = \begin{bmatrix} g_1 \\ g_2 \end{bmatrix} = \begin{bmatrix} g_1 \\ M_2a \end{bmatrix}$$

上式中，g_1 是没有基因型数据 M_1 家畜的基因组育种值，g_2 是有基因型数据 M_2 家畜的育

种值，由 Legarra（2009）文章，向量 g_1 可被改写为：

$$g_1 = A_{12}A_{22}^{-1}g_2 + (g_1 - A_{12}A_{22}^{-1}g_2)$$
$$= \hat{g}_1 + e \tag{9.10}$$

（9.10）式中 A_{ij} 是 A 中对应 g_1 和 g_2 的部分，$\hat{g}_1$ 是给定 g_2 时 g_1 的最佳线性预测（BLP），（9.10）式的第二项是剩余效应，显而易见，（9.10）式的 e 和 g_2 不相关，因此如果 g_1 和 g_2 是多元正态分布，则 e 和 g_2 相互独立。

给定表型 P 时 g_1 的条件分布，则 g_1 的方差为：

$$Var(g_1 \mid P) = [A_{12}A_{22}^{-1}A_{21} + (A_{11} - A_{12}A_{22}^{-1}A_{21})]\sigma_g^2 \tag{9.11}$$
$$= A_{11}\sigma_g^2$$

（9.11）式的第一项为 $\hat{g}_1$ 的方差，第二项为 e 的方差。与此类似，$Var(g_2 \mid P) = A_{22}\sigma_g^2$。

给定 M_2 时 g_2 的条件分布变为均值为 0，协方差矩阵为 $M_2M'_2\sigma_a^2$ 的多元正态分布。g_2 的分布变化时，g_1 会相应地变化，且 g_1 服从均值为 0，协方差矩阵为

$$Var(g_1 \mid M_2) = A_{12}A_{22}^{-1}M_2M'_2A_{22}^{-1}A_{21}\sigma_a^2 + (A_{11} - A_{12}A_{22}^{-1}A_{21})\sigma_g^2 \tag{9.12}$$

此处，向量 $\hat{g}_1 = A_{12}A_{22}^{-1}g_2$ 的协方差矩阵由（9.12）式的第一项给出。因为 e 和 g_2 独立，（9.12）式的第二项和（9.11）式相同。类似的，给定 M_2 时 g_1 和 g_2 的协方差为：

$$Cov(g_1, g_2) = A_{12}A_{22}^{-1}M_2M'_2\sigma_a^2$$

因此，给定 M_2 时，g 服从多元正态分布，其均值为 0，协方差矩阵为：

$$Var(g \mid M_2) = H = \begin{bmatrix} A_{12}A_{22}^{-1}GA_{22}^{-1}A_{21} + (A_{11} - A_{12}A_{22}^{-1}A_{21}) & A_{12}A_{22}^{-1}G \\ GA_{22}^{-1}A_{21} & G \end{bmatrix}\sigma_g^2$$

此处，$G = M_2M'_2 / [\sum 2p_i(1-p_i)]$。为了建立 MME，需要求 H 矩阵的逆矩阵：

$$H^{-1} = A^{-1} + \begin{bmatrix} 0 & 0 \\ 0 & G^{-1} - A_{22}^{-1} \end{bmatrix}$$

值得注意的是，上式需要计算 G^{-1} 和 A_{22}^{-1}，这些矩阵是稠密矩阵，计算较为困难。由于家畜 SNP 数据量的不断增加，G^{-1} 和 A_{22}^{-1} 会越来越难以计算。SNP 频率的尺度也会影响 ssGBLUP 的估计结果。如果计算条件均值基于参与选择的所有家畜的数据，则所得条件均值和没有选择时的结果类似。否则，需要使用始祖代的 SNP 频率，因为这些频率不随选择变化。但在许多情况下，缺乏始祖代的 SNP 基因型数据，而只有测序家畜的基因型频率，这将导致有偏估计，这种情况在多品种情况下尤为严重。Fernando 曾使用该回归方法给出类似基因组预测方法，使用所有可利用信息的条件期望填补缺失的基因型数据，而非最佳线性预测（BLP）法。在 Fernando 的方法中，剩余效应和上面的 e 类似，都包括在模型中。当剩余效应包含在模型中时，上面提到的协方差矩阵并不是稀疏的，ssGBLUP 可能计算不可行。

二、单步贝叶斯回归（SSBR）

和 ssGBLUP 类似，表型值的混合线性模型可以有两种形式，BVM 和 MEM：

$$y = X\beta + Zg + e \tag{9.13}$$
$$= X\beta + ZMa + e \tag{9.14}$$

此处，Z 为指示矩阵，对应于有重复记录的家畜和没有记录的家畜。和 ssGBLUP 类似，认为 M_1 是不可观察的，因此不能使用 MEM 进行计算。这里，M_1a 等于 g_1，并使用 (9.10) 式；$g_2 = M_2a$，则表型值可以写为：

$$\begin{bmatrix} y_1 \\ y_2 \end{bmatrix} = \begin{bmatrix} X_1 \\ X_2 \end{bmatrix}\beta + \begin{bmatrix} Z_1 & 0 \\ 0 & Z_2 \end{bmatrix}\begin{bmatrix} g_1 \\ g_2 \end{bmatrix} + e$$

$$= \begin{bmatrix} X_1 \\ X_2 \end{bmatrix}\beta + \begin{bmatrix} Z_1 & 0 \\ 0 & Z_2 \end{bmatrix}\begin{bmatrix} A_{12}A_{22}^{-1}M_2a + \varepsilon \\ M_2a \end{bmatrix} + e$$

$$= \begin{bmatrix} X_1 \\ X_2 \end{bmatrix}\beta + \begin{bmatrix} Z_1 & 0 \\ 0 & Z_2 \end{bmatrix}\begin{bmatrix} \hat{M}_1a + \varepsilon \\ M_2a \end{bmatrix} + e$$

$$= X\beta + Wa + U\varepsilon + e$$

此处

$$U = \begin{bmatrix} Z_1 \\ 0 \end{bmatrix}, \quad X = \begin{bmatrix} X_1 \\ X_2 \end{bmatrix}, \quad W = \begin{bmatrix} W_1 \\ W_2 \end{bmatrix} = \begin{bmatrix} Z_1\hat{M}_1 \\ Z_2M_2 \end{bmatrix}$$

推断 SNP 协变量矩阵 $\hat{M}_1 = A_{12}A_{22}^{-1}M_2$，使用分块可逆可改写为 $A^{11}\hat{M}_1 = -A^{12}M_2$，可以利用稀疏矩阵特性有效求解，这个公式中 A^{ij} 是 A^{-1} 的子矩阵，对应于 g 的 g_1 和 g_2。这个模型和目前普遍使用的贝叶斯回归（BR）模型的差异为：

（1）某些协方差是被推断出来的；

（2）剩余项 ε 用于解释推断出的基因型协变量和缺失的真值之间的差异；

（3）无论 a 的先验分布是什么，向量 ε 近似于多元正态向量，其平均值为 0，协方差矩阵为 $(A_{11} - A_{12}A_{22}^{-1}A_{21})\sigma_g^2$，$\sigma_g^2$ 服从尺度参数为 S_g^2，自由度为 v_g 的逆卡方分布；

（4）只需推断一次未知 SNP 协变量，可以应用并行计算提高效率，且不会显著增加计算时间。

SSBR 方法的 MME 和 $\pi = 0$ 时的 BayesC 基本相同：

$$\begin{bmatrix} X'X & X'W & X'_1Z_1 \\ W'X & W'W + I\dfrac{\sigma_e^2}{\sigma_a^2} & W'_1Z_1 \\ Z'_1X_1 & Z'_1W_1 & Z'_1Z_1 + A^{11}\dfrac{\sigma_e^2}{\sigma_g^2} \end{bmatrix} \begin{bmatrix} \hat{\beta} \\ \hat{a} \\ \hat{\varepsilon} \end{bmatrix} = \begin{bmatrix} X'y \\ W'y \\ Z'_1y_1 \end{bmatrix}$$

相应于 ε 的 MME 子矩阵和传统的基于系谱分析时的 g_1 相同，都非常稀疏。给定 β 和 a 时，ε 可以使用 blocking-Gibbs 抽样或 single-site Gibbs 抽样。由于不必计算 G 矩阵或 G 逆矩阵，可以克服计算中所面临的一些问题。育种值（BV）可由下式计算：

$$\tilde{g} = \begin{bmatrix} \hat{M}_1 \\ M_2 \end{bmatrix} \hat{a} + U\hat{\varepsilon} = \begin{bmatrix} \hat{M}_1 \\ M_2 \end{bmatrix} \hat{a} + \begin{bmatrix} Z_1 \\ 0 \end{bmatrix} \hat{\varepsilon}$$

第五节　GBLUP 的准确性

GBLUP 的准确性依赖于标记和 QTL 之间的 LD。GBLUP 预测的可靠性决定于两个因素：标记解释的遗传方差比例 q^2 和标记解释的基因型值（a）组分的预测准确性 u。候选群体和训练群体之间的关系对预测准确性也有显著影响。

一、遗传模型

在加性基因模型下，个体 i 的基因型值向量 a_i 可以被写为：

$$a_i = q'_i\alpha$$

此处，q'_i 是中心化后 QTL 基因型协变量的行向量，α 是 QTL 效应向量。向量 q 通常是观察不到的，可以通过表型基因型预测。假设给定 x_i 时 a_i 的最佳线性预测（BLP）为：

$$u_i = x'_i\beta$$

此处，x_i 是个体 i 中心化后的标记基因型协变量向量。因此 a_i 可被写为：

$$a_i = u_i + \varepsilon_i \tag{9.15}$$

（9.15）式中 $\varepsilon_i = a_i - u_i$，且 ε_i 和标记协变量 x_i 不相关，这样 u_i 是可被标记解释的 a_i 组分。

传统上，α 被认为是固定的，则 a_i 的方差为：

$$Var(a_i) = \alpha'V_{QQ}\alpha$$

$$\beta = V_{XX}^{-1}V_{XQ}\alpha \tag{9.16}$$

u_i 的方差为

$$Var(u_i) = \beta' V_{xx}\beta$$

这里 V_{QQ} 是 q_i 的协方差矩阵，V_{xx} 是 x_i 的协方差矩阵，V_{xQ} 是 x_i 和 q_i 的协方差矩阵。标记解释的遗传方差比例为：

$$q^2 = \frac{\beta' V_{xx}\beta}{\alpha' V_{QQ}\alpha}$$

二、统计模型

为了获得 a_i 的最佳线性预测，向量 β 不需要通过（9.16）式计算，因为协方差矩阵 V_{xQ} 和 QTL 效应向量 α 是未知的。但是，我们可以使用标记基因型和形状表型数据预测 a_i 的 BLP u_i。为了计算简便，假设表型值已经矫正了所有非遗传效应，且均值为 0，则表型值 y 的模型可以写为：

$$
\begin{aligned}
y &= a + e^* \\
&= u + (a - u) + e^* \\
&= u + \varepsilon + e^* \\
&= X\beta + e
\end{aligned}
$$

此处 e^* 为环境效应向量，且 $e = \varepsilon + e^*$，在育种实践中，基因型矩阵 X 的列数（p）大于行数（n），因此依照惯例认为 β 为随机效应，其均值为 0，协方差矩阵为 $I\sigma_\beta^2$，这时 $Var(y \mid X) = V = G\sigma_\beta^2 + I\sigma_e^2$，这里 $G = XX'$，因为 $Cov(\beta, y) = \sigma_\beta^2 X'$，则 β 的 BLP 为：

$$
\begin{aligned}
\hat{\beta} &= Cov(\beta, y) V^{-1}y \\
&= \sigma_\beta^2 X'V^{-1}y
\end{aligned}
\tag{9.17}
$$

此时，有基因型协变量向量 k 的个体的 BLP 为：

$$
\begin{aligned}
\hat{u}_i &= k'\hat{\beta} \\
&= \sigma_\beta^2 k'X'V^{-1}y \\
&= \sigma_\beta^2 c'V^{-1}y
\end{aligned}
$$

这里，c' 是候选群和训练群的基因组关系矩阵。预测的可靠性为：

$$
\begin{aligned}
Cor^2(u_i, \hat{u}_i) &= \frac{Var(\hat{u}_i)}{Var(u_i)} \\
&= \frac{\sigma_\beta^2 c'V^{-1}c}{k'k}
\end{aligned}
$$

由上式易知：当候选群体和训练群体没有基因组相关时，即 $c' = 0$，则预测的可靠性为 0。为了进一步研究基因组相关对 $\hat{u}_i$ 预测可靠性的影响，我们采用以下固定线性模型。

三、基因组预测

当 β 是固定的，当且仅当 $E(k'\hat{\beta}) = k'\beta$，$k'\hat{\beta}$ 是可估计的，$k'\beta$ 可被估计的充分必要条件为 k' 是 X 矩阵的行空间。但是，任何 $p \times 1$ 行基因型向量 x' 都可以被写为两个行向量 k' 和 m' 的和，此处 k' 是 X 矩阵的行空间，m 和 X 矩阵正交，这种空间分解可看作 k' 是行空间 X 上 x' 的投影，并且 $m' = x' - k'$，因此 $\hat{u}_i$ 可被写为：

$$\hat{u}_i = k'\hat{\beta} + m'\hat{\beta}$$
$$= \hat{u}_{i1} + \hat{u}_{i2}$$

由（9.17）式易知 $\hat{\beta}$ 在 X 的行空间，因为 $m'\hat{\beta} = 0$，因此

$$\hat{u}_i = k'\hat{\beta}$$
$$= \hat{u}_{i1}$$

所以 $\hat{u}_i$ 的可靠性为

$$\begin{aligned}
Cor^2(u_i, \hat{u}_i) &= \frac{Var(\hat{u}_{i1})}{Var(u_i)} \\
&= \frac{k'Var(\hat{\beta})\,k}{x'Var(\beta)\,x} \\
&= \frac{k'Var(\hat{\beta})\,k}{\sigma_\beta^2 x'x}
\end{aligned} \tag{9.18}$$

又因为 u_{i1} 的 BLP 为 $\hat{u}_{i1} = k'\hat{\beta}$，因此 $\hat{u}_{i1}$ 的可靠性为

$$\begin{aligned}
Cor^2(u_{i1}, \hat{u}_{i1}) &= \frac{k'Var(\hat{\beta})\,k}{k'Var(\beta)\,k} \\
&= \frac{k'Var(\hat{\beta})\,k}{\sigma_\beta^2 k'k}
\end{aligned} \tag{9.19}$$

（9.19）式的最大值为 1.0，这意味着 $k'Var(\hat{\beta})\,k$ 的上界为 $\sigma_\beta^2 k'k$，则（9.18）式的上界为：

$$k_i^2 = \frac{k'k}{x'x} \tag{9.20}$$

由（9.20）式可知：无论 c' 的元素是多少，如果 x' 不在 X 的行空间中，则 $k_i^2 < 1.0$，且 $\hat{u}_i$ 的可靠性不可能达到 1.0。另外，如果 x' 在 X 的行空间中，则 $k_i^2 = 1.0$，且 $\hat{u}_i$ 的可靠性可能达到 1.0。值得注意的是，如果 X 的秩是 p，则任意个体 i 的 $k_i^2 = 1.0$，只要训练群体足够大，u_i 都能准确预测。

表型 i 预测的 R_i^2 被定义为：

$$Cor^2(y_i, \hat{u}_i) = \frac{Var(\hat{u}_i)}{Var(y_i)}$$

$$= \frac{Var(\hat{u}_i)}{Var(u_i)} \times \frac{Var(u_i)}{Var(a_i)} \times \frac{Var(a_i)}{Var(y_i)}$$

$$= Cor^2(u_i, \hat{u}_i) \times q^2 \times h^2$$

R_i^2 的上界为 $k_i^2 \times q^2 \times h^2 = k_i^2 \times h_g^2$，这里 $h_g^2 = h^2 \times q^2$，h_g^2 是基因组遗传力。

综上所述，为了定量研究 LD 对预测准确性的影响，a_i 改写为（9.15），标记解释 a_i 方差的比例为：

$$q^2 = \frac{Var(u_i)}{Var(a_i)}$$

与此类似，为了定量研究基因组相关对预测准确性的影响，我们将 u_i 剖分为：

$$u_i = k'\beta + m'\beta$$

$$= u_{i1} + u_{i2}$$

同时，通过基因组相关预测 u_i 方差的比例为：

$$k^2 = \frac{Var(u_{i1})}{Var(u_i)}$$

固定线性模型的预测结果只有"有"或"无"，而基因组预测结果的范围是 0~1。基因组预测结果为 1 等同于固定线性模型 $x'\beta$ 的预测。但是，当 $x'\beta$ 不能估计时，预测值 < 1。

四、标记为固定效应时的基因组预测

当 β 为固定效应时，RRBLUP 估计 $\hat{\beta}$ 是有偏的，其期望值为：

$$E(\hat{\beta} \mid X) = \beta - \left(I + \frac{1}{\lambda}X'X\right)^{-1}\beta$$

令 $Q = (X'X + \lambda I)^{-1}$，$W = \beta - \lambda(X'X + \lambda I)^{-1}\beta$ 则

$$r^2(u_i, \hat{u}_i \mid X) = \frac{(\beta'V_{xx}\beta - \lambda\beta'V_{xx}Q\beta)^2}{trace\{[Q\sigma^2 - \lambda QQ\sigma^2]V_{xx}\} + W'V_{xx}W}$$

此处，V_{xx} 为随机抽样的候选基因 x 的协方差矩阵。但是，$m'\hat{\beta} = 0$，所以只有 $k'\hat{\beta}$ 对预测 u_i 有贡献，因此 $r^2(u_i, \hat{u}_i \mid X)$ 的上界为：

$$k^2 = \frac{\beta'V_{KK}\beta}{\beta'V_{xx}\beta}$$

此处，V_{KK} 是 k 的协方差矩阵，候选基因型的随机抽样向量 x 在行空间 X 的投影为：

$$k = X'(XX')^{-1}Xx$$

$$V_{KK} = X' \ (XX')^{-1} XV_{XX}X' \ (XX')^{-1} X$$

第六节 Julia 语言示例

一、标记解释的遗传方差比例

```julia
using StatsBase
function calcV(L, Ne, p, nChr)
    C = zeros(p, p)
    for i = 1: p
        for j = 1: p
            C[i, j] = abs(i-j)/(1. 0 * (p-1)) * L
        end
    end
    R = 0. 5 * (1. 0 - exp(-2. 0 * C))
    V = kron(eye(nChr), sqrt(1. 0./(4. 0 * Ne * R + 1. 0)))
    return V
end
function calcQ2(L, Ne, p, nChr, nQTL)
    V = calcV(L, Ne, p, nChr);
    nQTL *= nChr
    QTLPos = sample([1: k], nQTL, replace=false, ordered=true)
    mrkPos = deleteat!([1: k], QTLPos)
    alpha = fill(1, nQTL)
    VQQ = V[QTLPos, QTLPos]
    VXQ = V[mrkPos, QTLPos]
    VXX = V[mrkPos, mrkPos]
    vqq = (alpha'VQQ * alpha)[1]
    VQQ /= vqq
    VXQ /= vqq
    VXX /= vqq
    VXXi = inv(VXX)
```

```
        beta = VXXi * VXQ * alpha
        vq = ( alpha'VQQ * alpha)[1]  # should be 1.0
        vm = ( beta'VXX * beta)[1]
        q2 = vm
        h2m = vm/(1+ve)
        println("q2 = ", q2)
        println("genomic heritability ", h2m)
end
In [1]: Ne = 100      #有效群体大小
        p = 2000
        L = 1.0
        nChr = 1
        nQTL = 100
        k = nChr * p
        ve = 0.25
        va = 1.0
        h2 = 1.0/(va+ve)
        calcQ2( L, Ne, p, nChr, nQTL)
Out[1]: q2 = 0.9926943878896197
        genomic heritability 0.7941555103116957
In [2]: Ne = 100
        p = 200
        L = 0.1
        nChr = 1
        k = nChr * p
        ve = 0.25
        va = 1.0
        h2 = 1.0/(va+ve)
        V = calcV(L, Ne, p, nChr);
        nQTL = 10
        nQTL *= nChr
        QTLPos = sort(sample([1:k], nQTL, replace=false))
        mrkPos = deleteat!([1:k], QTLPos)
```

```
alpha = fill(1, nQTL)
VQQ = V[QTLPos, QTLPos]
VXQ = V[mrkPos, QTLPos]
VXX = V[mrkPos, mrkPos]
vqq = (alpha′VQQ * alpha)[1]
VQQ /= vqq
VXQ /= vqq
VXX /= vqq
VXXi = inv(VXX)
beta = VXXi * VXQ * alpha
vq = (alpha′VQQ * alpha)[1] # should be 1.0
vm = (beta′VXX * beta)[1]
q2 = vm
h2m = vm/(1+ve)
println("q2 = ", q2)
println("genomic heritability ", h2m)
```

Out[2]：q2 = 0.9728943816595819

genomic heritability 0.7783155053276655

二、方差未知的线性回归模型（MCMC）

```
using Distributions
function simDat(nObs, nLoci, bMean, bStd, resStd)        #模拟数据
    X = [ones(nObs, 1) sample([0, 1, 2], (nObs, nLoci))]
    b = rand(Normal(bMean, bStd), size(X, 2))
    y = X * b + rand(Normal(0.0, resStd), nObs)
    return(y, X, b)
end
```

In [3]：nObs = 100;

nLoci = 5;

bMean = 0.0;

bStd = 0.5;

resStd = 1.0;

```
res = simDat( nObs, nLoci, bMean, bStd, resStd) ;

resVar = resStd^2;

y = res[ 1] ;

X = res[ 2] ;

b = res[ 3] ;

niter = 10000;

numParms = size( X, 2) ;

allSamples = zeros( niter, numParms+1) ;

thisSample = zeros( numParms) ;

diagXpX = diag( X'X) ;

sigmaSqE = 1;          #剩余方差

burnIn = 10;

dfPrior = 5;

scaleResVar = resVar;

dfPosterior = nObs+dfPrior;

work = y − X * thisSample;        #y = Xb + e; 创造调整向量

for ( iter in 1: niter)

    for ( thisParm in 1: numParms)

        work = work + X[ :, thisParm] * thisSample[ thisParm]

        leastSq = dot( X[ :, thisParm], work) /diagXpX[ thisParm] # OLS 值

        thisSample[ thisParm] = rand( Normal( leastSq,

                        sqrt( sigmaSqE/diagXpX[ thisParm] ) ) )

        work = work − X[ :, thisParm] * thisSample[ thisParm]

    end

    SSE = dot( work, work)

    sigmaSqE = ( SSE + dfPrior * scaleResVar) /rand( Chisq( dfPosterior) )

    allSamples[ iter, : ] = [ thisSample,  sigmaSqE]          #储存目前的抽样

    if iter%100 == 0

        work = y − X * thisSample        #避免运行错误

    end

end

ols = X'X \ X'y;

XpXinv = inv( X'X) ;
```

$MSE = (y'y - ols' * X'y) / (nObs - numParms);$

$for\ (thisParm\ in\ 1: numParms)$

    $betaHat = mean(allSamples[burnIn: end, thisParm])$ #后验均值

    $varBetaHat = var(allSamples[burnIn: end, thisParm])$ #后验方差

    $@printf\ "\ \%8.4f\ \%8.4f\ \%8.4f\ \%8.4f\ \backslash\ n"\ betaHat\ varBetaHat\ ols[thisParm]$

      $diag(XpXinv)[thisParm] * sigmaSqE$

end

Out[3]:   0.1550   0.1104   0.1656   0.0899

         0.6302   0.0205   0.6234   0.0176

         0.1595   0.0183   0.1581   0.0156

      −0.8077   0.0187 −0.8099   0.0155

      −0.4275   0.0191 −0.4253   0.0167

         0.2663   0.0177   0.2643   0.0149

In[4]: $@printf\ "\%8.4f\ \%8.4f\ \%8.4f\ \backslash\ n"\ MSE[1]$

       $mean(allSamples[burnIn: end, numParms+1])$

       $var(allSamples[burnIn: end, numParms+1])$

Out[4]: 1.1612   1.1784   0.0286

三、BayesC0

1. 模拟基因型和表型数据

In[5]: $using(Distributions)$

      $nObs = 100$

      $nMarkers = 1000$

      $X = sample([0, 1, 2], (nObs, nMarkers))$

      $\alpha = randn(nMarkers)$

      $a = X * \alpha$

      $stdGen = std(a)$

      $a = a / stdGen$

      $y = a + randn(nObs)$

      $saveAlpha = \alpha$

      #基因型协方差中心化

      $meanXCols = mean(X, 1)$

$X = X - ones(nObs, 1) * meanXCols;$

\#先验分布

$seed = 10$ 　　\#随机数种子

$chainLength = 2000$ 　　\#迭代次数

$probFixed = 0$ 　　\# π : SNP 效应为 0 的概率

$dfEffectVar = 4$ 　　\#位点效应方差自由度的超参数

$nuRes = 4$ 　　\#剩余方差超参数的自由度

$varGenotypic = 1$ 　　\#位点效应方差尺度参数的超参数

$varResidual = 1$ 　　\#剩余方差尺度参数的超参数

$scaleVar = varGenotypic * (dfEffectVar-2)/dfEffectVar$ 　　\#位点效应比例因子

$scaleRes = varResidual * (nuRes-2)/nuRes$ 　　\#剩余方差比例因子

\#标记效应抽样函数

$function\ get\_column(X, nRows, j)$

　　$indx = 1 + (j-1) * nRows$

　　$ptr = pointer(X, indx)$

　　$pointer\_to\_array(ptr, nRows)$

end

$xpx = [(X[:, i]\ \prime X[:, i])[1]::Float64\ for\ i=1:nMarkers]$

$xArray = Array(Array\{Float64, 1\}, nMarkers)$

$for\ i=1:nMarkers$

　　$xArray[i] = get\_column(X, nObs, i)$

end

2. 高效调整右手项

原来的右手项计算公式为：

$$rhs = X'_j(y_{corr} + X_j\alpha_j)$$

高效调整右手项方法如下：

$$rhs = X'_j y_{corr} + X'_j X_j \alpha_j$$

其中，$X'X$ 在以下函数的第四行已经计算。

$function\ sampleEffects!(nMarkers, xArray, xpx, yCorr, \alpha, meanAlpha, vare, varEffects)$

　　$nObs = size(X, 1)$

　　$for\ j=1:nMarkers$

　　　　$rhs::Float64 = dot(xArray[j], yCorr) + xpx[j] * \alpha[j]$ 　　\# $X'X$

　　　　$lhs::Float64 = xpx[j] + vare/varEffects$

$invLhs :: Float64 = 1.0/lhs$

$mean :: Float64 = invLhs * rhs$

$oldAlpha :: Float64 = \alpha[j]$

$\alpha[j] = mean + randn() * sqrt(invLhs * vare)$

$BLAS.axpy!(oldAlpha-\alpha[j], xArray[j], yCorr)$

    end

 end

3. BayesC0 抽样函数

$chi1 = Chisq(nObs+nuRes)$ #抽样截距

$chi2 = Chisq(dfEffectVar+nMarkers)$ #抽样截距

$function\ BayesC0!(numIter, nMarkers, X, xpx, yCorr, mu, meanMu, \alpha,$
      $meanAlpha, vare, varEffects)$

  $for\ i = 1: numIter$

    #抽样剩余方差

    $vare = (dot(yCorr, yCorr)+nuRes * scaleRes)/rand(chi1)$

    #抽样截距

    $yCorr = yCorr+mu$

    $rhs = sum(yCorr)$

    $invLhs = 1.0/(nObs)$

    $mean = rhs * invLhs$

    $mu = mean + randn() * sqrt(invLhs * vare)$

    $yCorr = yCorr - mu$

    $meanMu = meanMu + (mu - meanMu)/i$

    #抽样标记效应

    $sampleEffects!(nMarkers, xArray, xpx, yCorr, \alpha, meanAlpha, vare, varEffects)$

    $meanAlpha = meanAlpha + (\alpha - meanAlpha)/i$

    #抽样标记方差

    $varEffects = (scaleVar * dfEffectVar + dot(\alpha, \alpha))/rand(chi2)$

    $if\ (i\%1000) == 0$

      $yhat = meanMu+X * meanAlpha$

      $resCorr = cor(a, yhat)$

      $println\ ("Correlation\ of\ between\ true\ and\ predicted\ breeding\ value:\ ",$
        $resCorr)$

```
        end
    end
end
```

4. 运行示例

In [6]: meanMu = 0

meanAlpha = zeros(nMarkers)

#初始值

vare = 1

varEffects = 1

mu = mean(y)

yCorr = y − mu

alpha = fill(0. 0, nMarkers)

#运行

@ time BayesC0! (chainLength, nMarkers, X, xpx, yCorr, mu, meanMu,

alpha, meanAlpha, vare, varEffects)

Out [6]: Correlation of between true and predicted breeding value: 0. 6344163465804081

Correlation of between true and predicted breeding value: 0. 6346902997156448

elapsed time: 0. 216529693 seconds (53211800 bytes allocated, 11. 48%

gc time)

四、BLUP

1. 混合模型方程组

In [7]: *using PedModule*

using Distributions

sigmaSqE = 3;

sigmaSqG = 1;

sigmaSqP = sigmaSqG+sigmaSqE;

heritability = sigmaSqG/sigmaSqP;

lambda = (1−heritability) /heritability; #或 lambda = sigmaSqE/sigmaSqG

2. 系谱

In [8]: *pedigree = [1 0 0*

2 0 0

$$3\ 0\ 0$$
$$4\ 1\ 2$$
$$5\ 1\ 2$$
$$6\ 1\ 3]$$

writedlm("pedFile", pedigree)

ped = PedModule. mkPed("pedFile")

ped. idMap

PedModule. getIDs(ped)

Ainv = PedModule. AInverse(ped)　#输出结果为稀疏矩阵

A = round(inv(full(Ainv)), 2)

numAnimals = size(Ainv, 1)

X = ones(numAnimals, 1);

Z = eye(numAnimals);

numFixed = size(X, 2)

srand(2)

b = rand(Normal(0, sqrt(sigmaSqP)), numFixed)

d = MvNormal(zeros(numAnimals), A * sigmaSqG)

u = rand(d, 1)

e = rand(Normal(0. 0, sqrt(sigmaSqE)), numAnimals)

y = X * b + Z * u + e

#可以删除一些 *y, X, Z* 和 *e* 的行创造缺失数据

mmeLhs = [X′X X′Z　　#左手项

　　　　Z′X (Z′Z+Ainv * lambda)]

mmeRhs = [X′y　　#右手项

　　　　Z′y];

3. 求解

In [9] :　*mmeInv = inv(mmeLhs)*

　　　　soln = mmeInv * mmeRhs　　#直接求解 *PEV*

　　　　pev = (diag(mmeInv) * sigmaSqE)[(numFixed+1): end]

　　　　reliability = 1−pev/sigmaSqG

　　　　accuracy = sqrt(reliability)　　#预测准确性

Out[9] :　6−element Array{ Float64, 1} :

　　　　0. 416827

0. 437806

0. 366332

0. 366332

0. 445287

0. 373439

五、估计 SNP 效应的不同模型

以下数据来自 Ben Hayes 课程讲义 110 页，数据包括表型值、标记名称（M1，M2，M3），协方差为每个位点等位基因 A（A1，A2，A3）或 B（B1，B2，B3）的数目。

Animal	phenotype	M1	M2	M3	A1	B1	A2	B2	A3	B3
1	9.68	BB	AB	AA	0	2	1	1	2	0
3	2.29	AB	BB	BB	1	1	0	2	0	2
20	0.81	AA	AB	AB	2	0	1	1	1	1
4	3.42	AA	AB	AA	2	0	1	1	2	0
2	5.69	BB	BB	BB	0	2	0	2	0	2
5	5.92	AB	AA	AA	1	1	2	0	2	0
6	2.82	AB	AB	BB	1	1	1	1	0	2
7	5.07	BB	AB	BB	0	2	1	1	0	2
8	8.92	BB	BB	AA	0	2	0	2	2	0
9	2.4	AA	BB	AB	2	0	0	2	1	1
10	9.01	BB	BB	AA	0	2	0	2	2	0
11	4.24	AB	AB	AB	1	1	1	1	1	1
12	6.35	BB	AA	AB	0	2	2	0	1	1
13	8.92	BB	AB	AA	0	2	1	1	2	0
14	−0.64	AA	BB	BB	2	0	0	2	0	2
15	5.95	AB	AA	AA	1	1	2	0	2	0
16	6.13	AB	AB	AA	1	1	1	1	2	0
17	6.72	AB	AB	AA	1	1	1	1	2	0
18	4.86	AB	AB	AB	1	1	1	1	1	1
19	6.36	BB	BB	BB	0	2	0	2	0	2
21	9.67	BB	AB	AA	0	2	1	1	2	0
22	7.74	BB	AB	AB	0	2	1	1	1	1

23	1.45	AA	BB	AB	2	0	0	2	1	1
24	1.22	AA	AB	AB	2	0	1	1	1	1
25	−0.52	AA	BB	BB	2	0	0	2	0	2

1. 读入数据文件

"；pwd"命令显示工作文件夹，数据文件必须放在工作文件夹，需要事先复制或使用"；cd"文件路径""改变工作目录，"；ls"可以查看目前工作目录。使用以下命令读入数据，这里只读入表型和标记协变量数据：

In [10]: *genomicdata = readdlm("BenHayesp110. txt", header = true)*

ytmp = float64(genomicdata[1][:, 2])　　#y 向量

Ztmp = float64(genomicdata[1][:, 6: 11]);　　#Z 矩阵

数据会被读入到一个矩阵中，矩阵第一个元素 genomicdata［1］是数据表，第二个元素 genomicdata［2］是数据的列标题，如 A1 在第六列，可用 genomicdata［1］［:, 6］输出。

在分析中，矩阵秩的不匹配是个大问题。如最小二乘法要求家畜数至少和效应数相等，但当效应被认为是随机效应时，则不是问题。拟合家畜效应时需要使用 SNP 基因型计算基因组关系矩阵，除非 SNP 数至少等于家畜数，否则基因组关系矩阵不满秩。因此不同的模型使用 *y* 和 *Z* 矩阵的不同子矩阵（或向量），程序中变量 nanim 指定用于分析的家畜。如以下程序使用数据的前 13 个家畜。

nanim = 13;

y = ytmp[1: nanim];

X = ones(nanim, 1);

Z = Ztmp[1: nanim, :];

neffects = size(Z, 2);

nfix = size(X, 2);

nloci = neffects/2;

istart = nfix+1;　　#用于建立抽取子矩阵的数据指针

iend = nfix+neffects;

sigmaSqE = 1;

R = diagm(fill(sigmaSqE, nanim))

sigmaSqA = [2; 4; 3]

G = diagm([2, 2, 4, 4, 3, 3])

*ZGZp = Z * G * Z´*

V = ZGZp + R

2. 广义最小二乘法（GLS）拟合两个等位基因的效应（随机效应）

因 $V = ZGZ' + R$，模型的 GLS 为：

$$\hat{b}^0 = (X'V^{-1}X)^- (X'V^{-1}y)$$

上式要求 V 满秩，但实践中这种要求往往不现实，特别是 V 很大时。假设只有均值是固定效应，则 GLS 等式是标量形式。为了计算 V，需要知道 G 和 R，假设剩余效应是同质和不相关的，假设剩余方差为 1，可以使用"diag"命令形成 R。

sigmaSqE = 1;

R = diagm(fill(sigmaSqE, nanim));

指示矩阵有 6 列，每一列对应一个等位基因效应，假设 3 个位点有不同的方差，如 2、4、3，G 可写为：

$$G = diagm([2, 2, 4, 4, 3, 3])$$

使用 GLS 估计固定效应，随机效应的 BLUP 可由选择指数原理获得，但需要用固定效应的 GLS 估计值校正表型（注意不是选择指数要求的真值）。

$$\hat{a} = GZ'V^{-1}(y - X\hat{b}^0)$$

注意，即使没有硬性约束，等位基因效应的估计值之和为 0，这是某些情况下混合模型的特性。可以使用 $\hat{a}$ 和相应对比向量（k）的乘积 $k'\hat{a}$ 计算替代效应，该向量包含 0 和对应于不同等位基因的 1 及 -1，并且可以将所有位点的对比向量组合成 K 矩阵，使用矩阵-向量积 Ka 同时计算所有位点的替代效应。

In [11]: *Vinv = inv(V)*

　　　　*b0 = pinv(X'Vinv * X) * X' * Vinv * y*

Out[11]: 1-element Array{Float64, 1}:

　　　4.28275

In [12]: *uhat = G * Z' * Vinv * (y−X * b0)*

Out[12]: 6-element Array{Float64, 1}:

　　　−1.34646

　　　1.34646

　　　−0.166141

　　　0.166141

　　　0.934338

　　　−0.934338

3. 替代效应的缩减

修改 G 矩阵三对对角线元素，或修改 R 矩阵的 nanim，从而达到改变方差比例 λ（剩余方差/遗传方差）的目的。在动物模型中，λ 是 $\frac{(1-h^2)}{h^2}$，如果 h^2 是 1，则 λ 是 0；如果 h^2 很小，则 λ 很大。例如遗传力为 0.25，λ 是 3。在基因组预测中，遗传方差被所有位点分享，如果有数百个位点，每个位点 λ 会很大。缩减（Shrinkage）与剩余方差和遗传方差的比例有关。如果剩余方差很小，λ 会减少，估计值接近于最小二乘。为了估计最小二乘解，你需要设等位基因效应为固定效应，需要形成新的固定效应指示矩阵（包含旧的固定效应 "均值" 和等位基因效应）。在 Julia 中可使用 hcat（X，Z）整合两个指示矩阵的列，但是新矩阵可能不满秩，可以只增加一列等位基因形成满秩矩阵。例如，使用 Xnew = hcat（X，Z [:，[1，3，5]]）只增加 3 列等位基因到新等式中，就可以使用最小二乘法求解满秩等式，此时第一个效应是 "截距"，而不再是 "均值"，除非将矩阵 Z 元素减 1 中心化。从而等式变为：

$$X'_{new} X_{new} \hat{b}^0 = X'_{new} y$$

通常只将重要的 SNP 包含在模型里并作为随机效应来缩减估计效应。

In [13] : $Xnew = hcat(X, Z[:, [1, 3, 5]])$

      $Xnew'Xnew \setminus Xnew'y$

Out[13] : 4−element Array{Float64, 1} :

    5.46854

    −2.77465

    −0.342375

    1.90709

4. 使用 MME 拟合三个位点的两个等位基因效应（随机效应）

估计随机效应的另一种方法是使用混合模型等式（MME）。此时不是求矩阵 V 得逆矩阵，典型的 MME 需要求 G 和 R 矩阵的逆矩阵，其通常的形式是：

$$\begin{bmatrix} X'R^{-1}X & X'R^{-1}Z \\ Z'R^{-1}X & Z'R^{-1}Z + G^{-1} \end{bmatrix} \begin{bmatrix} \hat{b}^0 \\ \hat{a} \end{bmatrix} = \begin{bmatrix} X'R^{-1}y \\ Z'R^{-1}y \end{bmatrix}$$

最简单的情况是 R 矩阵为标量，这时只需求 G 矩阵的逆再乘剩余方差来计算校正预测误方差和可靠性，其简化形式：

$$\begin{bmatrix} X'X & X'Z \\ Z'X & Z'Z + \sigma_e^2 G^{-1} \end{bmatrix} \begin{bmatrix} \hat{b}^0 \\ \hat{a} \end{bmatrix} = \begin{bmatrix} X'R^{-1}y \\ Z'R^{-1}y \end{bmatrix}$$

以上模型中，作为固定效应的解和使用 GLS 估计 6 个随机等位基因效应的值应该相同。可以使用下式计算等位基因预测误方差−协方差（prediction errorvariance−covariance，PEV）：

$$Var(\hat{a} - a) = C_{22}\sigma_e^2$$

此处，C_{22} 为 MME 逆中与随机效应对应的部分（如 $Z'Z+\sigma_e^2 G^{-1}$ 部分的逆矩阵），计算 $Var(\hat{a}) = G - C_{22}\sigma_e^2$，即从遗传方差-协方差矩阵减去 PEV 矩阵。预测可靠性（真值和预测值相关系数平方）为 $G - C_{22}\sigma_e^2$ 对角线元素除 G 矩阵对角线元素。预测可靠性通常被使用在奶牛业中，用来衡量估计育种值（EBV）的信息含量。当然同前一节一样也可以使用对比向量（k）计算替代效应。基因组预测和 QTL 不同，研究者更关心估计 SNP 效应的线性函数，例如 $Z\hat{a}$。任意对比向量（k）的估计育种值可靠性可以使用 G 矩阵的线性函数和 C_{22} 矩阵计算：

$$r_{k'a}^2 = \frac{diag\left[k'\left(G - C_{22}\sigma_e^2\right)k\right]}{diag(k'Gk)}$$

在混合模型中，随机效应的任意线性组合都是可估计的，因此 k 可以包含任何元素，在育种中较为有用的 k' 可以选择 Z 矩阵的行向量，因为这种对比实际上估计的是特定家畜所有位点随机贡献的线性组合。因此使用 Z 矩阵替代上式的 k' 可以同时估计所有家畜的预测可靠性。

In [14]: $Rinv = inv(R)$

　　　　　$Ginv = inv(G)$

　　　　　$lhs = [X'Rinv * X \quad X'Rinv * Z$

　　　　　　　　$Z'Rinv * X \quad Z'Rinv * Z + Ginv]$

　　　　　$rhs = [X'Rinv * y$

　　　　　　　　$Z'Rinv * y]$

　　　　　$lhs \backslash rhs$

Out[14]: 7-element Array{Float64, 1}:

　　　　　4.28275

　　　　　−1.34646

　　　　　　1.34646

　　　　　−0.166141

　　　　　　0.166141

　　　　　　0.934338

　　　　　−0.934338

5. 使用基因组关系直接估计家畜效应

除了估计每一个位点的效应，还可以使用 MME 直接求解家畜效应，但需要基因组关系矩阵满秩。但如果家畜数多于位点或两个家畜基因型相同，则基因组关系矩阵不可能满秩。此时，基因组关系矩阵为 ZGZ'，在计算可靠性时使用 ZGZ' 替换 G。为了直接拟合家畜效应，随机效应指示矩阵替换为单位矩阵 I，其公式为：

$$\begin{bmatrix} X'X & X' \\ X & I + \sigma_e^2\,[ZGZ']^{-1} \end{bmatrix}\begin{bmatrix} \hat{b}^0 \\ \hat{u} \end{bmatrix} = \begin{bmatrix} X'y \\ y \end{bmatrix}$$

In [15]：$lhs = [\,X'X\ X'$

　　　　　$X\ eye(\,nanim)\,+pinv(\,Z*G*Z'\,)*sigmaSqE\,]$

　　　$rhs = [\,X'y$

　　　　　$y\,]$

　　　$lhs \setminus rhs$

Out[15]： 14-element Array{Float64, 1}：

　　 4. 28275

　　 5. 30126

　　 −1. 94029

　　 −3. 36687

　　 −0. 795283

　　 1. 37798

　　 1. 63308

　　 −1. 40019

　　 0. 768075

　　 4. 53116

　　 −1. 78697

　　 4. 62116

　　 −0. 0186039

　　 2. 01976

6. 拟合替代效应的另一种参数化方法

将 Z 矩阵改为只有 1、3、5 或 2、4、6 列组成，模型拟合替代效应而不再是等位基因效应，相应的也应该调整 G 矩阵元素的顺序，此时每个位点替代效应的遗传方差是等位基因时的二倍，这是因为：

$$Var(\alpha) = Var(a_1 - a_2) = Var(a_1) + Var(a_2) = 2Var(a)$$

此时，如果不重新编码 Z 矩阵，均值和估计育种值会和以前不同，但在实践中也不是问题，因为估计家畜育种值相当于是在相同基础上对数据的再尺度化，育种值的排序不发生变化。与上面类似，可将 Z 矩阵的每个元素减1，将0、1、2编码变为−1、0、1。改变指示矩阵的编码，以上所介绍模型的替代效应或家畜效应都应是相同的；但在参数方法不同，育种值估计值可能不同，固定效应、PEV、预测可靠性等都可能不同。

7. 几种基因组选择方法的比较

```
using Statistics, Distributions, JWAS, LinearAlgebra, Printf, Plots, CSV, DataFrames
using Random, StringEncodings
function getEstimates(X, mmei, xpxi, probNull, Vg, Ve)
    n, p = size(X)
    pNull = Int(probNull * p)
    pNonNull = p - pNull
    Valpha = 2Vg/p
    α = [randn(pNonNull) * sqrt(Valpha); zeros(pNull)]
    y = X * α + randn(n) .* sqrt(Ve)
    data = DataFrame([string.(1:n) y])
    yy = names!(data, [:ind, :y])
    genofile = "genotypes"
    G3 = 1.0
    #1RR-BLUP
    global genotypes = get_genotypes(genofile, G3, header = false, separator = ´,´, method =
"RR-BLUP", estimatePi = false);    #estimatePi = true);
    model = build_model("y = intercept + genotypes", G3)
    outRR_BLUP = runMCMC(model, yy;
        chain_length  = 11000,
        burnin        = 1000,
        #update_priors_frequency  = 10,
        estimate_variance   = true
        );

    #2BayesA
    global genotypes = get_genotypes(genofile, G3, header = false, separator = ´,´, method =
"BayesA", estimatePi = false);    #estimatePi = true);
    model = build_model("y = intercept + genotypes", G3)
    outBayesA = runMCMC(model, yy;
        chain_length  = 11000,
        burnin        = 1000,
        #update_priors_frequency  = 10,
        estimate_variance   = true
```

```
    );
#3 BayesB
global genotypes = get_genotypes( genofile, G3, header = false, separator = ´, ´, method =
"BayesB", estimatePi = true);    #estimatePi = true);
model = build_model( "y = intercept + genotypes", G3)
outBayesB = runMCMC( model, yy;
    chain_length  = 11000,
    burnin        = 1000,
    #update_priors_frequency  = 10,
    estimate_variance  = true
    );
#4 BayesC
global genotypes = get_genotypes( genofile, G3, header = false, separator = ´, ´, method =
"BayesC", estimatePi = true);    #estimatePi = true);
model = build_model( "y = intercept + genotypes", G3)
outBayesC = runMCMC( model, yy;
    chain_length  = 11000,
    burnin        = 1000,
    #update_priors_frequency  = 10,
    estimate_variance  = true
    );
#5 GBLUP
global genotypes = get_genotypes( genofile, G3, header = false, separator = ´, ´, method =
"GBLUP", estimatePi = false);    #estimatePi = true);
model = build_model( "y = intercept + genotypes", G3)
outGBLUP = runMCMC( model, yy;
    chain_length  = 11000,
    burnin        = 1000,
    #update_priors_frequency  = 10,
    estimate_variance  = true
    );
#6 OLS
rhs = X´y
```

```
ols    = xpxi * rhs

RR_BLUP   = outRR_BLUP[ "marker effects genotypes"] [ 3]
BayesA    = outBayesA[ "marker effects genotypes"] [ 3]
BayesB    = outBayesB[ "marker effects genotypes"] [ 3]
BayesC    = outBayesC[ "marker effects genotypes"] [ 3]
#BayesianLasso = outputBayesianLasso[ "marker effects"] [ 3]
GBLUP = outGBLUP[ "marker effects genotypes"] [ 3]

trueMean    = 2 * sum( abs. ( α) )
BayesRR_BLUPMean = 2 * sum( abs. ( RR_BLUP) )
BayesAMean = 2 * sum( abs. ( BayesA) )
BayesBMean = 2 * sum( abs. ( BayesB) )
BayesCMean    = 2 * sum( abs. ( BayesC) )
#BayesianLassoMean    = 2 * sum( abs. ( BayesianLasso) )
GBLUPMean    = 2 * sum( abs. ( GBLUP) )
olsMean    = 2 * sum( abs. ( ols) )
return trueMean, BayesRR_BLUPMean, BayesAMean,
    BayesBMean, BayesCMean, GBLUPMean, olsMean
end
```

In [16] :
```
Identity( n)  = Matrix( I, n, n)
n    = 100
p    = 20
probNull = 0. 75   #非效应标记的比例
N    = 25
Vg = 20
Ve = 10
Random. seed! ( 1234)
Valpha = Vg/p * 2
λ = Ve/Valpha
X = rand( Binomial( 2, 0. 5),  n, p)
mme = float( X´X + Identity( p) * λ)
mmei = inv( mme)
```

xpxi = inv(X′X)

CSV. write("genotypes", DataFrame([string. (1: n) X]), header = false)

#getEstimates(X, mmei, xpxi, probNull, Vg, Ve)

resSim = [getEstimates(X, mmei, xpxi, probNull, Vg, Ve) for i = 1: N]

resMat = [row[i] for row in resSim, i = 1: 7]

resMeans = mean(resMat, dims = 1)

resStd = std(resMat, dims = 1). /N;

println("　　　True　　BayesRR_BLUP BayesA BayesB BayesC GBLUP ols")

@ printf("　　%6. 2f %6. 2f　　　%6. 2f %6. 2f　%6. 2f%6. 2f %6. 2f\ n",
resMeans[1], resMeans[2], resMeans[3], resMeans[4], resMeans[5], resMeans[6], resMeans[7])

*　　@ printf("+/- %6. 2f %6. 2f　　　%6. 2f %6. 2f　%6. 2f%6. 2f%6. 2f\ n", re-*
sStd[1], resStd[2], resStd[3], resStd[4], resStd[5], resStd[6], resStd[7])

Out[16]: True　　 BayesRR_BLUP BayesA BayesB BayesC GBLUP ols

　　　　10. 96　12. 53　　　　9. 11　7. 86　　10. 81　2. 39　23. 94

　+/-　0. 14　　0. 23　　　0. 13　0. 14　　0. 21　0. 01　0. 19

8. 全基因组关联研究示例

In [17]: *using JWAS, DataFrames, CSV, Statistics, JWAS. Datasets*

phenofile　　　　= Datasets. dataset("example", "phenotypes. txt")

phenofile_ssbr　= Datasets. dataset("example", "phenotypes_ssbr. txt")

pedfile　　= Datasets. dataset("example", "pedigree. txt")

genofile　　= Datasets. dataset("example", "genotypes. txt")

mapfile　　= Datasets. dataset("example", "map. txt")

phenotypes = CSV. read(phenofile, DataFrame, delim = ′,′, header = true, missingstrings =
["NA"])

pedigree　　= get_pedigree(pedfile, separator = ", ", header = true);

genotypes　= get_genotypes(genofile, separator = ′,′, method = "BayesC");

first(phenotypes, 5)

#建立模型

*model_equation　= "y1 = intercept + x1 + x2 + x2 * x3 + ID + dam + genotypes*
*　　　　　　　　　y2 = intercept + x1 + x2 + ID + genotypes*
*　　　　　　　　　y3 = intercept + x1 + ID + genotypes";*

model = build_model(model_equation);

#定义协方差项

set_covariate(model, "x1");

#定义随机和固定效应

set_random(model, "x2");

set_random(model, "ID dam", pedigree);

#分析

out = runMCMC(model, phenotypes)

#计算基因组窗口的关联后验概率, 它解释了超过 *0.001* 的总遗传变异.

marker_effects_file = "results/MCMC_samples_marker_effects_genotypes_y1.txt"

out = GWAS(model, mapfile, marker_effects_file, header = true, window_size = "1 Mb")

Out[17]: (3×13 DataFrame. Omitted printing of 6 columns

```
(3×13 DataFrame. Omitted printing of 6 columns
| Row | trait | window | chr    | wStart  | wEnd    | start_SNP | end_SNP |
|     | Int64 | Int64  | String | Int64   | Int64   | Int64     | Int64   |
+-----+-------+--------+--------+---------+---------+-----------+---------+-
------+
| 1   | 1     | 1      | 1      | 0       | 1000000 | 16977     | 434311  |
| 2   | 1     | 3      | 2      | 0       | 1000000 | 70350     | 101135  |
| 3   | 1     | 2      | 1      | 1000000 | 2000000 | 1025513   | 1025513 |,)
```

计算每个标记的模型频率（标记包含在模型中的概率）。

In [18]: *GWAS(marker_effects_file, header = true)*

Out[18]: 5 rows × 2 columns

	marker_ID	modelfrequency
	Abstrac⋯	Float64
1	m1	0.65
2	m2	0.57
3	m3	0.49
4	m4	0.44
5	m5	0.56

9. 交叉验证示例程序

using JWAS, JWAS. Datasets, CSV, DataFrames, DelimitedFiles, Random, Statistics, Distributions

phenotypes   = CSV. read(phenofile, DataFrame, delim = ´, ´, header = true, missingstrings = ["NA"]);

```
nind            = size( phenotypes, 1)
nfold           = 5
shuffle_index   = shuffle( 1: nind)
foldsize        = floor( Int, nind/nfold )
accuruacy       = zeros( nfold)
for i in 1: nfold
    foldstart = ( i−1) * foldsize+1
    if i == nfold
        foldend = nind
    else
        foldend = foldstart + foldsize−1
    end
    test    = shuffle_index[ foldstart: foldend]
    train   = shuffle_index[ Not( foldstart: foldend) ]
    pedigree   = get_pedigree( pedfile, separator = ", ", header = true) ;
    global genotypes   = get_genotypes( genofile,  method = "BayesC")
    model_equation    = "y1 = intercept + x1 + x2 + x2 * x3 + ID + dam + genotypes"
    model = build_model( model_equation) ;
    set_covariate( model, "x1") ;
    set_random( model, "x2") ;
    set_random( model, "ID dam", pedigree) ;
    out     = runMCMC( model, phenotypes[ train, : ]) ;
    results    = innerjoin( out[ "EBV_y1"], phenotypes,  on = : ID)
    accuruacy[ i]    = cor( results[ test, : EBV], results[ test, : PEV] )
    println( "Accuruacy:  ", accuruacy[ i] )
end
accuruacy
```

10. 非加性效应基因组选择和关联研究示例

（1）使用的程序包。

```
using XSim
using Distributions
using StatsFuns
using Gadfly
```

```
using Random
using Printf
using StatsBase
using LinearAlgebra
```

（2）相关函数。

```
function Multiply_adjacent_columns(M)
    col = size(M, 2)
    row = size(M, 1)
    Mnew =  Array{Int64, 2}(undef, row, Int(col/2))
    k = 1
    for i = 1: Int(col/2)
        Mnew[:, i] = M[:, k] .* M[:, k+1]
        k = k + 2
    end
    return Mnew
end

function epistaticLocMean(epiLocM)
    row = size(epiLocM, 1)
    #row = size(M, 1)
    Mnew =  Array{Float64, 1}(undef, Int(row/2))
    k = 1
    for i = 1: Int(row/2)
        #Mnew[i] = Int.((M[k]. + M[k+1])/2)
        Mnew[i] = median([epiLocM[k], epiLocM[k+1]])
        k = k + 2
    end
    return Mnew
end

function winTest(W, y, Va, Ve, wSize = 100)
    W = W. - mean(W, dims = 1)
    V = W * W' * Va + I * Ve
    Vi = inv(V)
    n, k = size(W)
```

```
X = [ ones( n)  zeros( n) ]

nWin = ceil( Int64, k/wSize)

testStat = zeros( nWin)

wStartV    = Array{ Int64, 1} ( undef, nWin)

wEndV      = Array{ Int64, 1} ( undef, nWin)

for i = 1: nWin

    wStart = ( i−1) * wSize + 1

    wEnd    = wStart + wSize − 1

    wEnd    = wEnd <= k ? wEnd : k

    X = [ ones( n)  W[ : , collect( wStart: wEnd) ] ]

    lhsi    = inv( X′Vi * X + I * 0. 001)

    rhs = X′Vi * y

    betaHat = lhsi * rhs

    vBetaH = lhsi − I * Va

    testStat[ i]  = betaHat[ 2: end] ′inv( vBetaH[ 2: end, 2: end] ) * betaHat[ 2: end]

    wStartV[ i]  = wStart

    wEndV[ i]  = wEnd

end

    return wStartV, wEndV, testStat

end
```

（3）基因组数据模拟。

```
numChr, numLoci, chrLength, mutRate = 1, 2028, 1. 0, 2. 5e−8

locusInt    = chrLength/numLoci

mapPos    = collect( 0: locusInt: ( chrLength−0. 0001) )

geneFreq    = fill( 0. 5, numLoci)

XSim. build_genome( numChr, chrLength, numLoci, geneFreq, mapPos, mutRate)

popSizeFounder = 500

sires = sampleFounders( popSizeFounder)

dams    = sampleFounders( popSizeFounder) ;

#随机交配

ngen, popSize = 20, 500

sires1, dams1, gen1 = sampleRan( popSize, ngen,  sires,  dams) ;

animals = concatCohorts( sires1, dams1)
```

$M = getOurGenotypes(animals)$

$k \qquad = size(M, 2)$

$QTLa = 5 \quad \# AddQTL$

$QTLd = 3 \quad \# Dominant\ SNP$

$SNPpairs = 10 \quad \# SNP - SNP\ pairs$

$nQTL \qquad = QTLa + QTLd + 2 * SNPpairs$

$\#epipar = 10$

$QTLPos = sample(1:k, nQTL, replace = false)$

$mrkPos = deleteat!(collect(1:k), sort(QTLPos))$

$Q = M[:, QTLPos]$

$X = M[:, mrkPos]$

$nQTL = size(Q, 2)$

$nObs = size(Q, 1)$

$nMarkers = size(X, 2);$

（4）计算 SNP 间的相关系数。

$LDMat = cor(X)$

$ld = fill(0. 0, 201)$

$for\ i = 1:800$

$\qquad ld += vec(LDMat[i, i:(i+200)].\hat{}2)$

end

$ld \mathbin{/}= 800;$

$some\_plot = plot(x = 0:200, \ y = ld, \ Guide. title("The\ correlation\ coefficient\ between\ SNPs"),$
$Guide. xlabel("Map\ Distance, cM"), \ Guide. ylabel("r - squared"), Theme(default\_color = colorant$
$blue")$

$\qquad)$

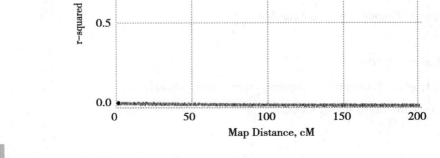

（5）LD 衰减。

corMat = cor(M)

LDMat = zeros(1800, 200)

for i = 1: 1800

    LDMat[i, :] = corMat[i, (i+1): (i+200)].^2

end

y_Axis = mean(LDMat, dims = 1)

*plot(x = (1: 200)/200 * 10, y = y_Axis, Guide. title (" LD decreases with distance, cM"),*
Guide. xlabel("Map Distance, cM"), Guide. ylabel("LD"), Theme(default_color = colorant"blue"))

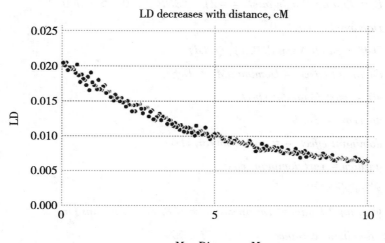

LD decreases with distance, cM

（6）平均杂合子频率。

In [19]: *meanXCols = mean(X, dims = 1)*

    p = meanXCols./2

    *mean2pq = mean[2p. * (1. − p)]*

Out [19]: 0. 49039079399999996

（7）加性效应模拟。

In [20]: *α = rand(Normal(0, 1), QTLa)*

    *a = Q[:, 1: QTLa] * α*

    #设育种值方差 25

    v = var(a)

    genVar = 25. 0

$a\ *\ =\ sqrt(\ genVar/v)$

$ansAdd\ =\ var(\ a)$

$additiveLoc\ =\ QTLPos[\ 1:QTLa]\ ;\quad \#\ markers\ locations\ of\ additiveLoc$

#格式化输出

$@\ printf\ "genetic\ variance = \%8.\ 2f \backslash\ n"\ ansAdd$

Out [20]: genetic variance = 25.00

（8）显性效应模拟。

In [21]: $DominantM\ =\ Q[\ :\ ,\ QTLa+1:(\ QTLa\ +\ QTLd)]$

$DominantLoc\ =\ QTLPos[\ QTLa+1:(\ QTLa\ +\ QTLd)]$

$C\ =\ findall(\ DominantM.\ = = 2)\quad \#SNP\ 2\ 1\ 0\ = > 0\ 1\ 0$

$DominantM[\ C].\ = 0$

$Deff\ =\ rand(\ Normal(\ 0,\ 1)\ ,\ QTLd)$

$dominant\_effect\ =\ DominantM\ *\ Deff$

$vD\ =\ var(\ dominant\_effect)$

$domVar\ =\ 10.\ 0$

$dominant\_effect\ *\ =\ sqrt(\ domVar/vD)$

$ansdom = var(\ dominant\_effect)$

#格式化输出

$@\ printf\ "dominant\ variance\qquad =\ \%8.\ 2f\quad \backslash\ n"\ ansdom$

Out [21]: dominant variance   =   10.00

（9）上位效应模拟。

In [22]: $epistaticM\ =\ Q[\ :\ ,\ QTLa+QTLd+1:(\ QTLa+QTLd+2\ *\ SNPpairs)]\ ;\ \#SNP\ -$

SNP 对

$epistaticLoc\ =\ QTLPos[\ QTLa+QTLd+1:(\ QTLa+QTLd+2\ *\ SNPpairs)]\ ;\ \#\ SNP\ -$

SNP 对位置

$epistaticDM\ =\quad Multiply\_adjacent\_columns(\ epistaticM)$

$Ieff\ =\ rand(\ Normal(\ 0,\ 1)\ ,\ SNPpairs)$

$epistatic\_effect\ =\ epistaticDM\ *\ Ieff$

$vI\ =\ var(\ epistatic\_effect)$

$epiVar\ =\ 10.\ 0$

$epistatic\_effect\ *\ =\ sqrt(\ epiVar/vI)$

$ansepi\ =\ var(\ epistatic\_effect)$

#格式化输出

```
@ printf "epistatic variance = %8. 2f    \ n" ansepi
```

Out [22]: epistatic variance = 10. 00

（10）表型值模拟。

```
In [23]: resVar  =  55. 0
         resStd  =  sqrt( resVar)
         e  =  rand( Normal( 0, resStd), nObs)
         y  =  100. + a. + dominant_effect. + epistatic_effect. + e
         @ printf "phenotypic mean       = %8. 2f    \ n" mean( y)
         @ printf "phenotypic variance = %8. 2f    \ n" var( y)
```

Out [23]: phenotypic mean   =   94. 61

phenotypic variance =   102. 94

（11）GWAS 和 GS。

```
In [24]: using JWAS
         using JWAS: misc
         using DataFrames
         M  =  Float64. ( X)
         ids  =  string. ( 1: size( M, 1))
         model   = build_model( "y = intercept", resVar)
         add_genotypes( model, M, genVar, header = false, rowID = ids, G_is_marker_variance =
false);
```

（12）BayesC（此处用旧版本 JWAS）。

```
In [25]: MCMCFileNAME  =  "MCMCSamples"
         phenTrain  =  DataFrame( id = 1: size( y, 1),  y = y)
         out = runMCMC( model,  phenTrain,
             Pi = 0. 99,                      # π 的初始值
             estimatePi = true,
             chain_length = 60000,            #MCMC 链长度
             printout_frequency = 5000,       #中间计算过程显示频率
             printout_model_info = true,      #输出计算参数
             methods = "BayesC",              #使用 BayesC 方法分析
             output_samples_frequency = 20,   #抽样频数
             output_samples_file = MCMCFileNAME, #标记效应抽样输出文件
             outputEBV = true
```

```
                );
```

标记效应估计

In [26]: *res = GWAS("MCMCSamples_marker_effects_y. txt"; header = true);*

        res[QTLPos, :]

Out [26]: 28 rows × 2 columns

	marker_ID	modelfrequency
	Abstract…	Float64
1	1750	0. 0466667
2	493	0. 0793333
3	512	0. 227333
4	1243	0. 043
5	1281	0. 0453333
6	1459	0. 045
7	32	0. 042
8	1856	0. 0423333
9	1486	0. 0533333
10	1500	0. 044
11	340	0. 0683333
12	1024	0. 0446667
13	494	0. 0396667
14	390	0. 0766667
15	1576	0. 0863333
16	1895	0. 067
17	453	0. 05
18	1723	0. 0603333
19	1311	0. 0446667
20	1092	0. 0443333
21	1824	0. 0526667
22	964	0. 107
23	787	0. 0586667
24	1657	0. 0416667
25	1757	0. 0603333
26	1800	0. 0413333

| 27 | 725 | 0. 120667 |
| 28 | 1855 | 0. 0476667 |

计算解释总遗传方差 0. 001 以上的基因组窗口关联的后验概率。

In [27]：*winVar =*

GWAS("MCMCSamples_marker_effects_y. txt", model. output_genotypes; header = true, window_size = 100, threshold = 0. 001)

Out [27]：20 rows × 6 columns

	wStart	wEnd	wSize	prGenVar	WPPA	PPA_t
	Int64	Int64	Int64	Float64	Float64	Float64
1	1201	1300	100	13. 76	1. 0	1. 0
2	601	700	100	7. 33	0. 989667	0. 994833
3	501	600	100	5. 96	0. 980333	0. 99
4	1001	1100	100	6. 54	0. 979667	0. 987417
5	201	300	100	5. 79	0. 978	0. 985533
6	1401	1500	100	5. 46	0. 973667	0. 983556
7	1101	1200	100	6. 1	0. 972	0. 981905
8	1301	1400	100	5. 41	0. 969667	0. 980375
9	401	500	100	4. 9	0. 968333	0. 979037
10	1701	1800	100	4. 25	0. 963	0. 977433
11	301	400	100	4. 09	0. 962667	0. 976091
12	1601	1700	100	4. 43	0. 961667	0. 974889
13	1801	1900	100	4. 12	0. 958333	0. 973615
14	801	900	100	4. 03	0. 953333	0. 972167
15	1901	2000	100	3. 91	0. 951333	0. 970778
16	901	1000	100	4. 0	0. 950333	0. 9695
17	1501	1600	100	3. 74	0. 946667	0. 968157
18	701	800	100	3. 6	0. 943	0. 966759
19	1	100	100	3. 21	0. 941333	0. 965421
20	101	200	100	3. 3	0. 937	0. 964

（13）基因窗口 WPPA。

nWins = size(winVar, 1)

some_plot1 = plot (x = (1: nWins), y = winVar. WPPA, Guide. title (" WPPA of genome windows"), Guide. xlabel("Genomic windows"), Guide. ylabel("WPPA"),

   Theme(default_color = colorant"blue"))

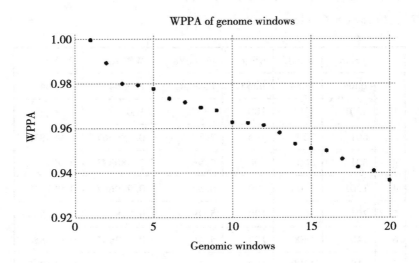

（14）加性效应 SNP 扫描结果。

markerEffect = out["marker effects"]

add = sortslices([additiveLoc/((numLoci * numChr) -nQTL) * nWins α], dims = 1, by = x->x [1], rev = false)

some_plot2 = plot (layer (x = (1: size (markerEffect, 1)) * nWins/((numLoci * numChr) - nQTL), y = broadcast(abs, markerEffect. Estimate), Geom. point, Theme (default_color = colorant" blue")), Guide. title (" Additive effect SNP scan results"), Guide. xlabel (" Genomic windows "), Guide. ylabel("Marker effect"),

   layer(x = add[:, 1], y = broadcast(abs, add[:, 2]), Geom. point, Theme (default_color = colorant"red")))

（15）显性效应 SNP 扫描结果。

dominant = sortslices([DominantLoc/((numLoci * numChr) -nQTL) * nWins Deff], dims = 1, by = x->x[1], rev = false)

some_plot3 = plot (layer (x = (1: size (markerEffect, 1)) * nWins/((numLoci * numChr) - nQTL), y = broadcast(abs, markerEffect. Estimate), Geom. point, Theme (default_color = colorant"

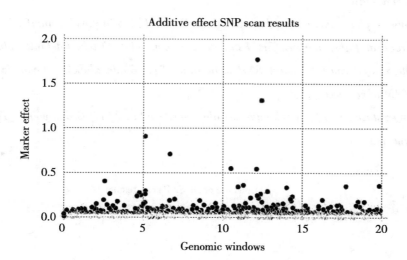

blue"))，Guide. title("Dominant effect SNP scan results")，Guide. xlabel("Genomic windows")，Guide. ylabel("Marker effect")，

　　layer(x=dominant[:，1]，y=broadcast(abs，dominant[:，2])，Geom. point，Theme(default _color=colorant"red")))

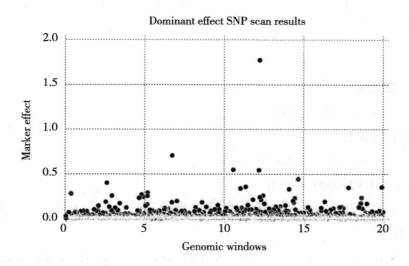

（16）上位效应 SNP 扫描结果（SNP-SNP 对中间位置）。

episLocmean ＝ epistaticLocMean(epistaticLoc)

*epistasis ＝ sortslices([episLocmean/((numLoci * numChr)－nQTL) * nWins Ieff]，dims ＝ 1，* *by = x−>x[1], rev = false)*

some_plot4 = plot(layer(x = (1: size(markerEffect, 1)) * nWins/((numLoci * numChr) − nQTL), y = broadcast(abs, markerEffect.Estimate), Geom.point, Theme(default_color = colorant" blue")), Guide.title("Epistatic effect SNP scan results"), Guide.xlabel("Genomic windows"), Guide.ylabel("Marker effect"),

layer(x = epistasis[:, 1], y = broadcast(abs, epistasis[:, 2]), Geom.point, Theme(default _color = colorant"red")))

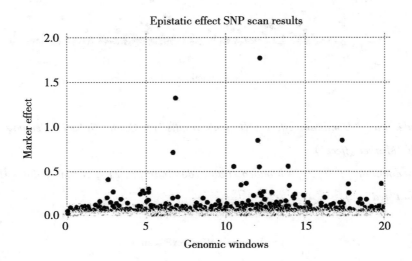

显示基因型效应

In [28]: *model.output_genotypes;*

基因组窗口解释的遗传变异

In [29]: *sum(winVar[!, :prGenVar])*

Out [29]: 103.92999999999998

基因组窗口 F 统计量（窗口依据 F 排序）

wSize = 100

wStartV, wEndV, testStat = winTest(M[1: 500, :], y[1: 500], genVar, resVar, wSize)

srtIndx = sortperm(testStat, rev = true)

bigF = [wStartV[srtIndx] wEndV[srtIndx] testStat[srtIndx]];

some_plot5 = plot(x = (1: nWins), y = testStat[srtIndx], Guide.title("F statistics of Genome window"), Guide.xlabel("Genomic windows"), Guide.ylabel("F value"),

Theme(default_color = colorant"blue"))

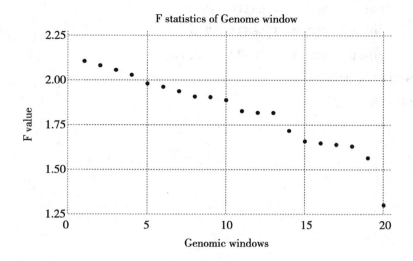

F statistics of Genome window

每个基因组窗口的标记数

In [30]: *sortPosQTL = sort(QTLPos)*

wPos = [bigF [findfirst(bigF[i, 1].<= sortPosQTL.< bigF[i, 2]) for i = 1: size(bigF, 1)]]

Out [30]: 20×4 Array{ Union{ Nothing, Float64} , 2} :

1901. 0	2000. 0	2. 10432	nothing
901. 0	1000. 0	2. 07994	10. 0
201. 0	300. 0	2. 05522	nothing
101. 0	200. 0	2. 02806	nothing
1. 0	100. 0	1. 98035	1. 0
1701. 0	1800. 0	1. 96195	21. 0
1101. 0	1200. 0	1. 93735	nothing
1801. 0	1900. 0	1. 90793	25. 0
1301. 0	1400. 0	1. 9051	15. 0
1201. 0	1300. 0	1. 88889	13. 0
301. 0	400. 0	1. 82778	2. 0
401. 0	500. 0	1. 81859	4. 0
1001. 0	1100. 0	1. 81799	11. 0
601. 0	700. 0	1. 71806	nothing
1601. 0	1700. 0	1. 65964	20. 0
701. 0	800. 0	1. 64896	8. 0

1401.0	1500.0	1.64092	16.0
1501.0	1600.0	1.63211	19.0
501.0	600.0	1.56634	7.0
801.0	900.0	1.30392	nothing

查看 GS 的 EBV 和 PEV

out["EBV_y"] ;

第十章 附 录

本章中我们将为初学者提供一些本书有关内容的基础知识、概念及原理。Genomics（基因组学）是一个复数名词，它是分子生物学的分支，主要研究基因组的结构、功能、进化及图谱等。基因组学最早出现在 20 世纪 80 年代，"Genomics" 是 "Genom"（一个有机体内存在的全部基因）＋"ics"。家畜育种学中的基因组预测可以定义为利用家畜的系谱、表型信息及已经掌握的全部基因知识对候选群体进行排序、选择的过程，即利用一切有利条件尽早选择家畜，获得最准确的 EPD 或 EBV。

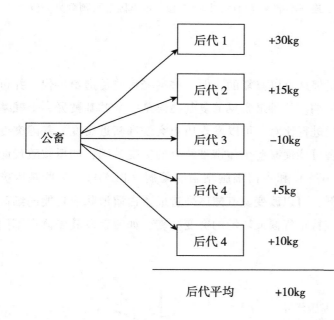

EBV "缩减" <2×后代，公畜EBV+16~18kg。一头公畜的后代可能表现3/4 的群体多样性。有足够的后代，对公畜EBV的估计更接近于真值。本例中，期望后代比公畜重8~9kg，但如果没有更多的信息，我们不能准确知道每个后代的性能。通常广泛使用的公畜的EBV估计更准确

染色体是一条由碱基组成的序列，如奶牛有 30 对染色体共计约 30 亿个碱基对，每对染色体一条来源于父亲，另一条来源于母亲，每条染色体约有 1 亿个碱基（A，T，C，G）。例如：

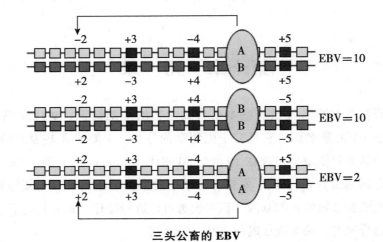

三头公畜的 EBV

黑色碱基对代表基因，浅灰色碱基对遗传于父亲，深灰色碱基对遗传于母亲；EPD 是基因效应之和的一半；黑色的箭头表示连锁不平衡（LD），即一个位点的基因型可预测另一位点的基因型

大多数染色体复制过程中的错误都是可以修复的，但一些突变可能传递给后代，并可能对后代生产性能产生正向或负向影响。一种最常见的复制错误是一个碱基被另一个碱基代替，即 SNP。对全基因组测序数据进行比对，可以发现历史突变和新近突变。基因突变可以使基因失去功能，一些自然灾害可能使某些个体携带纯合的突变基因，如瓜胺酸代谢病（CN）、尿苷酸合酶缺乏症（DUMPS）和牛白细胞粘附缺陷病（BLAD）。某些基因突变可以导致基因表达量的升高或降低，可以改变氨基酸序列造成蛋白质形状或功能的细微变化。自然或人工选择可以增加适应特定气候或环境的突变频率，如瘦素及其受体在不同物种中约有 20 多种不同类型。

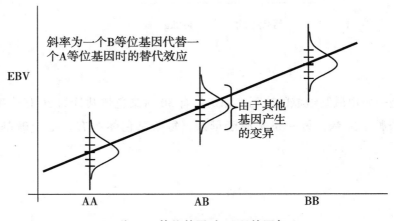

3 种 SNP 等位基因对 EBV 的回归

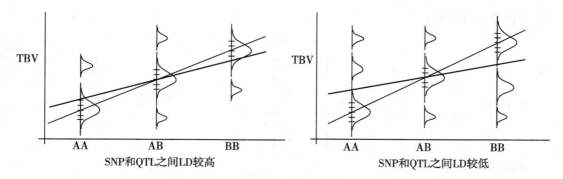

SNP和QTL之间LD较高　　　　　　　SNP和QTL之间LD较低

实际育种值和 EBV/EPD 关系图

　　较粗的斜线为 EBV/EPD，较细的斜线为 3 种 SNP 等位基因对 TBV 的回归，实际计算中同时估计 3 种 SNP 的效应

　　我们可以使用有 EBV 信息的公母畜历史群体，增加标记基因型信息来估计染色体每个片段的 EBV（称为"训练"），发现效应最大的染色体区域，这就是全基因组关联研究（GWAS）的基本原理。基因组信息可以增加育种值估计的准确性，基因组预测可以增加估计准确性，其分析方法逐渐成熟，但在一些性状和物种中的效果较好。增加数据的数量可以增加该方法的效果。相信在广大研究者的努力下，基因组预测的准确性会越来越高。

第一节　线性模型简介

　　本节介绍线性模型的基本概念，如期望值、位置参数或一阶矩、方差–协方差或二阶矩，模型的分布假设等。在动物育种中，家畜的生产性能决定于育种和饲养，表型＝基因型+环境。常用的动物模型为：

$$y = herd\_year\_season + BV + e$$

一般的模型包括 4 部分，即模型等式、位置参数、离散参数、分布假设，例如：

$$y = Xb + Zu + e （模型等式）$$

因为 $E[u] = 0$，$E[e] = 0$，因此，$E[y] = Xb$（位置参数）。

而且 $Var[u] = G = A\sigma_g^2$，$Var[e] = R = I\sigma_e^2$，$Cov[u, e] = 0$，$Var[y] = V = ZGZ' + R$（离散参数）。

$$y \sim MVN[Xb, V] （分布假设）$$

育种中常见的固定效应线性模型可写为：

$$y = Xb + e$$

$$E[u] = 0 , Var[e] = R = I\sigma_e^2$$

可能的分布假设为 $e \sim N[0, I\sigma_e^2]$，$e_i \overset{iid}{\sim} N[0, \sigma_e^2]$

简单线性模型为：

$$y = Xb + e$$

其中，$b = \begin{bmatrix} \alpha \\ \beta \end{bmatrix} = \begin{bmatrix} 截距 \\ 斜率 \end{bmatrix}$，$X = \begin{bmatrix} 1 & x_1 \\ 1 & x_2 \\ \vdots & \vdots \\ 1 & x_n \end{bmatrix}$

多元线性回归模型：

$$y = Xb + e$$

其中，$b = \begin{bmatrix} \alpha \\ \beta_1 \\ \vdots \\ \beta_k \end{bmatrix} = \begin{bmatrix} 截距 \\ 斜率_1 \\ \vdots \\ 斜率_k \end{bmatrix}$，$X = \begin{bmatrix} 1 & x_{11} & x_{12} & \cdots & x_{1k} \\ 1 & x_{21} & x_{22} & \cdots & x_{2k} \\ \vdots & \vdots & \vdots & \ddots & \vdots \\ 1 & x_{n1} & x_{n2} & \cdots & x_{nk} \end{bmatrix}$

其估计方法为：

$$K'y = K'Xb + K'e$$

例如，选择 $K' = X'$，则

$$X'y = X'Xb + X'e$$

如果 $X'y = X'Xb$，则 $X'e = 0$，因此 b 可由 $X'Xb = X'y$ 求得。

线性回归模型：

$$y = Xb + e$$

其剩余 e 为 $e = y - Xb$，且 $E[e] = 0$，$Var[e] = I\sigma_e^2$，剩余平方和为：

$$e'e = (y - Xb)'(y - Xb)$$
$$= y'y - y'Xb - b'X'y + b'X'Xb$$

上式对 b 求一阶导数：

$$de'e/db = -X'y - X'y + (X'X + (X'X)')b$$

令上式为 0，$X'Xb = X'y$，即可求得最大/最小值，此式称为最小二乘等式或正规方程。如 X 满秩，则 b 的估计值为：

$$\hat{b} = [X'X]^{-1}X'y$$

其数学期望和方差为：

$$E[\hat{b}] = E[[X'X]^{-1}X'y]$$
$$= [X'X]^{-1}X'E[y]$$
$$= [X'X]^{-1}X'Xb = b$$
$$Var[\hat{b}] = Var[[X'X]^{-1}X'y]$$

$$= [X'X]^{-1}X'Var[y]X[X'X]^{-1}$$
$$= [X'X]^{-1}X'I\sigma_e^2X[X'X]^{-1}$$
$$= [X'X]^{-1}X'X[X'X]^{-1}\sigma_e^2$$
$$= [X'X]^{-1}\sigma_e^2$$

$k'b$ 可由 $k'\hat{b}$ 估计，其方差为 $Var[k'\hat{b}] = k'[X'X]^{-1}k\sigma_e^2$。当 X 不满秩时，$k' = k'[X'X]^-X'X$，将 k' 的行组成 K 矩阵，则 $Var\_Cov[K\hat{b}] = K[X'X]^-K'\sigma_e^2$，此处 $K = K[X'X]^-X'X$。

剩余标准误：

$$\hat{\sigma}_e^2 = MS_{ERROR} = SS_{ERROR}/df$$
$$= (y - X\hat{b})'(y - X\hat{b})/(N - rank(X))$$
$$SS_{ERROR} = SS_{TOTAL} - SS_{MODEL}$$
$$= y'y - \hat{b}'X'y$$
$$R^2 = SS_{MODEL/MEAN}/SS_{TOTAL/MEAN}$$
$$SS_{MODEL/MEAN} = SS_{MODEL} - SS_{MEAN}$$

因为 $SS_{MEAN} = N\bar{y}^2$，所以

$$SS_{TOTAL/MEAN} = SS_{TOTAL} - SS_{MEAN}$$
$$= y'y - N\bar{y}^2$$

广义最小二乘法：

$$y = Xb + (Zu + e)$$
$$= Xb + \varepsilon$$
$$Var[y] = V = ZGZ' + R$$

$\hat{b}$ 可由 $X'V^{-1}Xb = X'V^{-1}y$ 估计。

加权最小二乘：

$$Var[e] = R = D = diag(\sigma_{ei}^2)$$

$\hat{b}$ 可由 $X'D^{-1}Xb = X'D^{-1}y$ 估计。

第二节　基于系谱的混合线性模型

模型同上节：

$$y = Xb + Zu + e$$

其位置参数、离散参数、分布假设这里不再赘述，现在预测 u 或其线性函数 $k'u$。上式的广义最小二乘解如下，为了估计 $q'b$，$q'\hat{b}^0$ 是 BLUE（最佳线性无偏估计）。

此处 $\hat{b}^0 = (X'V^{-1}X)^- X'V^{-1}y$，$V = ZGZ' + R$；$\hat{u} = GZ'V^{-1}(y - X\hat{b}^0)$ 是 BLUP（最佳线性无偏预测），和选择指数/BLP 类似，只是 $(y - X\hat{b}^0)$ 代替了 $(y - Xb)$，上式应用家畜间的遗传协方差。在传统的动物育种实践中，G 由分子血缘关系矩阵决定，是大型稠密矩阵；V 矩阵特别大，$X'V^{-1}$ 计算困难。

将上式变为 $y - X\beta = Zu + e$ 完全随机模型，由选择指数 $Pb = Gv$ 得 $b = P^{-1}Gv$，将 b 定义为预测 u 的最佳线性函数的权值，对于同一性状这一权值对每个家畜都相同。

$$BLP\hat{u} = b'(y - X\beta) = vGP^{-1}(y - X\beta)$$

$$GLSBLUP\hat{u} = GZ'V^{-1}(y - X\hat{\beta}^0)$$

Henderson 发展了计算生产数据的 G 和 R 的方法，及 Henderson I（并非 Henderson 首创）、II、III，可以通过矫正环境效应来进行选择。同时 Henderson 发明了 MME：

$$\begin{bmatrix} X'R^{-1}X & X'R^{-1}Z \\ Z'R^{-1}X & Z'R^{-1}Z + G^{-1} \end{bmatrix} \begin{bmatrix} \hat{b}^0 \\ \hat{u} \end{bmatrix} = \begin{bmatrix} X'R^{-1}y \\ Z'R^{-1}y \end{bmatrix}$$

此处 G 为满秩矩阵，上式联合计算 $k'\hat{b}^0$（BLUE）和 $\hat{u}$（BLUP）。如果 G 和 R 是对角或分块对角矩阵（如忽略相互关系的公畜模型），MME 在实践中常常是稀疏的。

Henderson 的另一项贡献是发明了由系谱直接计算 A^{-1} 的算法，G^{-1} 可由矩阵的 kronecker 积产生。

重新排列的 MME 如下：

$$\begin{bmatrix} Z'R^{-1}X & Z'R^{-1}Z + G^{-1} \end{bmatrix} \begin{bmatrix} \hat{b}^0 \\ \hat{u} \end{bmatrix} = \begin{bmatrix} Z'R^{-1}y \end{bmatrix}$$

或者等价于：

$$\begin{bmatrix} Z'R^{-1}Z + G^{-1} \end{bmatrix} \begin{bmatrix} \hat{u} \end{bmatrix} = \begin{bmatrix} Z'R^{-1}(y - X\hat{b}^0) \end{bmatrix}$$

对于单性状动物模型 $R = I\sigma_e^2$，$G = A\sigma_g^2$，$G^{-1} = A^{-1}\sigma_g^2$，上式可以乘 σ_e^2 得：

$$\begin{bmatrix} Z'Z + \lambda A^{-1} \end{bmatrix} \begin{bmatrix} \hat{u} \end{bmatrix} = \begin{bmatrix} Z'(y - X\hat{b}^0) \end{bmatrix} \text{，此处 } \lambda = \sigma_e^2/\sigma_g^2$$

对于只有一个记录的不是双亲的家畜：

$$(1 + 2\lambda)\hat{u}_{animal} - \lambda\hat{u}_{sire} - \lambda\hat{u}_{dam} = adjusted\_y$$

$$\hat{u}_{animal} = \frac{2\lambda(\hat{u}_{sire} + \hat{u}_{dam})}{(1 + 2\lambda)2} + \frac{(adjusted\_y)}{(1 + 2\lambda)}$$

$$= (1 - w)PA + w(adjusted\_y) \qquad \text{此处 } w = \frac{1}{(1 + 2\lambda)}$$

因为 $\lambda = \frac{1 - h^2}{h^2}$，所以当 $h^2 = 1$ 时，$\lambda = 0$，$w = 1$，即无缩减。如果 h^2 较低，λ 加大，则 w 较小，即缩减方差。两种信息来源的育种值（BV）被整合：

（1）父母的平均传递力（PA）；

（2）个体的预测值（缩减方差，遗传力影响缩减）。

如果不是双亲的家畜无生产记录，则

$$2\lambda\,\hat{u}_{animal} - \lambda\,\hat{u}_{sire} - \lambda\,\hat{u}_{dam} = 0$$

$$\hat{u}_{animal} = \frac{\lambda\,(\hat{u}_{sire} + \hat{u}_{dam})}{\lambda\,2} = \frac{(\hat{u}_{sire} + \hat{u}_{dam})}{2} = PA$$

由 BLP/BLUP 的性质 $Cov(u,\hat{u}) = Var(\hat{u})$，因此 $r^2 = \dfrac{Var(\hat{u})}{Var(u)}$。但对于不是双亲且无生产记录的家畜 $\hat{u} = \dfrac{\hat{u}_{sire}}{2} + \dfrac{\hat{u}_{dam}}{2}$，因此 $r^2 = \dfrac{r_{sire}^2}{4} + \dfrac{r_{dam}^2}{4} \leqslant \dfrac{1}{2}$，因此，由 $\Delta G = \dfrac{ir\sigma_g}{L}$ 可知，当候选个体缺乏早期表型信息时，选择反应有限。

我们需要结合家畜不同亲属的信息预测不是双亲且无生产记录家畜的生产性能。NRM 或 A 就是特定系谱亲缘关系的期望。A 矩阵中表示自身关系的元素为 $1 + F$（非近交时 $F = 0$）。非近交个体全同胞间、与父母间和后代间的加性关系期望为 0.5；非近交个体半同胞间，与祖父母间的加性关系期望为 0.25。但是特定个体与亲属间的加性关系却与期望值有差异。我们可由标记基因型数据计算更为准确的加性关系。如双亲及 4 个全同胞间的 A 矩阵及 A^{-1} 为：

$$
A \qquad\qquad\qquad\qquad A^{-1}
$$

$$
\begin{bmatrix}
1 & 0 & 0.5 & 0.5 & 0.5 & 0.5 \\
0 & 1 & 0.5 & 0.5 & 0.5 & 0.5 \\
0.5 & 0.5 & 1 & 0.5 & 0.5 & 0.5 \\
0.5 & 0.5 & 0.5 & 1 & 0.5 & 0.5 \\
0.5 & 0.5 & 0.5 & 0.5 & 1 & 0.5 \\
0.5 & 0.5 & 0.5 & 0.5 & 0.5 & 1
\end{bmatrix}
\qquad
\begin{bmatrix}
3 & 2 & -1 & -1 & -1 & -1 \\
2 & 3 & -1 & -1 & -1 & -1 \\
-1 & -1 & 2 & 0 & 0 & 0 \\
-1 & -1 & 0 & 2 & 0 & 0 \\
-1 & -1 & 0 & 0 & 2 & 0 \\
-1 & -1 & 0 & 0 & 0 & 2
\end{bmatrix}
$$

然而，其基因组关系矩阵 G 及 G^{-1} 可能为：

$$
G
$$

$$
\begin{bmatrix}
1 & 0 & 0.5 & 0.5 & 0.5 & 0.5 \\
0 & 1 & 0.5 & 0.5 & 0.5 & 0.5 \\
0.5 & 0.5 & 1 & 0.6 & 0.5 & 0.5 \\
0.5 & 0.5 & 0.6 & 1 & 0.5 & 0.5 \\
0.5 & 0.5 & 0.5 & 0.5 & 1 & 0.6 \\
0.5 & 0.5 & 0.5 & 0.5 & 0.6 & 1
\end{bmatrix}
$$

$$G^{-1}$$

$$\begin{bmatrix} 3.5 & 2.5 & -1.25 & -1.25 & -1.25 & -1.25 \\ 2.5 & 3.5 & -1.25 & -1.25 & -1.25 & -1.25 \\ -1.25 & -1.25 & 2.1875 & -0.3125 & 0.3125 & 0.3125 \\ -1.25 & -1.25 & -0.3125 & 2.1875 & 0.3125 & 0.3125 \\ -1.25 & -1.25 & 0.3125 & 0.3125 & 2.1875 & -0.3125 \\ -1.25 & -1.25 & 0.3125 & 0.3125 & -0.3125 & 2.1875 \end{bmatrix}$$

如果要预测无记录的最后一个家畜的效应：

$$[-1.25\hat{u}_{sire} \quad -1.25\hat{u}_{dam} \quad 0.3125\hat{u}_{sib1} \quad 0.3125\hat{u}_{sib2} \quad -0.3125\hat{u}_{sib3} \quad 2.1875\hat{u}_{candidate}] = [0]$$

$$\hat{u}_{candidate} = \frac{1.25(\hat{u}_{sire} + \hat{u}_{dam}) - 0.3125(\hat{u}_{sib1} + \hat{u}_{sib2}) + 0.3125\hat{u}_{sib3}}{2.1875}$$

但是，为了建立 G 矩阵，我们需要确定对生产性能变异有贡献的位点/QTL。综上所述，我们将 MME 经常用到的特性总结如下：

$$\begin{bmatrix} X'X & X'Z \\ Z'X & Z'Z + \lambda G^{-1} \end{bmatrix}^{-} = \begin{bmatrix} C^{11} & C^{12} \\ C^{21} & C^{22} \end{bmatrix}$$

$$Var(g) = G \; , \; Var(\hat{g}) = G - C^{22} \; , \; Var(\hat{g} - g) = C^{22} \; , \; r_{g\hat{g}}^2 = Var(\hat{g})/Var(g) \; ,$$

$$Var(k'g) = k'Gk \; , \; Var(k'\hat{g}) = k'(G - C^{22})k$$

第三节 预测 SNP 效应的固定效应模型

一、参数及信息量

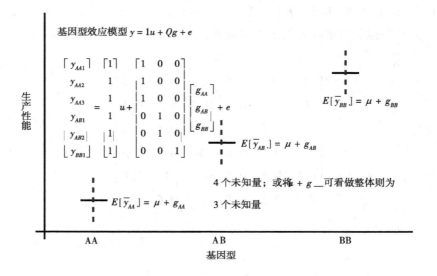

将基因型作为固定效应建立模型的示意图如上。固定效应模型的信息量可部分由自由度反应，一些自由度用来建立估计参数的函数；如果有剩余的自由度则用于计算误差平方和。过参数化模型是指参数的数量大于独立的估计函数数量。

SNP 作为固定效应的模型可以表示为：

$$y = Xb + Wq + e$$

此处，b 为除 SNP 外的固定效应，$q' = \begin{bmatrix} q_{AA} & q_{AB} & q_{BB} \end{bmatrix}$ 为 SNP 分类效应。W 是 AA、AB、BB 基因型的指示矩阵，一共 3 列，每一列对应一个基因型；每一行对应一头家畜的基因型；$E[y] = Xb + Wq$，$Var[y] = Var[e] = I\sigma_e^2$。最小二乘等式为：

$$\begin{bmatrix} X'X & X'W \\ W'X & W'W \end{bmatrix} \begin{bmatrix} \hat{b} \\ \hat{q} \end{bmatrix} = \begin{bmatrix} X'y \\ W'y \end{bmatrix}$$

在本例中，只有一个固定效应平均数，即 $[b] = [\mu]$，$X = 1$。

$$LHS = \begin{bmatrix} N & n_{AA} & n_{AB} & n_{BB} \\ n_{AA} & n_{AA} & 0 & 0 \\ n_{AB} & 0 & n_{AB} & 0 \\ n_{BB} & 0 & 0 & n_{BB} \end{bmatrix} \quad RHS = \begin{bmatrix} y_{..} \\ y_{AA.} \\ y_{AB.} \\ y_{BB.} \end{bmatrix}$$

通常方程的数量等于固定效应数量加基因型数量，且方程没有唯一的解。则可能的一个解为：

$$LHS = \begin{bmatrix} N & n_{AA} & n_{AB} & n_{BB} \\ n_{AA} & n_{AA} & 0 & 0 \\ n_{AB} & 0 & n_{AB} & 0 \\ n_{BB} & 0 & 0 & n_{BB} \end{bmatrix} \quad RHS = \begin{bmatrix} y_{..} \\ y_{AA.} \\ y_{AB.} \\ y_{BB.} \end{bmatrix}$$

$$\hat{b}_1 = \begin{bmatrix} 0 \\ u + q_{AA} \\ u + q_{AB} \\ u + q_{BB} \end{bmatrix}$$

另一个可能的解为：

$$LHS = \begin{bmatrix} N & n_{AA} & n_{AB} & n_{BB} \\ n_{AA} & n_{AA} & 0 & 0 \\ n_{AB} & 0 & n_{AB} & 0 \\ n_{BB} & 0 & 0 & n_{BB} \end{bmatrix} \quad RHS = \begin{bmatrix} y_{..} \\ y_{AA.} \\ y_{AB.} \\ y_{BB.} \end{bmatrix}$$

$$\hat{b}_2 = \begin{bmatrix} \overline{u + q_{BB}} \\ \overline{q_{AA} - q_{BB}} \\ \overline{q_{AB} - q_{BB}} \\ 0 \end{bmatrix}$$

模型不同的解有相同的估计函数，如以上两组解，不同的对比 k：

$$k' = \begin{bmatrix} 1 & 1 & 0 & 0 \end{bmatrix}，则 k'\hat{b}_1 = k'\hat{b}_2 = \overline{u + q_{AA}}$$

$$k' = \begin{bmatrix} 0 & 1 & -1 & 0 \end{bmatrix}，则 k'\hat{b}_1 = k'\hat{b}_2 = \overline{q_{AA} - q_{AB}}$$

在固定效应模型中，即使可以用最小二乘法（如广义逆）获得一个数值解，许多模型的参数或其函数都是不可估计的。

如果 $(X'X)\,[X'X]^-\,(X'X) = X'X$，则 $[X'X]^-$ 是 $X'X$ 的广义逆，令 $H = [X'X]^-(X'X)$，如果 $k'H = k'$，则称线性函数 $k'b^0$ 是可以估计的。$Var(k'b^0) = k'\,[X'X]^-\,k$，如果 R 不可被明确地估计出来，则等于 $k'\,[X'X]^-\,k\sigma^2$。

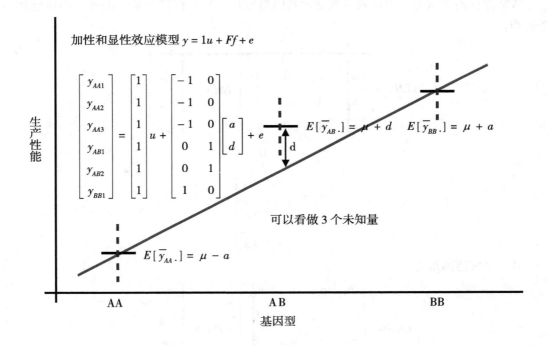

二、基因型和遗传效应

基因型分类模型中 $g = \begin{bmatrix} g_{AA} \\ g_{AB} \\ g_{BB} \end{bmatrix}$，加性显性效应模型中 $a = \begin{bmatrix} -\alpha \\ d \\ \alpha \end{bmatrix}$，则 $\alpha = \dfrac{g_{BB} - g_{AA}}{2}$，

$d = g_{AB} - \dfrac{g_{AA} + g_{BB}}{2}$。令 $K = \begin{bmatrix} k'_1 \\ k'_2 \end{bmatrix} = \begin{bmatrix} -\dfrac{1}{2} & 0 & \dfrac{1}{2} \\ -\dfrac{1}{2} & 1 & -\dfrac{1}{2} \end{bmatrix}$，$Kq = a$，$K$ 的行之间是正交的

$k'_1 k_2 = 0$。g 本身是不可估计的，但形如 $g_{BB} - g_{AA}$ 的函数是可估计的。

等效模型：

	基因型模型	期望 $E\begin{bmatrix} \ \end{bmatrix}$	Falconer 模型	期望 $E\begin{bmatrix} \ \end{bmatrix}$
AA	$u + g_{AA}$	10	$u - \alpha$	$10 = 13 - 3$
AB	$u + g_{AB}$	14	$u + d$	$14 = 13 + 1$
BB	$u + g_{BB}$	16	$u - \alpha$	$16 = 13 + 3$

不同的 u，g 的估计值不同：

$\mu = 0$	$\mu = 10$	$\mu = 16$	$\mu = 13$
$g_{AA} = 10$	$g_{AA} = 0$	$g_{AA} = -6$	$\alpha = 3$
$g_{AB} = 14$	$g_{AB} = 4$	$g_{AB} = -2$	$d = 1$
$g_{BB} = 16$	$g_{BB} = 6$	$g_{BB} = 0$	

两种模型期望值和方差都相同，因此两种模型是等效的。

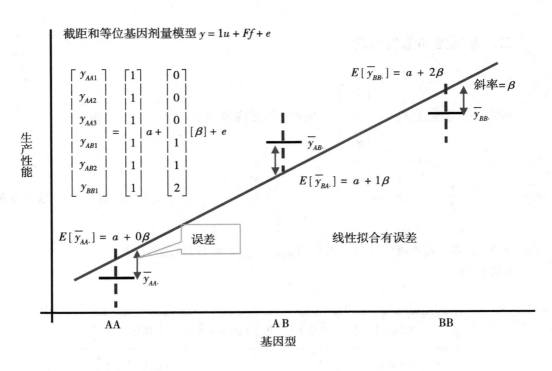

截距和等位基因剂量模型 $y = 1u + Ff + e$

线性拟合有误差

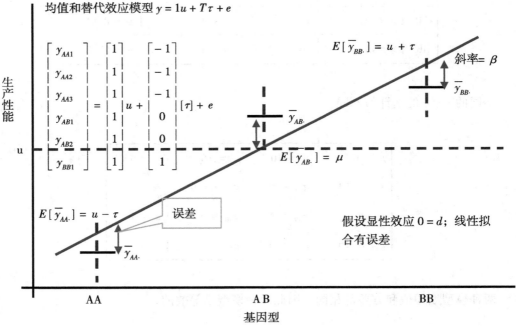

均值和替代效应模型 $y = 1u + T\tau + e$

假设显性效应 $0 = d$；线性拟合有误差

与上面类似，还可以有以下截距和等位基因剂量模型：

$$y = 1u + Bb + e$$

$$\begin{bmatrix} y_{AA1} \\ y_{AA2} \\ y_{AA3} \\ y_{AB1} \\ y_{AB2} \\ y_{BB1} \end{bmatrix} = \begin{bmatrix} 0 & 2 \\ 0 & 2 \\ 0 & 2 \\ 1 & 1 \\ 1 & 1 \\ 2 & 0 \end{bmatrix} \begin{bmatrix} \beta_1 \\ \beta_2 \end{bmatrix} + e$$

则 $E[\bar{y}_{AA.}] = 0\beta_1 + 2\beta_2$, $E[\bar{y}_{AB.}] = 1\beta_1 + 1\beta_2$, $E[\bar{y}_{BB.}] = 2\beta_1 + 0\beta_2$

等效模型:

	斜率-截距模型	期望 $E[\quad]$	均值-替代模型	期望 $E[\quad]$	二等位基因效应模型	期望 $E[\quad]$
AA	$\alpha + 0\beta$	10	$u - \tau$	10	$2\beta_1 + 0\beta_2$	$10 = 2 \times 5$
AB	$\alpha + 1\beta$	13	u	13	$1\beta_1 + 1\beta_2$	$13 = 5 + 8$
BB	$\alpha + 2\beta$	16	$u + \tau$	16	$0\beta_1 + 2\beta_2$	$16 = 2 \times 8$
估计	$\alpha = 10, \beta = 3$		$u = 13, \tau = 3$		$\beta_1 = 5, \beta_2 = 8, \beta_2 - \beta_1 = 3$	

几种模型期望值和方差都相同,因此这些模型是等效的。

三、SNP 作为随机效应

传统育种中,将家畜效应作为随机效应。遗传变异是由家畜间等位基因的变异引起的,但特定位点的等位基因值是不变的。现在尚不清楚是否应将某个位点或全部的位点作为随机效应,特别是在观察到基因型,并作为指示矩阵元素时。假设有多个位点,可以联合估计每个位点的替代效应 α,其模型如下:

$$y = Xb + M\alpha + e$$

$$= Xb + \sum_{i=1}^{标记数} m_i \alpha_i + e$$

基因型矩阵 M 有 n 行(家畜数),p 列(位点、标记或单倍型数),一般为奇异系数矩阵。例如使用 Illumina 家畜芯片(牛、马、猪、绵羊、鸡和狗)的研究通常 $n < 10\,000$,$p > 40\,000$。如果任意两个家畜的 p 个基因型数据都不相同,则 M 是行满秩。$Rank(M'M)$ 是 $n \leqslant p$。不可能使用普通的最小二乘法去同时估计大于 n 的位点效应加固定效应,可以连续向模型增加标记位点(或对生产性能有影响的标记子数据集)作为训练数据来估计模型参数,但是最小二乘法容易导致所估计效应存在正向偏差,特别是功效较低时。通常不能同时使用所有标记预测基因组值（genomicmerit）。因此，家畜育种学家也使用一些其他方法，如岭回归，偏最小二乘法等。另外，可将 α 作为随机效应而不是固定效应来估计。现有的基因组预测方法可以处理效应数大于观测值的单性状及多性状动物模型。基因组预测中也使用混合模型中常用的 BLUP、REML 和贝叶斯方法等，这些方法都产生"缩减"估计。和将位点作为固定效应相同，可以使用下列可能的模型估计随机位点效应。

（1）拟合每个位点的每种基因型，需要建立替代基因型间的方差–协方差矩阵，在存在显性效应时这个矩阵是奇异的。

（2）拟合每个位点的全部等位基因。

（3）拟合每个位点的替代效应。

四、动物效应

在实际育种中，我们更关心动物效应（animal merit），而不是等位基因效应。

$$y = 1\mu + \sum_{i=1}^{i=ploci} M_i\alpha_i + e$$

$$y = 1\mu + I\Big\{\sum_{i=1}^{i=ploci} M_i\alpha_i\Big\} + e$$

$$y = 1\mu + ''Z''''u'' + e$$

MME 数量等于固定效应加家畜数。对于 $y = 1'\mu + Zu + e$，其 MME 为

$$\begin{bmatrix} N & 1'Z \\ Z'1 & Z'Z + \sigma_e^2 G^{-1} \end{bmatrix}\begin{bmatrix} \hat{\mu} \\ \hat{u} \end{bmatrix} = \begin{bmatrix} 1'y \\ Z'y \end{bmatrix}，满秩\ G = Var(u)$$

对于 $y = 1'\mu + I\sum M_i\alpha_i + e$，其 MME 为

$$\begin{bmatrix} N & 1' \\ 1 & I + \sigma_e^2\big[Var\big(\sum M_i\alpha_i\big)\big]^{-1} \end{bmatrix}\begin{bmatrix} \hat{\mu} \\ \overline{\sum M_i\alpha_i} \end{bmatrix} = \begin{bmatrix} 1'y \\ y \end{bmatrix}$$

$Var\big(\sum M_i\alpha_i\big) = \sum Var\{M_i\alpha_i\} = \sum M_iA_iM'_i = \sum M_iM'_i\sigma_{\alpha i}^2$，和 $A\sigma_g^2$ 相似，此处 A 为分子关系矩阵，则上式可写为：

$$\begin{bmatrix} N & 1' \\ 1 & I + \sigma_e^2\big[\sum M_iM'_i\sigma_{\alpha i}^2\big]^{-1} \end{bmatrix}\begin{bmatrix} \hat{\mu} \\ \overline{\sum M_i\alpha_i} \end{bmatrix} = \begin{bmatrix} 1'y \\ y \end{bmatrix}$$

如果方差参数已知，基因组关系阵的逆矩阵乘已知的 λ，此方法被称为 GBLUP，区别于传统的基于系谱 PBLUP。在 GBLUP 中，每个位点给予相同的加权值，这种方法和 BayesC0 类似，只是 BayesC0 估计方差组分需要先给出它的先验分布。GBLUP 和标记效应

模型（MEM），如 BayesC0 的先验方差有大的自由度，无论这些模型是拟合每个位点的 A 等位基因或 B 等位基因，还是两个等位基因一同拟合，也无论等位基因如何被中心化（0，1，2 或-1，0，1 等），对于有基因型数据的家畜，这些方法估计出的 EBV 相同。但是，不同替代模型 GBLUP 的 PEV 和可靠性是不同的。

第四节　结合有基因型和无基因型家畜数据

为了在 GWAS 和基因组预测中充分利用家畜的表型数据，而不仅仅是基因型测序家畜的数据，也为了对测序家畜进行提前选择，避免多步分析产生的舍入误差和重复计算问题。多步基因组预测分析结合表型和系谱信息，使用混合模型估计 EBV 和 R^2。使用测序核心家系的 EBV 和 R^2，用加权多元反回归 EBV 估计 SNP 效应，由基因组信息预测测序家畜的 DGV，再由系谱信息预测非测序家畜的 DGV，使用选择指数结合 DGV 和 EBV 形成 GE-EBV。只利用系谱信息进行预测，其公式为：

$$\begin{bmatrix} y_n \\ y_g \end{bmatrix} = \begin{bmatrix} X_n \\ X_g \end{bmatrix} b + \begin{bmatrix} Z_n & 0 \\ 0 & Z_g \end{bmatrix} \begin{bmatrix} u_n \\ u_g \end{bmatrix} + \begin{bmatrix} e_n \\ e_g \end{bmatrix}$$

$$Var \begin{bmatrix} u_n \\ u_g \end{bmatrix} = \begin{bmatrix} A_{nn} & A_{ng} \\ A_{gn} & A_{gg} \end{bmatrix} \sigma_a^2$$

此处 A 为由系谱信息建立的分子关系阵，下标 n 代表非测序家畜，g 代表测序家畜。

Nejati-Javaremi 等（1997）将上式的 A 替换为 $G = \sum_{i=1}^{\#loci} \sum_{j=1}^{\#alleles} m_{ij} m'_{ij}$（对于测序个体），许多其他研究者将标记协变量中心化后拓展出许多新的公式，形成基因组关系矩阵。将 G^{-1} 引入 MME，形成 GBLUP 方法，其基因组估计值和 MHG（Meuwissen，Hayes 和 Goddard，2001）"BLUP"相同：

$$y_g = X_g b + Z_g u_g + e_g$$

此处，$u_g = M_g \alpha = \sum_{j=1}^{\#loci} m_j \alpha_j \delta_j$，$\alpha_j$ 为替代效应，$\delta_j = (0, 1)$ 为指示矩阵。

BayesianAlphabet：

（1）BLUP：$\delta_j = 1$，$\sigma_{\alpha j}^2 = \sigma_{\alpha}^2$（已知）；

（2）BayesA：$\delta_j = 1$，$\sigma_{\alpha j}^2 = \sigma_{\alpha}^2$（未知）；

（3）BayesB：$\delta_j = 0$ 的概率已知（π），$\sigma_{\alpha j}^2 = \sigma_{\alpha}^2$（未知）（Meuwissen，Hayes 和 Goddard，2001）；

（4）BayesC（BayesCπ）：$\delta_j = 0$ 的概率已知或未知（π），$\sigma_{\alpha j}^2 = \sigma_{\alpha}^2$（未知）（Kizilkaya 等 2010；Habier 等 2011）。

各种模型的相互关系：

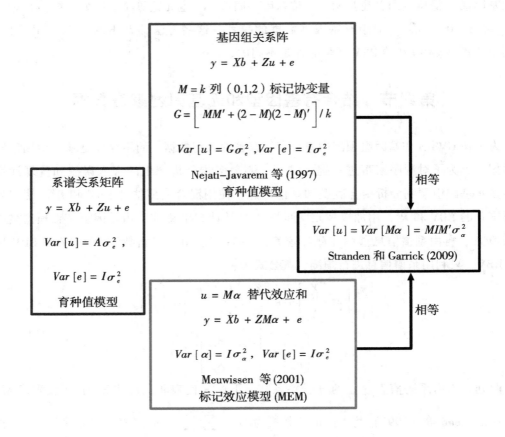

为了将非测序和测序家畜数据合并处理，即"单步法"，最初的方法是将分子关系阵中对应测序家畜的部分由基因组关系代替，但这个方差-协方差矩阵求逆时计算量很大（Misztal 等 2009）。

$$Var \begin{bmatrix} u_n \\ u_g \end{bmatrix} = \begin{bmatrix} A_{nn} & A_{ng} \\ A_{gn} & G_{gg} \end{bmatrix} \sigma_\alpha^2$$

Legarra 等（2009）将 MME 中的 A^{-1} 代替为 H^{-1}，称其为单步 GBLUP，这种方法的变体目前仍然广泛使用。

$$H = Var \begin{bmatrix} u_n \\ u_g \end{bmatrix} \sigma_\alpha^2 = \begin{bmatrix} A_{nn} + A_{ng} A_{gg}^{-1} G_{gg} A_{gg}^{-1} A_{gn} & A_{ng} A_{gg}^{-1} G_{gg} \\ G_{gg} A_{gg}^{-1} A_{gn} & G_{gg} \end{bmatrix}$$

H 矩阵的逆矩阵结构相对简单：

$$H^{-1} = A^{-1} + \begin{bmatrix} 0 & 0 \\ 0 & G_{gg}^{-1} - A_{gg}^{-1} \end{bmatrix}$$

但是，单步 GBLUP 有许多缺点：

（1）位点数比测序个体数小时，G 为奇异阵；

（2）位点数比测序个体数大时，如果位点协方差用等位基因频率中心化，G 为奇异阵，因为 $G = MM'$，$M'1 = 0$，则 $G1 = 0$；

（3）可以使用 G 对 A 矩阵的 ad hoc 回归解决 G 为奇异阵的问题；

（4）方差-协方差矩阵由 G 和 A 矩阵组成，需要这两个矩阵有相同的基础群，但 A 矩阵是由系谱信息构建的，其等位基因频率是未知的；

（5）目前尚不清楚如何对多品种群体或杂交群体的位点进行中心化；

（6）可以由试错法找到另一个最优的 ad hoc 常数 κ，提高单步 GBLUP 的预测能力；

$$H^{-1} = A^{-1} + \begin{bmatrix} 0 & 0 \\ 0 & \kappa(G_{gg}^{-1} - A_{gg}^{-1}) \end{bmatrix}$$

（7）测序个体的 G 和 A 矩阵的求逆目前仍然没有有效的办法，随着测序个体数增加，求逆的计算强度越来越大，对于超过 10 万个体的 G 和 A 矩阵直接求逆是不现实的；

（8）单步 GBLUP 不能直接拓展为单步 BayesA，也不适合于混合模型（mixture model），如 BayesB、BayesC、BayesCπ，但这些方法应用了变量选择，特别适合于填补过的下一代测序数据的精细定位问题。

综上所述，对于如下模型：

$$\begin{bmatrix} y_n \\ y_g \end{bmatrix} = \begin{bmatrix} X_n \\ X_g \end{bmatrix} b + \begin{bmatrix} Z_n & 0 \\ 0 & Z_g \end{bmatrix} \begin{bmatrix} u_n \\ u_g \end{bmatrix} + \begin{bmatrix} e_n \\ e_g \end{bmatrix}$$

对于测序个体 $u_g = M_g\alpha$，而 $u_n = \hat{u}_n/u_g + (u_n - \hat{u}_n/\hat{u}_g) = \hat{u}_n/u_g + \varepsilon_n$，此处 $\hat{u}_n/u_g = A_{ng}A_{gg}^{-1}u_g$，因此 $u_n = A_{ng}A_{gg}^{-1}u_g + (u_n - A_{ng}A_{gg}^{-1}u_g)$，上式变为：

$$\begin{bmatrix} y_n \\ y_g \end{bmatrix} = \begin{bmatrix} X_n \\ X_g \end{bmatrix} b + \begin{bmatrix} Z_n & 0 \\ 0 & Z_g \end{bmatrix} \begin{bmatrix} A_{ng}A_{gg}^{-1}M_g\alpha \\ M_g\alpha \end{bmatrix} + \begin{bmatrix} Z_n & 0 \\ 0 & 0 \end{bmatrix} \begin{bmatrix} \varepsilon_n \\ 0 \end{bmatrix} + \begin{bmatrix} e_n \\ e_g \end{bmatrix}$$

$$= \begin{bmatrix} X_n \\ X_g \end{bmatrix} b + \begin{bmatrix} Z_nA_{ng}A_{gg}^{-1}M_g \\ Z_gM_g \end{bmatrix} \alpha + \begin{bmatrix} Z_n \\ 0 \end{bmatrix} \varepsilon_n + \begin{bmatrix} e_n \\ e_g \end{bmatrix}$$

因此，杂合的 MME 为：

$$\begin{bmatrix} X'X & X'ZM & X'_nZ_n \\ M'Z'X & M'Z'ZM + \varphi & M'_nZ'_nZ_n \\ Z'_nX_n & Z'_nZ_nM_n & Z'_nZ_n + A^{nn}\lambda \end{bmatrix} \begin{bmatrix} b \\ a \\ \varepsilon_n \end{bmatrix} = \begin{bmatrix} X'y \\ M'Z'y \\ Z'_ny_n \end{bmatrix}$$

此处 $X = \begin{bmatrix} X_n \\ X_g \end{bmatrix}$，$Z = \begin{bmatrix} Z_n & 0 \\ 0 & Z_g \end{bmatrix}$，$M = \begin{bmatrix} M_n \\ M_g \end{bmatrix} = \begin{bmatrix} A_{ng}A_{gg}^{-1}M_g \\ M_g \end{bmatrix}$，$y = \begin{bmatrix} y_n \\ y_g \end{bmatrix}$。

其 EBV 为 $\hat{u}_g = M_g \hat{\alpha}$，$\hat{u}_n = M_n \hat{\alpha} + \hat{\varepsilon}_n$，单步 GBLUP 是上面等式的特例，且这个等式 $M_n = A_{ng} A_{gg}^{-1} M_g$ 部分不需要转置。

如果所有个体都被测序，则：

$$\begin{bmatrix} X'X & X'ZM & X'_n Z_n \\ M'Z'X & M'Z'ZM + \varphi & M'_n Z_n Z_n \\ Z'_n X_n & Z'_n Z_n M_n & A^{nn}\lambda \end{bmatrix} \begin{bmatrix} b \\ a \\ \varepsilon_n \end{bmatrix} = \begin{bmatrix} X'y \\ M'Z'y \\ Z'_n y_n \end{bmatrix}$$

此式是 BayesA，BayesB，BayesC MME 的基础。

如果没有测序数据，则上式变为传统系谱为基础的 BLUP：

$$\begin{bmatrix} X'X & X'ZM & X'_n Z_n \\ M'Z'X & M'Z'ZM + \varphi & M'_n Z'_n Z_n \\ Z'_n X_n & Z'_n Z_n M_n & Z'_n Z_n + A^{nn}\lambda \end{bmatrix} \begin{bmatrix} b \\ u \\ \varepsilon_n \end{bmatrix} = \begin{bmatrix} X'y \\ M'Z'y \\ Z'_n y_n \end{bmatrix}$$

协变量中心化时的不变性：

$$\begin{aligned} y_g &= 1\mu + X_g b + Z_g M_g \alpha + e_g \\ &= 1\mu + X_g b + Z_g 1 c' \alpha + Z_g (M_g - 1c') \alpha + e_g \end{aligned}$$

定义 $t = c'\alpha$，当所有家畜都测序时（如 BayesA，BayesB 等），则

$$\begin{aligned} y_g &= 1(\mu + t) + X_g b + Z_g (M_g - 1c') \alpha + e_g \\ &= 1\mu^* + X_g b + Z_g M_g^c \alpha + e_g \end{aligned}$$

非测序家畜协变量中心化时的可变性：

$$\begin{aligned} y_n &= 1\mu + X_n b + Z_n A_{ng} A_{gg}^{-1} M_g \alpha + Z_n \varepsilon_n + e_n \\ &= 1\mu + X_n b + Z_n A_{ng} A_{gg}^{-1} 1 c' \alpha + Z_n A_{ng} A_{gg}^{-1} (M_g - 1c') \alpha + Z_n \varepsilon_n + e_n \\ &= 1\mu + X_n b + Z_n A_{ng} A_{gg}^{-1} 1 t + Z_n A_{ng} A_{gg}^{-1} M_g^c \alpha + Z_n \varepsilon_n + e_n \end{aligned}$$

因此，除非 $t = 0$ 的中心化，在结合测序和非测序家畜进行分析时，模型中需要包括 t 的协变量。

计算方面的考虑：

$A_{ng} A_{gg}^{-1} M_g$ 部分的计算较为容易，并且可以使用并行计算求解。随着测序家畜数量的增加，计算变得相对容易，而不再是极其困难或不可能，并且很容易应用于变量选择或混合模型（mixture model），如 BayesB 和 BayesC 等。上式可以很容易拓展到多品种或多性状模型，在 MCMC 框架下可以提供 PEV。

总之，基因组预测仍然是不成熟的技术，尚有许多研究问题亟待解决，如发展大规模家畜预测中的多品种、多性状、母体效应模型等的算法，尤其是并行算法。育种值预测可由以下公式给出，$\hat{u}_g = M_g \hat{\alpha}$，$\hat{u}_n = M_n \hat{\alpha} + \hat{\varepsilon}_n$，或者由 $M_n = A_{ng} A_{gg}^{-1} M_g$：

$$\hat{u}_n = A_{ng}A_{gg}^{-1}M_g\hat{\alpha} + \hat{\varepsilon}_n$$

$$= A_{ng}A_{gg}^{-1}\hat{u}_g + \hat{\varepsilon}_n$$

第五节　贝叶斯 GWAS

目前的全基因组关联分析基本包括两种方法：贝叶斯多元回归（BMR）和单标记模型（SM）。两种模型的区别如下：

	SM	BMR
模型	简单回归	多元回归
假阳性（FP）	基因组错误率	FP 比例
推断方法	频率学派	贝叶斯学派

简单回归假设 QTL 和一定区域内的标记有低的 LD，建立模型需要考虑群体结构。多元回归模型的统计推断基于基因组窗口（windows），窗口内的标记可以捕获群体结构，但模型过多考虑群体结构会导致较低的功效，多元回归模型可以推断 QTL。

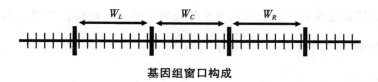

基因组窗口构成

控制假阳性：

（1）基因组错误率，控制多重检测中一个或更多假阳性的概率，有多重检测惩罚。

（2）假阳性比例（PFP，mFDR），和 FDR 相关，没有多重检测惩罚。

PFP 定义：V 假阳性数，R 阳性检测总数，所以 $PFP = \dfrac{E(V)}{E(R)}$，而 $FDR = E\left(\dfrac{V}{R} \mid R>0\right)Pr$

$(R>0)$，若 n 个独立实验中，每个实验的 PFP 为 γ，随着 n 的增加，所有实验的显著性结果中假阳性比例收敛于 γ，而通常在 FDR 中，比例 γ 不恒定。PFP 是后验 I 型错误率（PER）在多重比较问题上的扩展。如果一个随机检测的 PER 是 γ，所有检测的 PFP 也是 γ。在频率学派中，H_0 基于 H_0 为真时统计量的分布进行统计推断。后验 I 型错误率也是基于统计检测，是 H_0 被拒绝时 H_0 为真的条件概率。

$$PER = \frac{\Pr(H_0 \text{拒绝，} H_0 \text{真})}{\Pr(H_0 \text{拒绝，} H_0 \text{真}) + \Pr(H_0 \text{拒绝，} H_0 \text{假})}$$

$$= \frac{\alpha \Pr(H_0)}{\alpha \Pr(H_0) + (1 - \beta)[1 - \Pr(H_0)]}$$

上式中，α 是 I 型错误率，$(1 - \beta)$ 是检验功效。在贝叶斯方法中，H_0 的统计推断是基于 $\Pr(H_0 \mid y)$。$\Pr(H_0 \mid y)$ 的估计基于 MCMC 抽样中 H_0 为真的数目。如果 $\Pr(H_0 \mid y) < \gamma$，$PER < \gamma$，则拒绝 H_0，此处 $\Pr(H_0 \mid y)$ 并非频率学派中的概率。综上所述，基于多元回归模型对基因组窗口进行推断，当使用 PFP 控制假阳性时，没有多重检验惩罚。贝叶斯后验概率可以用来控制 PFP，$\Pr(H_0)$ 和检验功效被认为是未知的，也不需要知道检验统计量的分布，并且很容易确定显著性阈值。

多重比较时，目标是使得犯第一类错误的概率尽可能小。在以往的多重比较中，衡量第一类错误的标准有 PCER（per comparison error rate）和 FWER（family wise error rate）。

一、PCER 和 FWER

沿用表 1 中的记号，对 PCER 和 FWER 作如下定义：

定义 1　$PCER = E\left(\dfrac{v}{m}\right)$

即 PCER 为错误拒绝假设的数目与全部假设数目的比的期望。如果以水平 α 对每个假设进行检验，则有 $E\left(\dfrac{v}{m}\right) \leqslant \alpha$，即 $PCER \leqslant \alpha$。

定义 2　$FWER = \Pr(V \geqslant 1)$

即 FWER 是对 m 个假设进行检验后，出现错误拒绝事件的概率。如果以水平 $\dfrac{\alpha}{m}$ 对每个假设进行检验，则有 $\Pr(V \geqslant 1) \leqslant \alpha$，即 $FWER \leqslant \alpha$。

取 FWER 作为检验准则的时候，人们采用 Bonferroni 校正法进行检验。考虑对于 m 个零假设进行检验的问题，要求检验的水平为 α，那么对于每一个假设，进行水平为 $\dfrac{\alpha}{m}$ 的检验。根据 FWER 的定义，这样做能够保证 $FWER \leqslant \alpha$，这种方法叫做 Bonferroni 校正法。一般来讲，Bonferroni 校正法过于苛刻，控制 FWER 也过于严格。

二、FWER 准则的其他算法

Holm 针对 FWER 提出了另一种算法，称为 Sequentially Rejective Bonferroni（SRB）算

法。只有当对所有的 $i = 1, 2, \cdots, k$ ，均满足

$$p_{(i)} \leqslant \frac{1}{m + 1 - i}\alpha \text{ 时,}$$

才将假设 $H_{(k)}$ 拒绝。由于 $\frac{1}{m + 1 - i}\alpha \geqslant \frac{1}{m}\alpha$ ，所以 Holm 的算法没有最初的 Bonferroni 校正法那么严格，但是检验的效果仍旧不是很好。

三、Sidak 校正法

Sidak 校正法也是控制 FWER 常用的方法，属于 Single-step 方法。假设如前，当原始 P 值独立且服从均匀分布 $U[0, 1]$ 时，Sidak 方法可控制 FWER，若 $P_i \leqslant 1 - (1 - \alpha)^{\frac{1}{m}}$ ，则拒绝 H_{0i} 。Sidak 方法校正的 P 值为 $P'_i = 1 - (1 - P_i)^m$ 。此方法等价于：如果 $P'_i \leqslant \alpha$ ，则拒绝 H_{0i} 。Sidak 校正法常见的有 Sidak Single Step（SidakSS）和 Sidak Step-Down（SidakSD）两种。

四、FDR 校正

令 $Q = \frac{v}{v + s}$ ，它是被错误拒绝的零假设数目占所有被拒绝的零假设数目的比。Q 也是一个不可观测的随机变量。定义 FDR 如下：

定义 3　$FDR = E(Q) = E\left(\frac{V}{V + S}\right) = E\left(\frac{V}{R}\right)$

当 $R = 0$ 时，定义 $Q = 0$ 。

（1）BH 法，Benjamini 和 Hochberg 于 1995 年提出。

第一步：令 $P_{(1)} \leqslant P_{(2)} \leqslant \cdots \leqslant P_{(m)}$ ，相对应的检验假设为：$H_{0(1)}, H_{0(2)}, \cdots, H_{0(m)}$ 。

第二步：从 $P_{(m)}$ 开始，估计

$$k = \arg\max_{1 \leqslant k \leqslant n}\left\{k: P_{(k)} \leqslant \frac{k}{m}\alpha\right\}$$

第三步：如存在 k ，则拒绝 k 以前的假设：$H_{0(1)}, H_{0(2)}, \cdots, H_{0(k)}$ ，否则所有 $H_{0(i)}$（$i = 1, 2, \cdots, m$）均不被拒绝。

（2）BY 法。Benjamini 和 Yekutiel 2001 年对 BH 法进行改进而提出 BY 法。实际上将 BH（1995）法中的第二步 k 值估计改进为：

$$k = \arg\max_{1 \leqslant k \leqslant n}\left\{k: P_{(k)} \leqslant \min \frac{k}{m \sum_{l=1}^{m} \frac{1}{l}}\alpha\right\}$$

五、Permutation 法

置换检验基本过程为：首先保持个体的表型固定不变，将个体的基因型（或个体表型）在群体内随机互换（例如 10 000 次），每次都计算一个 P 值（共 10 000 个），然后选取各位点最小的 P 值构建一个经验分布（从小到大排列），取 5%处的 P 值（即第 50 位的经验 P 值）作为校正值，真实数据的 P 值小于经验 P 值的即视为显著。

Julia 代码如下：

In [1]: *using DataFrames*

　　　　snp = [1, 2, 3, 4, 5, 6, 7, 8, 9, 10]

　　　　Pval = [0. 01, 0. 003, 0. 001, 0. 004, 0. 005, 0. 01, 0. 002, 0. 05, 0. 001, 0. 002];

　　　　df1 = DataFrame(SNP = snp, Pval = Pval)

Out[1]:

	SNP	Pval
1	1	0. 01
2	2	0. 003
3	3	0. 001
4	4	0. 004
5	5	0. 005
6	6	0. 01
7	7	0. 002
8	8	0. 05
9	9	0. 001
10	10	0. 002

In [2]: *sort! (df1, order(: Pval))*　　　#依 P 值进行排序

Out[2]:

	SNP	Pval
1	3	0. 001
2	9	0. 001
3	7	0. 002
4	10	0. 002
5	2	0. 003
6	4	0. 004
7	5	0. 005
8	1	0. 01
9	6	0. 01
10	8	0. 05

In [3]:
```
nSNP = size( df1, 1)

multiple_out = zeros( nSNP, 6);

#Bonferroni

for i = 1: nSNP

    if ( df1[ : Pval][ i] . * nSNP)[ 1] >1. 0

        multiple_out[ i, 1]  = 1. 0

    else

        multiple_out[ i, 1]  = df1[ : Pval][ i] . * nSNP

    end

end

#Holm

if ( df1[ : Pval][ 1] . * nSNP)[ 1] >1. 0

    multiple_out[ 1, 2]  = 1. 0

else

    multiple_out[ 1, 2]  = df1[ : Pval][ 1] . * nSNP

end

for i = 2: nSNP

    if ( ( nSNP−i+1) . * df1[ : Pval][ i] )[ 1] <1. 0

        x = ( nSNP−i+1) . * df1[ : Pval][ i]

    else
```

$$x = 1.0$$

end

if multiple_out[i−1, 2] [1] >x

　　multiple_out[i, 2] = multiple_out[i−1, 2]

else

　　multiple_out[i, 2] =x

end

end

#Sidak SS

for i = 1: nSNP

　multiple_out[i, 3] = 1. 0−(1. 0−df1[: Pval] [i]) ^nSNP

end

#Sidak SD

multiple_out[1, 4] = 1. 0−(1. 0−df1[: Pval] [1]) ^nSNP

for i = 2: nSNP

　x = 0. 1−(0. 1−df1[: Pval] [i]) ^(nSNP−i+1)

　if (multiple_out[i−1, 4] >x)

　　multiple_out[i, 4] = multiple_out[i−1, 4]

　else

　　multiple_out[i, 4] = x

　end

end

#BH

multiple_out[nSNP, 5] =df1[: Pval] [nSNP]

for i =(nSNP−1) : 1

　*if ((nSNP. /i) . * df1[: Pval] [i] <1. 0)*

　　*x = ((nSNP. /i) . * df1[: Pval] [i]) [1]*

　else

　　x = 1.0

　end

　if (multiple_out[i+1, 5] <x)

　　multiple_out[i, 5] = multiple_out[i+1, 5]

　else

```
            multiple_out[i, 5] = x
        end
    end
#BY
a = 0. 0
for i = 1: nSNP
    a = a + 1. 0. /i
end
if ( a. * df1[ : Pval] [ nSNP] < 1. 0)
    multiple_out[ nSNP, 6] = ( a. * ( df1[ : Pval] [ nSNP] ) ) [ 1]
else
    multiple_out[ nSNP, 6] = 1. 0
end
for i = ( nSNP−1) : 1
    if ( ( ( nSNP. * a) /i). * df1[ : Pval] [ i] < 1. 0)
        x = ( ( ( nSNP. * a). /i). * df1[ : Pval] [ i] ) [ 1]
    else
        x = 1. 0
    end
    if ( multiple_out[ i+1, 6] < x)
        multiple_out[ i, 6] = multiple_out[ i+1, 6]
    else
        multiple_out[ i, 6] = x
    end
end
df2 = DataFrame( Bonferroni = multiple_out[ : , 1], Holm = multiple_out[ : , 2], Sidak_SS =
    multiple_out[ : , 3], Sidak_SD = multiple_out[ : , 4],
    BH = multiple_out[ : , 5], BY = multiple_out[ : , 6]) ;
df3 = hcat( df1, df2)
```

Out[3]:

	SNP	Pval	Bonferroni	Holm	Sidak_SS	Sidak_SD	BH	BY
1	3	0.001	0.01	0.01	0.01	0.01	0.0	0.0
2	9	0.001	0.01	0.01	0.01	0.1	0.0	0.0
3	7	0.002	0.02	0.016	0.0198	0.1	0.0	0.0
4	10	0.002	0.02	0.016	0.0198	0.1	0.0	0.0
5	2	0.003	0.03	0.018	0.0295	0.1	0.0	0.0
6	4	0.004	0.04	0.02	0.0392	0.1	0.0	0.0
7	5	0.005	0.05	0.02	0.0488	0.1	0.0	0.0
8	1	0.01	0.1	0.03	0.0956	0.1	0.0	0.0
9	6	0.01	0.1	0.03	0.0956	0.1	0.0	0.0
10	8	0.05	0.5	0.05	0.4012	0.1	0.05	0.1

第六节　统计基因组学基础

一、作图函数

1. 交换和重组

生殖细胞形成过程中，位于同一染色体上的基因连锁在一起，作为一个单位进行传递，称为连锁律。在生殖细胞形成时，一对同源染色体上的不同对等位基因之间可以发生交换，称为交换律或互换律。连锁和互换是生物界的普遍现象，也是造成生物多样性的重要原因之一。一般而言，两对等位基因相距越远，发生交换的机会越大，即交换率越高；反之，相距越近，交换率越低。因此，交换率可用来反映同一染色体上两个基因之间的相对距离。以基因重组率为1%时两个基因间的距离记作1厘摩（centimorgan，cM），是遗传连锁分析的基础，位点间的重组率用来排列基因。例如，如果位点 A 和 B 之间的 r_{AB} = 0.1，B 和 C 之间的 r_{BC} = 0.1，A 和 C 之间的 r_{AC} = 0.19，因此位点的顺序为 ABC，注意 $r_{AC} < r_{AB} + r_{BC}$，这是因为 A 和 B，B 和 C 之间的重组，导致 A 和 C 之间偶数次的交换。

2. 干涉

染色体干涉（chromosomal interference）由于染色单体的断裂和重接而导致的物理干涉，阻碍了第二次交换的发生。1916年美国遗传学家马勒在果蝇中发现干涉现象。一个位置上的一个交叉对于邻近位置上的交叉发生的影响称为干涉，如果一个交叉的发生减少另一交叉发生的概率则称为正干涉，如果增加后者发生的概率则称为负干涉。前一交叉影响邻近位置上另一任何形式的交叉的现象称为染色体干涉（交叉干涉）；前一交叉所涉及的两条染色单体影响另一位置上相同的两条染色单体再次发生交换的现象称为染色单体干涉。

正交叉干涉的结果使实际发生的双交换频率低于假定两个交换的发生互不干涉所预期的频率。例如实际观察到基因 a 和 b 之间的交换频率是 X，基因 b 和 c 之间的交换频率是 Y。那么同时发生在这两个位置的双交换的预期频率应是 XY。如果实际双交换频率低于预期值，说明有正交叉干涉。实际双交换频率与预期双交换频率之比称为并发系数。如果实际数值和理论值相同则并发系数是 1，说明不存在交叉干涉。对粗糙脉孢菌进行遗传学分析的结果说明不同染色体臂之间没有正交叉干涉，同一染色体臂上则存在正交叉干涉，而且基因距离愈近干涉程度愈大。正交叉干涉的机制目前还不清楚。

负交叉干涉现象曾在家蚕和 λ 噬菌体等中发现。在 λ 噬菌体中，发现双交换的并发系数往往大于 5，说明一个位置上发生了一次交换以后，它的附近位置上更容易发生另一次交换。已经提出一些模型试图说明负交叉干涉的机制，但都还需要进一步验证。

如果不存在染色单体干涉，那么两线双交换、三线双交换和四线双交换频率之比应是 $1 : 2 : 1$。染色单体干涉的结果使两线双交换减少，从而使子囊菌杂交子代中亲代二型子囊减少，或者使任何生物的杂交子代中重组型子代超过 50%，这一现象曾在酵母菌和另一些真菌中发现。

假设有三个位点 ABC，如果 AB 间的重组和 BC 之间是独立的，双交换的概率 g_{11}：

$$g_{11} = r_{AB}r_{BC}$$

此处 r_{ij} 是 i 和 j 两位点之间的重组概率，如果两个位点之间是不独立的，上面的概率为

$$g_{11} = cr_{AB}r_{Bc}$$

此处 c 为并发系数，干涉定义为 $I = 1 - c$，这样在位点间不独立时，$c = 1$ 和 $I = 0$。

3. 作图距离

作图距离被定义为两点间期望的交换数，通常以摩尔根为单位。和重组率不同，作图距离是可加的。作图距离是连锁分析的基础，设配子有 k 个位点，每个配子的重组事件由 $(k - 1) \times 1$ 向量表示，当位点 j 和 $j + 1$ 间有重组时，其元素 j 为 1，否则为 0。这样在 k 位点的连锁分析中，有 2^{k-1} 重组事件，每个重组事件的概率可以被认为是一个参数，因为概率和为 1，所以有 $2^{k-1} - 1$ 个参数需要被估计。但是，由作图距离和重组率的关系，2^{k-1} 个重组事件的概率可以由临近位点间的 $k - 1$ 个作图距离来计算，$k - 1$ 个作图距离也是连锁分析的参数。

4. 作图函数

作图函数可将作图距离转变为重组率，有两种方法可以导出作图函数。第一种方法，区间长度 x 的重组次数服从一个概率模型，由区间内的奇数重组数目计算重组率。第二种方法允许干涉现象存在，基于临近区间的重组事件。假设 P_t 是长度为 x 摩尔根的染色体区间内发生 t 次重组的概率，由于重组只发生在奇数次重组中，区间长度 x 内重组的概率

r_x 为：

$$r_x = P_1 + P_3 + P_5 + \cdots$$
$$= \frac{1}{2}\left[1 - \sum_t P_t(-1)^t\right]$$
$$= \frac{1}{2}[1 - P(-1)] \tag{10.1}$$

此处 $P(S) = \sum_t P_t S^t$ 是重组分布的概率生成函数。

Haldane（1919）使用 P_t 的 Poisson 分布。这种方法认为区间之间的重组是相互独立的，非常短的区间内，重组的概率正比于区间长度。由 Poisson 分布可知，区间长度 x（摩尔根为单位）内 t 次重组概率：

$$P_t = \frac{(\lambda x)^t e^{-\lambda x}}{t!}$$

Poisson 分布参数 λ 是单位区间内随机事件的期望发生率。因为两个位点间的作图函数被定义为期望的重组数，即 $\lambda = 1$，则

$$P_t = \frac{x^t e^{-x}}{t!} \tag{10.2}$$

式（10.2）的概率生成函数为

$$P(S) = \sum_t \frac{x^t e^{-x} S^t}{t!}$$
$$= \sum_t \frac{(xS)^t e^{-xS}}{t!}\frac{e^{-x}}{e^{-xS}}$$
$$= e^{x(S-1)} \tag{10.3}$$

由式（10.1）和式（10.3），Haldane 作图函数为：

$$r_x = \frac{1}{2}(1 - e^{-2x}) \tag{10.4}$$

式（10.4）的反函数为：

$$x = \begin{cases} -\dfrac{1}{2}\ln(1 - 2r_x) & 0 \leqslant r_x < \dfrac{1}{2} \\[2mm] \infty & r_x = \dfrac{1}{2} \end{cases}$$

Karlin（1984）使用二项分布（参数为 N 和 P_t 的概率 p），这样 t 是 N 次 Bernoulli 试验中事件发生的概率。由作图函数定义，作图距离 $x = E(t) = Np$，$p = x/N$，则区间长度为 x 时发生 t 次重组的概率为：

$$P_t = \binom{N}{t}(x/N)^t(1 - x/N)^{N-t} \tag{10.5}$$

式（10.5）的概率生成函数为：

$$P(S) = \sum_t \binom{N}{t} (x/N)^t (1 - x/N)^{N-t} S^t$$

$$= \sum_t \binom{N}{t} (xS/N)^t (1 - x/N)^{N-t}$$

$$= [xS/N + (1 - x/N)]^N \tag{10.6}$$

因为 $\sum_t \binom{N}{t} a^t b^{N-t} = (a + b)^N$，由式（10.1）和式（10.6）得二项式作图函数
（Karlin 作图函数）为：

$$r_x = \begin{cases} \dfrac{1}{2}[1 - (1 - 2x/N)^N] & x < N/2 \\[2mm] \dfrac{1}{2} & x \geqslant N/2 \end{cases} \tag{10.7}$$

In [4]: *using Gadfly, Reactive, Interact*

　　　@ manipulate for N = 2: 10

　　　plot([x -> x < N/2 ? 0.5(1 - (1 - 2x/N)^N): 0.5, x -> 0.5(1 - exp(-2x))], 0, 2.0,

　　　　　Guide. title("Karlin′s (f₁) and Haldane′s (f₂) Map Functions"),

　　　　　Guide. ylabel("Recombination Rate"), Guide. xlabel("Map Distance"),

　　　　　Guide. colorkey("Map Function")

　　　　　)

　　　end

Out[4]:

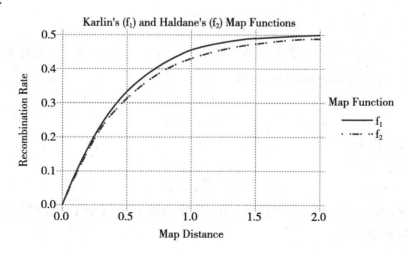

式（10.7）的反函数为：

$$x = \frac{1}{2} N [1 - (1 - 2r_x)^{1/N}]$$

在导出作图函数的第二种方法中，模型考虑相邻区间的重组事件。设 3 个位点 A、B 和 C 的顺序为 ABC，A 和 B 间的作图距离为 x，B 和 C 间的作图距离为 h。令 $M(x)$ 为由作图距离导出重组率的作图函数，当 x 充分小时，$r_x = M(x) = x$。

同时，令 $g_{\varepsilon i}$ 为重组事件 ε_i 的概率，例如 g_{10} 代表第一个区间发生重组，第二个区间没有发生重组的概率。因此，位点 A 和 C 间的重组率 r_{AC} 为：

$$r_{AC} = g_{10} + g_{01}$$

如果位点间没有干涉现象，则

$$r_{AC} = g_{10} + g_{01}$$
$$= r_{AB}(1 - r_{BC}) + (1 - r_{AB}) r_{BC}$$
$$= r_{AB} + r_{BC} - 2r_{AB}r_{BC}$$

当不存在干涉时，双重组的概率为 $r_{AB}r_{BC} = g_{11}$。当位点间存在干涉时，A 和 C 间的重组率为：

$$r_{AC} = r_{AB} + r_{BC} - 2cr_{AB}r_{BC}$$

此处 c 为并发系数，使用作图函数 $M(\cdot)$ 代替上式的重组率。

$$M(x + h) = M(x) + M(h) - 2cM(x)M(h)$$

上式等号两边重排为：

$$\frac{M(x + h) - M(x)}{h} = \frac{M(h) - 2cM(x)M(h)}{h}$$

当 $h \to 0$ 时，$\frac{M(h)}{h} \to 1$，上式等号两边变为：

$$\frac{dr_x}{dx} = 1 - 2cr_x \tag{10.8}$$

当 $c = 1$，上式为 Haldane 作图函数，两个区间的重组是独立的，这意味着服从 Poisson 分布。当 $c = 2r_x$，为 Kosambi 作图函数：

$$r_x = \frac{1}{2} \frac{e^{4x} - 1}{e^{4x} + 1}$$

上式的反函数为：

$$x = \frac{1}{4} \ln \frac{1 + 2r_x}{1 - 2r_x}$$

取不同的 c 值，式（10.8）可以推导出不同的作图函数；$c \neq 1$ 的作图函数并不适合超过 3 个位点的连锁分析。

In [5]: @ manipulate for N = 2: 10

   plot([x -> x<N/2 ? 0.5(1 - (1 - 2x/N)^N): 0.5, x -> 0.5(1 - exp(-2x)), x ->

   0.5((exp(4x)-1)/(exp(4x)+1))], 0, 2.0,

   Guide.title("Karlin's (f₁), Haldane's (f₂) and

   Kosambi's (f₃) Map Functions"),

   Guide.ylabel("Recombination Rate"), Guide.xlabel("Map Distance"),

   Guide.colorkey("Map Function")

)

   end

Out[5]:

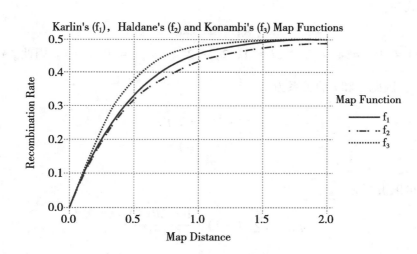

二、计算重组率

上面提到的重组事件概率 $g_{\varepsilon i}$ 在连锁分析中起着关键性作用。下面介绍位点间重组概率和作图函数的关系。利用这些关系，使用位点间的作图距离可以计算重组率。

为了建立 k 个位点间的关系，$W_{\delta i}$ 表示染色体区间，如果 $W_{\delta i}$ 包括位点 j 和 $j + 1$ 之间的染色体片段，则 $(k - 1) \times 1$ 向量的元素 j 是 1，否则为 0。片段 $W_{\delta i}$ 的长度为 $x(\delta_i) = \sum \delta_{ij}x_j$，此处 x_j 是位点 j 和 $j + 1$ 间的作图距离。$W_{\delta i}$ 片段出现奇数次重组的概率表示为 $R(\delta_i)$，它被称为重组值。作图函数为 $r_x = M(x)$，重组值为 $R(\delta_i) = M[x(\delta_i)]$。重组值也可以由 $W_{\delta i}$ 内的奇数重组事件数 $g_{\varepsilon i}$ 之和计算（因为奇数之和为奇数，偶数个奇数之和

也为偶数，偶数之和为偶数）。例如，$k = 4$，$\delta_i = [1, 0, 1]'$，$R(\delta_i) = g_{001} + g_{011} + g_{100} + g_{110}$。$W_{\delta i}$ 片段内的重组事件数 s_{ij} 为：

$$s_{ij} = \delta'_i \varepsilon_j$$

因此，重组值为：

$$R(\delta_i) = \sum_{j\,for\,ij\,odd} g_{\varepsilon j}$$

$$= \frac{1}{2}\Big[1 - \sum_{j=1}^{2^{k-1}} (-1)^{s_{ij}} g_{\varepsilon j} \Big]$$

上式写为矩阵形式为：

$$r = \frac{1}{2}[1 - Ag]$$

此处，重组值是 $2^{k-1} \times 1$ 维的 1 向量，矩阵 $A = \{(-1)^{s_{ij}}\}$ 是 $2^{k-1} \times 1$ 维重组概率向量。重新排列上式为：

$$Ag = 1 - 2r$$

上式中 $A = A'$，$a'_i a_i = 2^{n-1}$，$i = 1, 2, \cdots 2^{k-1}$；$a'_i a_j = 0$，$i \neq j$。因此 $AA = I2^{k-1}$ 和 $A^{-1} = A\frac{1}{2^{k-1}}$。因此 g 和 r 的关系为：

$$g = A^{-1}(1 - 2r)$$

$$= \frac{A(1 - 2r)}{2^{k-1}}$$

上式也可以被写为：

$$g_{\varepsilon i} = \sum_{j}^{2^{k-1}} (-1)^{s_{ij}} \frac{1 - 2R(\delta_j)}{2^{k-1}}$$

例如，$k = 4$，3 个区间的重组率和相应的 Haldane 和二项式（$N = 2$）作图函数的作图距离为：

片段	r_j	x_j	x_j
j		Haldane	Binomial
1	0.1	0.1116	0.1056
2	0.05	0.0527	0.0513
3	0.2	0.2554	0.2254

下列矩阵的行对应 ε_i 和 δ_j 向量：

$$U = \begin{bmatrix} 0 & 0 & 0 \\ 0 & 0 & 1 \\ 0 & 1 & 0 \\ 0 & 1 & 1 \\ 1 & 0 & 0 \\ 1 & 0 & 1 \\ 1 & 1 & 0 \\ 1 & 1 & 1 \end{bmatrix}$$

s_{ij} 矩阵为：

$$S = UU' = \begin{bmatrix} 0 & 0 & 0 & 0 & 0 & 0 & 0 & 0 \\ 0 & 1 & 0 & 1 & 0 & 1 & 0 & 1 \\ 0 & 0 & 1 & 1 & 0 & 0 & 1 & 1 \\ 0 & 1 & 1 & 2 & 0 & 1 & 1 & 2 \\ 0 & 0 & 0 & 0 & 1 & 1 & 1 & 1 \\ 0 & 1 & 0 & 1 & 1 & 2 & 1 & 2 \\ 0 & 0 & 1 & 1 & 1 & 1 & 2 & 2 \\ 0 & 1 & 1 & 2 & 1 & 2 & 2 & 3 \end{bmatrix}$$

A 矩阵为：

$$A = (-1)^{s_{ij}} = \begin{bmatrix} 1 & 1 & 1 & 1 & 1 & 1 & 1 & 1 \\ 1 & -1 & 1 & -1 & 1 & -1 & 1 & -1 \\ 1 & 1 & -1 & -1 & 1 & 1 & -1 & -1 \\ 1 & -1 & -1 & 1 & 1 & -1 & -1 & 1 \\ 1 & 1 & 1 & 1 & -1 & -1 & -1 & -1 \\ 1 & -1 & 1 & -1 & -1 & 1 & -1 & 1 \\ 1 & 1 & -1 & -1 & -1 & -1 & 1 & 1 \\ 1 & -1 & -1 & 1 & -1 & 1 & 1 & -1 \end{bmatrix}$$

位点间没有干涉时，重组率由 Haldane 作图函数计算更为简单，如：

$$g_{110} = r_1 r_2 (1 - r_3) = 0.1 \times 0.05 \times (1 - 0.2) = 0.004$$

但是，以上方法在位点间有干涉时不能被使用。由于 Kosambi 作图函数不能用在 3 个位点以上的作图中，上例如使用 Kosambi 作图函数，则 g_{111} 为负值。

上例使用 Haldane 和二项式（$N = 2$）作图函数计算图谱长度 $x(\delta_i)$ 和重组值 $R(\delta_i)$ 的结果如下：

δ_i			Haldane		Binomial	
			$x(\delta_i)$	$R(\delta_i)$	$x(\delta_i)$	$R(\delta_i)$
0	0	0	0	0	0	0
0	0	1	0.2554	0.2	0.2254	0.2
0	1	0	0.0527	0.05	0.0513	0.05
0	1	1	0.3081	0.23	0.2767	0.2384
1	0	0	0.1116	0.1	0.1056	0.1
1	0	1	0.3670	0.26	0.3310	0.2762
1	1	0	0.1642	0.14	0.1569	0.1446
1	1	1	0.4197	0.284	0.3823	0.3092

上例由 Haldane 和二项式（$N = 2$）作图函数计算重组率结果如下：

ε_i			Haldane	Binomial
0	0	0	0.684	0.6704
0	0	1	0.171	0.1823
0	1	0	0.036	0.0415
0	1	1	0.009	0.0058
1	0	0	0.076	0.0854
1	0	1	0.019	0.0119
1	1	0	0.004	0.0027
1	1	1	0.001	0

三、连锁不平衡（LD）

1. 无限群体的连锁不平衡

　　配子不平衡，或通常称为连锁不平衡，是单倍型中等位基因之间的统计相关性。配子平衡时也被称为连锁平衡，是指单倍型中等位基因之间不相关。两个位点连锁也可能配子平衡，两个位点不连锁也可能配子不平衡。假设群体 0 世代中所有个体随机交配，1 世代中单倍型（A_i，B_j）的概率为：

$$\mathrm{Pr}_1(A_i, B_j) = (1 - r)\,\mathrm{Pr}_0(A_i, B_j) + r\mathrm{Pr}(A_i)\,\mathrm{Pr}(B_j)$$

　　此处，r 是位点 A 和 B 之间的重组率，$\mathrm{Pr}_0(A_i, B_j)$ 是 0 世代中（A_i，B_j）的概率。1 世代

的不平衡为：

$$\Delta_1 = \text{Pr}_1(A_i, B_j) - \text{Pr}(A_i)\text{Pr}(B_j)$$
$$= (1-r)\text{Pr}_0(A_i, B_j) + r\text{Pr}(A_i)\text{Pr}(B_j) - \text{Pr}(A_i)\text{Pr}(B_j)$$
$$= (1-r)\text{Pr}_0(A_i, B_j) - (1-r)\text{Pr}(A_i)\text{Pr}(B_j)$$
$$= (1-r)\Delta_0$$

上式，Δ_0 是 0 世代的不平衡。与此类似，2 世代单倍型 (A_i, B_j) 的概率：

$$\text{Pr}_2(A_i, B_j) = (1-r)\text{Pr}_1(A_i, B_j) + r\text{Pr}(A_i)\text{Pr}(B_j)$$

2 世代的不平衡为：

$$\Delta_2 = \text{Pr}_2(A_i, B_j) - \text{Pr}(A_i)\text{Pr}(B_j)$$
$$= (1-r)\text{Pr}_1(A_i, B_j) + r\text{Pr}(A_i)\text{Pr}(B_j) - \text{Pr}(A_i)\text{Pr}(B_j)$$
$$= (1-r)\text{Pr}_1(A_i, B_j) - (1-r)\text{Pr}(A_i)\text{Pr}(B_j)$$
$$= (1-r)\Delta_1$$
$$= (1-r)^2\Delta_0$$

所以在 n 世代，不平衡为：

$$\Delta_n = (1-r)^n\Delta_0$$

因此通过随机交配，单倍型逐渐趋于平衡（统计不相关）。如果位点间不连锁，$(1-r) = 1/2$，群体会很快达到平衡，例如 $(1/2)^{10} = 1/1024$。如果位点间紧密连锁，则需要较长的时间达到平衡，如 $r = 0.1$，则 $(1-r)^{10} > 1/3$。但是，无限群体在极限状态下终会达到平衡。

2. 有限群体的连锁不平衡

在闭锁的有限群体中，在没有突变的情况下，经过足够代的随机交配，所有的等位基因都会达到 IBD 和 IBS，也就是说所有的位点都会固定，群体会缺乏遗传变异和 LD。位点在趋于固定的过程中，会经历既是 IBS 也是 IBD 的状态，即所有处于 IBS 的等位基因都可以回溯到同一祖先的突变基因。这样二等位基因 A 的 A_1 基因来源于一个祖先，A_2 基因来源于另一祖先。Sved（1971）证明两个随机抽样配子 A 和 B 的联合 IBD 概率与两个等位基因位点 LD 的期望值（由两个等位基因状态的相关系数平方 ρ^2 衡量）有关。假设一个群体 A 位点的 A_1 和 A_2 分离，B 位点的 B_1 和 B_2 分离。假设所有单倍型都为 A_1 和 B_1、A_2 和 B_2 在一起，则 ρ 为 1。如果等位基因关联相反，如单倍型都为 A_1 和 B_2、A_2 和 B_1，则 ρ 为 -1。但是以上情况 $\rho^2 = 1$。在一个群体中，两个随机抽样的配子的条件概率是 A 位点为 IBS 时，B 位点为 IBS 的概率。另外，如果单倍型等位基因之间的关联不同，则 $\rho^2 < 1$，在这个群体中随机抽样两个配子，给定 A 位点为 IBS 时，B 位点为 IBS 时的条件概率小于 1。因此，由 ρ^2 测量 LD 和联合 IBS 的概率有关。但是，假如 A_1 等位基因来源于一个共同祖先，A_2 源于另一个共同祖先。这样 A 位点是 IBS，又来源于共同祖先（IBD），如果 A 位点和 B 位点

间没有重组，B 位点也是 IBD。Sved 用条件概率 Q 表示连锁。如果两个位点间无重组，则给定 A 位点为 IBD，B 位点也为 IBD 时，LD 由相关系数平方 ρ^2 测量时，其值为 1.0；如果随机交配，且 A 和 B 之间有重组时，其 ρ^2 的期望值为 0。令 $C = 1$ 表示随机抽样一对配子，A 位点为 IBD，B 位点也为 IBD 的情况；$C = 0$ 表示其他情况，则 ρ^2 的期望值为：

$$
\begin{aligned}
E(\rho^2) &= E[E(\rho^2 \mid C)] \\
&= E(\rho^2 \mid C = 1)\Pr(C = 1) + E(\rho^2 \mid C = 0)\Pr(C = 0) \\
&= 1Q + 0(1 - Q) \\
&= Q
\end{aligned}
$$

令 Q_t 表示第 t 代 $C = 1$ 的概率：

$$
Q_t = \left[\frac{1}{2N} + \left(1 - \frac{1}{2N}\right)Q_{t-1}\right](1 - r^2)
$$

此处，N 是有效群体含量，$\frac{1}{2N}$ 是 t 世代时随机抽样的两个配子都遗传于 $t-1$ 世代相同配子的概率，$\left(1 - \frac{1}{2N}\right)$ 是 t 世代时随机抽样的两个配子都遗传于 $t-1$ 世代不同配子的概率，$(1 - r^2)$ 是上一代配子中位点 A 和 B 不发生重组的概率，由等式可得 $Q_t = Q_{t-1} = Q_E$，递推上式可得：

$$
\begin{aligned}
Q_E &= \frac{(1 - r)^2}{2N - (2N - 1)(1 - r)^2} \\
&\approx \frac{1}{4Nr + 1}
\end{aligned}
$$

上式中，我们只考虑一对位点的分离情况，假设目前世代所有的单倍型来源于两个祖先的单倍型，将一对二等位基因 4 种可能的单倍型编码为 00、01、10、11，则祖先的单倍型必然为 (00，11) 或 (01，10)，其他的类型将导致位点固定。如 (00，01) 在编码为 0 的位点固定。因此 $4Nr$ 接近于 0，目前世代多数单倍型都不再发生重组，维持祖先单倍型的类型，ρ^2 接近于 0。

function RSqr(nij)

    N = sum(nij)

    Exy = nij[4] / N

    Ex = (nij[3] + nij[4]) / N

    Ey = (nij[2] + nij[4]) / N

    *Vx = Ex * (1 - Ex)*

    *Vy = Ey * (1 - Ey)*

    *Cxy = Exy - Ex * Ey*

```
    res = Cxy^2/( Vx  *  Vy)
    return( res)
end
```

没有位点重组的情况:

In [6]: *nij* = [80,　　#祖先单倍型　　00
　　　　　　　　0,　　#重组　　　　01
　　　　　　　　0,　　#重组　　　　10
　　　　　　　　20]　#祖先单倍型　　11
　　　　@ printf "r^2 = %5. 3f \ n" RSqr(nij)

Out[6]: r^2 = 1. 000

有两个位点重组的情况:

In [7]: *nij* = [80,　　#祖先单倍型　　00
　　　　　　　　1,　　#重组　　　　01
　　　　　　　　1,　　#重组　　　　10
　　　　　　　　18]　#祖先单倍型　　11
　　　　@ printf "r^2 = %5. 3f \ n" RSqr(nij)

Out[7]: r^2 = 0. 874

一个祖先的单倍型频率极低:

In [8]: *nij* = [98　　#祖先单倍型　　00
　　　　　　　　1,　　#重组　　　　01
　　　　　　　　0,　　#重组　　　　10
　　　　　　　　1]　　#祖先单倍型　　11
　　　　@ printf "r^2 = %5. 3f \ n" RSqr(nij)

Out[8]: r^2 = 0. 495

在有限群体中, 多数位点是固定的, 这些位点的 LD 是没有定义的, 当突变引入一个变异时, LD 将非常低:

In [9]: *nij* = [80　　#祖先单倍型　　00
　　　　　　　　19,　　#重组　　　　01
　　　　　　　　1,　　#重组　　　　10
　　　　　　　　0]　　#祖先单倍型　　11
　　　　@ printf "r^2 = %5. 3f \ n" RSqr(nij)

Out[9]: r^2 = 0. 002

在突变-漂变平衡中, 许多位点和上例情况相同, 突变引入新近突变。这样在突变-漂变平衡群体中，$E(\rho^2)$ 非常低。

3. 存在突变时 ρ^2 的分布

计算 ρ^2 的分布需要计算两个位点等位基因频率的联合分布。假设一个群体有 $2N$ 个配子，Y 代表位点 A 等位基因 A_1 的数目，Y 可能取 $0 \sim 2N$ 范围内的任意一个 $2N + 1$，世代 t 的等位基因频率的分布为 p_t，对应 Y 可能的 $2N + 1$ 概率。在随机交配群体中，从世代 t 的配子中随机抽样 $2N$ 个配子，不考虑突变、迁移和选择的情况下，世代 $t + 1$ 的等位基因频率分布为：

$$p_{t+1} = Bp_t$$

上式的等号两边为 $(2N + 1) \times (2N + 1)$ 矩阵，每个元素 i 等于服从二项分布 $B\left(2N, \dfrac{j}{2N}\right)$ 的随机变量 j，$i, j = 0, 1, 2, \cdots, 2N$。考虑突变时，假设 A_1 突变为 A_2 的突变率为 u，A_2 突变为 A_1 的突变率为 v。上式第 j 列的概率服从二项式分布：

$$B\left[2N, \frac{j}{2N}(1 - u) + \left(1 - \frac{j}{2N}\right)v\right]$$

下面计算两个连锁位点等位基因频率的联合分布。考虑位点 A 的两个等位基因 A_1 和 A_2，及其连锁的位点 B 的两个等位基因 B_1 和 B_2。一个群体有 $2N$ 个配子，向量 Y 的 4 个元素对应单倍型 A_1B_1、A_1B_2、A_2B_1 和 A_2B_2 的数量，且 4 个数的和为 $2N$，令 $k \times 4$ 矩阵的每行代表一个 Y 的可能值，则：

$$k = \frac{(2N + 3)!}{3! \ (2N)!}$$

令 p_t 代表世代 t 等位基因频率的分布，不考虑重组、突变、迁移和选择，下一个世代的等位基因频率分布为：

$$p_{t+1} = Mp_t$$

此处等式两边为 $k \times k$ 矩阵，元素 i, j 为等于 x'_i 的服从多项式分布 $\text{Mult}\left(2N, \dfrac{x'_j}{2N}\right)$ 的随机变量，$i, j = 1, 2, \cdots, k$。

模型中考虑重组时，一个群体的单倍型 A_iB_j 的频率为 f_{ij}，由这个群体产生的非重组配子 A_1B_1 概率为 $(1 - r)\dfrac{f_{11}}{2N}$，重组 A_1B_1 配子有 4 种类型，它们的概率为：

（1）A_1 和 B_1 等位基因来源于两个不同的 A_1B_1 单倍型，其概率为 $r\dfrac{f_{11}}{2N} \times \dfrac{(f_{11} - 1)}{2N - 1}$；

（2）A_1 源于 A_1B_1 单倍型，B_1 源于 A_2B_1 的概率为 $r\dfrac{f_{11}}{2N} \times \dfrac{f_{21}}{2N - 1}$；

（3）A_1 源于 A_1B_2 单倍型，B_1 源于 A_1B_1 的概率为 $r\dfrac{f_{12}}{2N}\times\dfrac{f_{11}}{2N-1}$ ；

（4）A_1 源于 A_1B_2 单倍型，B_1 源于 A_2B_1 的概率为 $r\dfrac{f_{12}}{2N}\times\dfrac{f_{21}}{2N-1}$ 。

由这些概率，4 种配子类型的概率为：

$$\Pr(A_1B_1) = (1-r)\frac{f_{11}}{2N} +$$

$$r\frac{f_{11}}{2N}\left[\frac{(f_{11}-1)}{2N-1}+\frac{f_{21}}{2N-1}\right] +$$

$$r\frac{f_{12}}{2N}\left[\frac{f_{11}}{2N-1}+\frac{f_{21}}{2N-1}\right]$$

$$\Pr(A_1B_2) = (1-r)\frac{f_{12}}{2N} +$$

$$r\frac{f_{11}}{2N}\left[\frac{f_{12}}{2N-1}+\frac{f_{22}}{2N-1}\right] +$$

$$r\frac{f_{12}}{2N}\left[\frac{(f_{12}-1)}{2N-1}+\frac{f_{22}}{2N-1}\right]$$

$$\Pr(A_2B_1) = (1-r)\frac{f_{21}}{2N} +$$

$$r\frac{f_{21}}{2N}\left[\frac{f_{11}}{2N-1}+\frac{(f_{21}-1)}{2N-1}\right] +$$

$$r\frac{f_{22}}{2N}\left[\frac{f_{11}}{2N-1}+\frac{f_{21}}{2N-1}\right]$$

$$\Pr(A_2B_2) = (1-r)\frac{f_{22}}{2N} +$$

$$r\frac{f_{21}}{2N}\left[\frac{f_{12}}{2N-1}+\frac{f_{22}}{2N-1}\right] +$$

$$r\frac{f_{22}}{2N}\left[\frac{f_{12}}{2N-1}+\frac{(f_{22}-1)}{2N-1}\right]$$

向量 θ_j 为由 x'_j 计算的 4 种单倍型概率，再有突变的情况下模型为：

$$\beta_j = T\theta_j$$

此处

$$T=\begin{bmatrix} (1-u)^2 & (1-u)v & v(1-u) & v^2 \\ (1-u)u & (1-u)(1-v) & vu & v(1-v) \\ u(1-u) & uv & (1-v)(1-u) & (1-v)v \\ u^2 & u(1-v) & (1-v)u & (1-v)^2 \end{bmatrix}$$

计算单倍型频率分布时考虑重组和突变的模型，第 j 列元素服从多项式分布 $\mathrm{Mult}(2N,\ \beta'_j)$。

设每个位点的初始等位基因频率为 0.5，且位点间配子处于平衡状态，为了计算 ρ^2 的期望值，模拟 2000 个世代，突变率 $u = v = 1e^{-9}$，位点间的重组率 $r = 0.002$，有效群体含量 N_e 为 5，10，25，50。结果见下图：

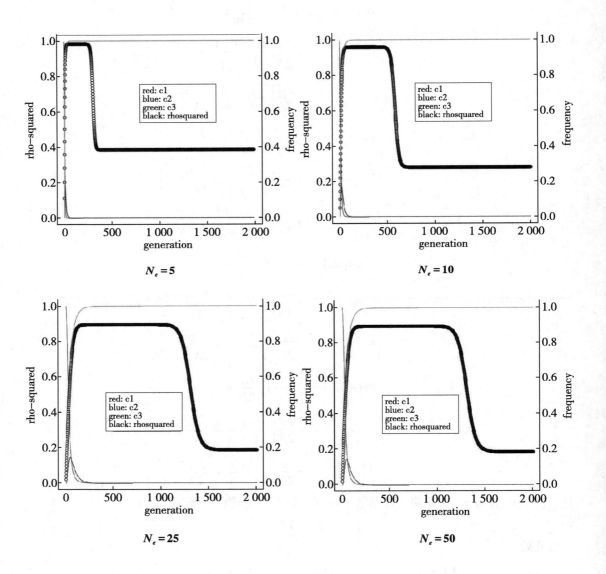

$N_e = 5$ ＄N_e = 10$

$N_e = 25$ ＄N_e = 50$

除了 ρ^2，上图也显示 3 个群体的频率，群体 1 中 $\rho^2 < 1$；群体 2 中，两个单倍型缺失，因此 $\rho^2 = 1$（例如单倍型 A_1B_2 和 A_2B_1 缺失，只剩 A_1B_1 和 A_2B_2 分离，则 $\rho^2 = 1$）；群体 3 中一个位点固定，因此 ρ 没有定义。4 种情况下，群体 1 初始频率接近 1.0，但是，由于漂

变，群体 1 的频率迅速下降，群体 2 和群体 3 上升。ρ^2 的期望值依赖于群体 1 和群体 2 频率的相对值。漂变似乎对减少群体 1 的基因频率比群体 2 大，因此 ρ^2 迅速上升，随后一段时期内稳定在较高水平。一旦群体 1 和群体 2 的基因频率降得足够低，突变对基因频率的影响会变得越来越显著。群体 3 的频率最高，其突变对群体 1 的影响比对群体 2 更快。群体 2 的重组对群体 3 也有影响。在这些因素的共同作用下，群体 1 和群体 2 对群体 3 的反作用决定了第 2000 世代时 ρ^2 值达到平衡。

　　ρ^2 值、重组率、突变率和有效群体含量之间的关系见下图。图中也比较了 Sved（1971）和 Hill（1975）公式的差异。当突变率为 0 时，Sved 的公式一致性更好；当突变率不为 0 时，Hill 的公式一致性更好。

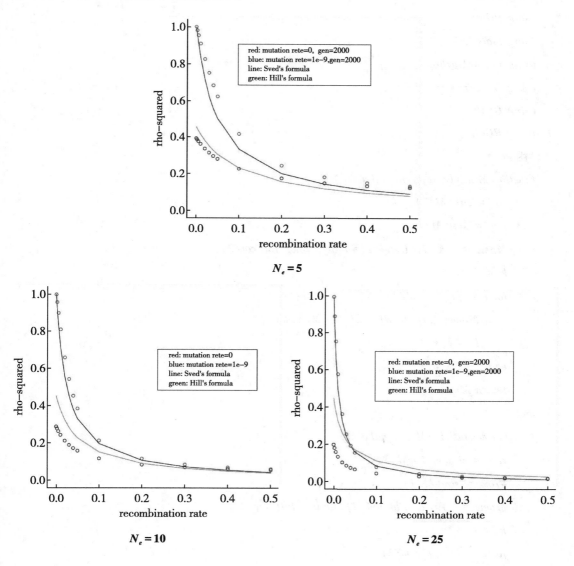

第七节　Julia 和 R 语言混合编程解决稀有变异关联研究问题

```julia
using DelimitedFiles
using XSim
using Distributions
using StatsFuns
using Gadfly
using Random
using Printf
using StatsBase
using LinearAlgebra
using DataFrames
using GLM
using RCall
#函数
function Multiply_adjacent_columns(M)
    col = size(M, 2)
    row = size(M, 1)
    Mnew =  Array{Int64, 2}(undef, row, Int(col/2))
    k = 1
    for i = 1: Int(col/2)
        Mnew[:, i] = M[:, k] .* M[:, k+1]
        k = k + 2
    end
    return Mnew
end
function epistaticLocMean(epiLocM)
    row = size(epiLocM, 1)
    #row = size(M, 1)
    Mnew =  Array{Float64, 1}(undef, Int(row/2))
    k = 1
    for i = 1: Int(row/2)
```

```
            #Mnew[i]  = Int. ((M[k]. + M[k+1])/2)
            Mnew[i]  = median([epiLocM[k], epiLocM[k+1]])
            k = k + 2
        end
        return Mnew
end
```

#数据模拟（基本过程近似第九章）

```
mutRate       = 0.0
numChr        = 1
nLoci         = 3339
chrLength     = 1.62
numLoci       = 3339
mutRate = 0.0
geneFreq = fill(0.5, numLoci[1])
myData = readdlm("markerCatalogue4JuliaChrom1-2", ´´, Any, ´\n´, header=false)
mapPos = Float64. (myData[1, 1:numLoci[1]])
build_genome(numChr, chrLength, numLoci, geneFreq, mapPos, mutRate)
popSizeFounder = 1326
basePop = sampleFounders(popSizeFounder, "reformattedMarkerDataChrom1-2");
basePopMales = XSim. Cohort(Array{XSim. Animal, 1}(undef, 0), Array{Int64, 2}(undef, 0, 0))
basePopMales. animalCohort = basePop. animalCohort[1:663];
basePopFemales = XSim. Cohort(Array{XSim. Animal, 1}(undef, 0), Array{Int64, 2}(undef, 0, 0))
basePopFemales. animalCohort = basePop. animalCohort[664:1326];
XSim. setBreedComp(basePop, [1.0])
XSim. setBreedComp(basePopMales, [1.0])
XSim. setBreedComp(basePopFemales, [1.0]);
ngen, popSize = 20, 500
sires1, dams1, gen1 = sampleRan(popSize, ngen, basePopMales, basePopFemales);
animals = concatCohorts(sires1, dams1)
M = getOurGenotypes(animals);
maf = mean(M, dims=1)/2;
Gadfly. plot(x=maf, Geom. histogram(bincount=30))#绘制 MAF 图
```

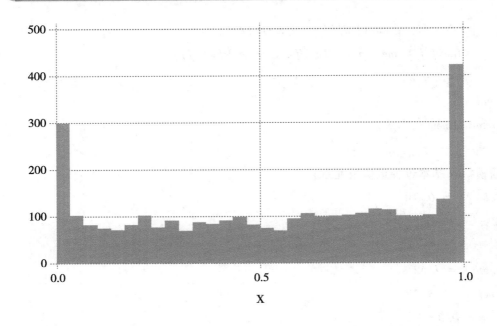

C = findall(maf.<0. 05)

Gadfly. plot(x = maf[C] , Geom. histogram(bincount = 30))　　#稀有变异频率分布

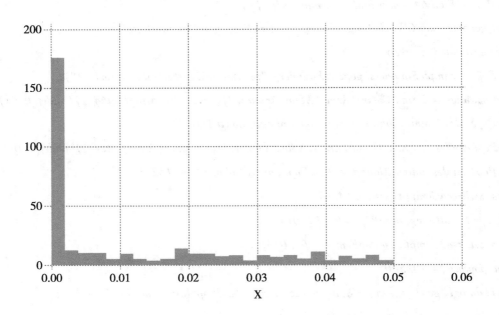

k　　　　= size(M, 2)

QTLa = 5　# AddQTL

QTLd = 3　# Dominant SNP

```
SNPpairs = 10   # SNP – SNP pairs
nQTL    = QTLa + QTLd + 2 * SNPpairs
#epipar = 10
QTLPos = sample(1: k, nQTL, replace = false)
mrkPos = deleteat!(collect(1: k), sort(QTLPos))
Q = M[:, QTLPos]
X = M[:, mrkPos]
nQTL = size(Q, 2)
nObs = size(Q, 1)
nMarkers = size(X, 2);
α = rand(Normal(0, 1), QTLa)
a = Q[:, 1: QTLa] * α
# scaling breeding values to have variance 25.0
v = var(a)
genVar = 25.0
a *= sqrt(genVar/v)
ansAdd = var(a)
additiveLoc = QTLPos[1: QTLa];   # markers locations of additiveLoc
# formatted printing
@printf "genetic variance     = %8.2f  \ n" ansAdd
DominantM = Q[:, QTLa+1:(QTLa + QTLd)]
DominantLoc = QTLPos[QTLa+1:(QTLa + QTLd)]
C = findall(DominantM. = = 2)   #SNP 2 1 0 => 0 1 0
DominantM[C].= 0
Deff = rand(Normal(0, 1), QTLd)
dominant_effect = DominantM * Deff
vD = var(dominant_effect)
domVar = 10.0
dominant_effect *= sqrt(domVar/vD)
ansdom = var(dominant_effect)
# formatted printing
@printf "dominant variance     = %8.2f  \ n" ansdom
epistaticM = Q[:, QTLa+QTLd+1:(QTLa+QTLd+2 * SNPpairs)]; #SNP – SNP 对
```

```
epistaticLoc = QTLPos[ QTLa+QTLd+1: ( QTLa+QTLd+2 * SNPpairs) ]; #SNP － SNP 对位置
epistaticDM =    Multiply_adjacent_columns( epistaticM )
Ieff = rand( Normal( 0, 1 ), SNPpairs )
epistatic_effect = epistaticDM  *  Ieff
vI = var( epistatic_effect )
epiVar = 10. 0
epistatic_effect  * = sqrt( epiVar/vI )
ansepi = var( epistatic_effect )
# formatted printing
@ printf "epistatic variance    = %8. 2f   \ n" ansepi
resVar = 55. 0
resStd = sqrt( resVar )
e = rand( Normal( 0, resStd ), nObs )
y = 100. + a. + dominant_effect. + epistatic_effect. + e
@ printf "phenotypic mean     = %8. 2f   \ n" mean( y )
@ printf "phenotypic variance = %8. 2f   \ n" var( y )
p = vec( mean( X, dims = 1 )/2 )
sel = 0. 0.< p.< 1. 0
XSel = X[ :, sel];
#关联分析
pvs =    Array{Float64, 1}( undef, size( XSel, 2 ) );
dataForRegression = convert( DataFrame, [ y XSel] );
df_names = names( dataForRegression );
for i = 1: size( XSel, 2 )
    y = dataForRegression[ !, df_names[ 1 ] ]
    x = dataForRegression[ !, df_names[ i + 1] ]
    data = DataFrame( c = x,  Y = y )
    model_formula = @ formula( Y ~ c )
    reg = GLM. lm( model_formula,  data )
    pvs[ i] =    GLM. coeftable( reg). cols[ 4] [ 2]    #检测 y 和 SNP 之间的关联
    if ( ( i%1000 ) = = 0)
        @ printf( "Running = %6. 0f \ n",  i)
    end
```

```
end
```

#假设检验

```
df1 = DataFrame(SNP = 1: size(XSel, 2), Pval = pvs);
sort!(df1, [order(:Pval), order(:SNP)]);
nSNP = size(df1, 1)
multiple_out = zeros(nSNP, 6);
#Bonferroni
for i = 1: nSNP
    if (df1[!, : Pval][i]. * nSNP)[1] > 1.0
        multiple_out[i, 1] = 1.0
    else
        multiple_out[i, 1] = df1[!, : Pval][i]. * nSNP
    end
end
#Holm
if (df1[!, : Pval][1]. * nSNP)[1] > 1.0
    multiple_out[1, 2] = 1.0
else
    multiple_out[1, 2] = df1[!, : Pval][1]. * nSNP
end
for i = 2: nSNP
    if ((nSNP-i+1). * df1[!, : Pval][i])[1] < 1.0
        x = (nSNP-i+1). * df1[!, : Pval][i]
    else
        x = 1.0
    end
    if multiple_out[i-1, 2][1] > x
        multiple_out[i, 2] = multiple_out[i-1, 2]
    else
        multiple_out[i, 2] = x
    end
end
#Sidak SS
```

```
for i = 1: nSNP
    multiple_out[ i, 3] = 1. 0−( 1. 0−df1[ !, : Pval] [i] ) ^nSNP
end
#Sidak SD
multiple_out[ 1, 4]  =  1. 0−( 1. 0−df1[ !, : Pval] [1] ) ^nSNP
for i  =  2: nSNP
    x  =  0. 1−( 0. 1−df1[ !, : Pval] [ i] ) ^( nSNP−i+1)
    if ( multiple_out[ i−1, 4] >x)
        multiple_out[ i, 4]  =  multiple_out[ i−1, 4]
    else
        multiple_out[ i, 4]  =  x
    end
end
#BH
multiple_out[ nSNP, 5] = df1[ !, : Pval] [ nSNP]
for i  = ( nSNP−1) : 1
    if ( (( nSNP. /i). * df1[ !, : Pval] [i] < 1. 0)
        x  =  ( (( nSNP. /i). * df1[ !, : Pval] [i] ) ) [1]
    else
        x  =  1. 0
    end
    if ( multiple_out[ i+1, 5] <x)
        multiple_out[ i, 5]  =  multiple_out[ i+1, 5]
    else
        multiple_out[ i, 5]  =  x
    end
end
#BY
a = 0. 0
for i  =  1: nSNP
    a  =  a + 1. 0. /i
end
if ( a. * df1[ !, : Pval] [ nSNP] < 1. 0)
```

```
multiple_out[ nSNP, 6]  =  ( a. * ( df1[ !, : Pval] [ nSNP] ) ) [ 1]

else

    multiple_out[ nSNP, 6]  =  1. 0

end

for i  =  ( nSNP−1) : 1

    if ( ( ( ( nSNP. * a) /i) . * df1[ !, : Pval] [ i] < 1. 0)

        x  =  ( ( ( nSNP. * a) . /i) . * df1[ !, : Pval] [ i] ) [ 1]

    else

        x  =  1. 0

    end

    if ( multiple_out[ i+1, 6] < x)

        multiple_out[ i, 6]  =  multiple_out[ i+1, 6]

    else

        multiple_out[ i, 6]  =  x

    end

end

df2 = DataFrame( Bonferroni = multiple_out[ :, 1], Holm = multiple_out[ :, 2], Sidak_SS =

multiple_out[ :, 3], Sidak_SD = multiple_out[ :, 4],

BH = multiple_out[ :, 5], BY = multiple_out[ :, 6] );

df3 = hcat( df1, df2)
```

Julia 和 R 语言混合编程进行关联分析

```
@ rput y XSel

R"""

pvs  =  rep( NA,  ncol( XSel) )

for ( j in seq( ncol( XSel) ) ) {

    pvs[ j]  =  summary( lm( y ~ XSel[ , j] ) ) $ coef[ 2, 4]    ## test for association between y and
each SNP

    }

padjust = p. adjust( pvs,  "bonf")

"""

@ rget padjust;    #得到校正后的 p 值

Gadfly. plot( x = −log10. ( padjust),  Geom. histogram( bincount = 30) )
```

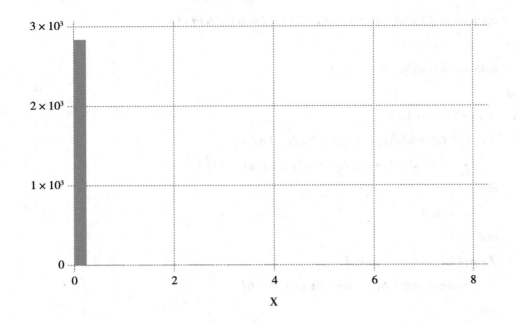

参考文献

张勤, 2007. 动物遗传育种中的计算方法[M]. 北京: 科学出版社.

ABRAMS J A, CHAK A, 2014. Applying big GWAS data to clarify the role of obesity in Barrett's esophagus and esophageal adenocarcinoma[J].J Natl Cancer Inst, 106(11).

ABRANTES P, et al., 2015. Genetic Variants Underlying Risk of Intracranial Aneurysms: Insights from a GWAS in Portugal[J]. PLoS One, 10(7): e0133422.

ACHNINE L, et al., 2005. Genomics-based selection and functional characterization of triterpene glycosyltransferases from the model legume Medicago truncatula[J].Plant J, 41(6): 875-887.

ACOSTA-COLMAN I, et al., 2013. GWAS replication study confirms the association of PDE3A-SLCO1C1 with anti-TNF therapy response in rheumatoid arthritis[J].Pharmacogenomics, 14(7): 727-734.

AGALLIU I, et al., 2013. Characterization of SNPs associated with prostate cancer in men of Ashkenazic descent from the set of GWAS identified SNPs: impact of cancer family history and cumulative SNP risk prediction[J].PLoS One, 8(4): e60083.

AGOPIAN A J, MITCHELL L E, 2011. MI-GWAS: a SAS platform for the analysis of inherited and maternal genetic effects in genome-wide association studies using log-linear models [J].BMC Bioinformatics, 12: 117.

AGRAWAL A, et al., 2008. Linkage scan for quantitative traits identifies new regions of interest for substance dependence in the Collaborative Study on the Genetics of Alcoholism (COGA) sample[J].Drug Alcohol Depend, 93(1-2): 12-20.

AISSANI B, K ZHANG, WIENER H, 2015. Evaluation of GWAS candidate susceptibility loci for uterine leiomyoma in the multi-ethnic NIEHS uterine fibroid study[J].Front Genet, 6: 241.

ALA-KORPELA M, KANGAS A J, Soininen P, 2012. Quantitative high-throughput metabolomics: a new era in epidemiology and genetics[J].Genome Med, 4(4): 36.

ALARCON-RIQUELME M E, et al., 2015. GWAS in an Amerindian ancestry population reveals novel systemic lupus erythematosus risk loci and the role of European admixture[J].Arthritis Rheumatol, 68(4): 932-943.

ALHO J S, et al., 2011. Allen's rule revisited: quantitative genetics of extremity length in the common frog along a latitudinal gradient[J].J Evol Biol, 24(1) : 59-70.

ALIPANAH N, et al., 2013. Phenotype Information Retrieval for Existing GWAS Studies [J].AMIA Jt Summits Transl Sci Proc, 2013: 4-8.

ALMAWI W Y, et al., 2013. A replication study of 19 GWAS-validated type 2 diabetes at-risk variants in the Lebanese population[J].Diabetes Res Clin Pract, 102(2) : 117-122.

ALQUDAH A M, et al., 2014. Genetic dissection of photoperiod response based on GWAS of pre-anthesis phase duration in spring barley[J].PLoS One, 9(11) : e113120.

AL-TASSAN N A, et al., 2015. A new GWAS and meta-analysis with 1000Genomes imputation identifies novel risk variants for colorectal cancer[J].Sci Rep, 5: 10442.

AL - TASSAN N A, et al., 2015. Erratum: A new GWAS and meta - analysis with 1000Genomes imputation identifies novel risk variants for colorectal cancer[J].Sci Rep, 5: 12372.

AMARE A T, et al., 2015. A bivariate Genome Wide Association Study (GWAS) of depressive symptoms and lipid levels has identified pleiotropic gene loci[J].Int J Dev Neurosci, 47 (Pt A) : 113-114.

AMIN AL OLAMA A, et al., 2015. Risk Analysis of Prostate Cancer in PRACTICAL, a Multinational Consortium, Using 25 Known Prostate Cancer Susceptibility Loci[J].Cancer Epidemiol Biomarkers Prev, 24(7) : 1121-1129.

ANDERSEN E C, et al., 2015. A Powerful New Quantitative Genetics Platform, Combining Caenorhabditis elegans High-Throughput Fitness Assays with a Large Collection of Recombinant Strains[J].G3 (Bethesda) , 5(5) : 911-920.

ANDIAPPAN A K, et al., 2012. Validation of GWAS loci for atopic dermatitis in a Singapore Chinese population[J].J Invest Dermatol, 132(5) : 1505-1507.

ANISIMOVA M, Liberles D A, 2007. The quest for natural selection in the age of comparative genomics[J].Heredity (Edinb) , 99(6) : 567-579.

ANNEY R J, et al., 2008.Conduct disorder and ADHD: evaluation of conduct problems as a categorical and quantitative trait in the international multicentre ADHD genetics study [J].Am J Med Genet B Neuropsychiatr Genet, 147B(8) : 1369-78.

AOUIZERAT B E, et al., 2011. GWAS for discovery and replication of genetic loci associated with sudden cardiac arrest in patients with coronary artery disease[J].BMC Cardiovasc Disord, 11: 29.

ARAUJO G S, et al., 2015. Integrating, summarizing and visualizing GWAS-hits and human diversity with DANCE (Disease-ANCEstry Networks) [J].Bioinformatics, 32(8) : 1247-9.

ARKING D, Rommens J, 2015. Editorial overview: Molecular and genetic bases of disease: Enter the post-GWAS era[J].Curr Opin Genet Dev, 33: 77-79.

ARMSTEAD I P, et al., 2008. Identifying genetic components controlling fertility in the outcrossing grass species perennial ryegrass (Lolium perenne) by quantitative trait loci analysis and comparative genetics[J].New Phytol, 178(3): 559-71.

ARMSTRONG D L, et al., 2014. GWAS identifies novel SLE susceptibility genes and explains the association of the HLA region[J].Genes Immun, 15(6): 347-354.

ARNEDO J, et al., 2013. PGMRA: a web server for (phenotype x genotype) many-to-many relation analysis in GWAS[J].Nucleic Acids Res, 41(Web Server issue): W142-149.

ASHERSON P, Gurling H, 2012. Quantitative and molecular genetics of ADHD[J].Curr Top Behav Neurosci, 9: 239-272.

ASKLAND K, et al., 2012. Ion channels and schizophrenia: a gene set-based analytic approach to GWAS data for biological hypothesis testing[J].Hum Genet, 131(3): 373-391.

ASLIBEKYAN S, et al., 2012. Variants identified in a GWAS meta-analysis for blood lipids are associated with the lipid response to fenofibrate[J].PLoS One, 7(10): e48663.

ASSELTA R, et al., 2007. Molecular genetics of quantitative fibrinogen disorders[J].Cardiovasc Hematol Agents Med Chem, 5(2): 163-173.

ATANASOVSKA B, et al., 2015. GWAS as a Driver of Gene Discovery in Cardiometabolic Diseases[J].Trends Endocrinol Metab, 26(12): 722-732.

AYLOR D L, Zeng Z B, 2008. From classical genetics to quantitative genetics to systems biology: modeling epistasis[J].PLoS Genet, 4(3): e1000029.

BABRON M C, et al., 2012. Determination of the real effect of genes identified in GWAS: the example of IL2RA in multiple sclerosis[J].Eur J Hum Genet, 20(3): 321-325.

BACKES C, et al., 2014. Systematic permutation testing in GWAS pathway analyses: identification of genetic networks in dilated cardiomyopathy and ulcerative colitis[J].BMC Genomics, 15: 622.

BAKER S E, 2009. Selection to sequence: opportunities in fungal genomics[J].Environ Microbiol, 11(12): 2955-2958.

BALL R D, 2013. Designing a GWAS: power, sample size, and data structure[J].Methods Mol Biol, 1019: 37-98.

BARNES K C, 2011. Successfully mapping novel asthma loci by GWAS[J].Lancet, 378(9795): 967-968.

BARNETT G C, et al., 2014. A genome wide association study (GWAS) providing evidence

of an association between common genetic variants and late radiotherapy toxicity [J].
Radiother Oncol, 111(2):178-185.

BARNHOLTZ-SLOAN J S, et al., 2011. Replication of GWAS "Hits" by Race for Breast
and Prostate Cancers in European Americans and African Americans[J].Front Genet, 2: 37.

BARRDAHL M, et al., 2014. Post-GWAS gene-environment interplay in breast cancer: re-
sults from the Breast and Prostate Cancer Cohort Consortium and a meta-analysis on 79, 000
women[J].Hum Mol Genet, 23(19):5260-5270.

BARRETT J H, TAYLOR J C, ILES M M, 2014. Statistical perspectives for genome-wide
association studies (GWAS)[J].Methods Mol Biol, 1168:47-61.

BARSH G S, ANDERSSON L, 2013. Evolutionary genomics: Detecting selection[J].Nature,
495(7441): 325-326.

BARTHOLOME J, et al., 2013. Plasticity of primary and secondary growth dynamics in Euca-
lyptus hybrids: a quantitative genetics and QTL mapping perspective[J].BMC Plant Biol,
13: 120.

BARTOLOME N, et al., 2015. A genetic predictive model for canine hip dysplasia: integra-
tion of Genome Wide Association Study (GWAS) and candidate gene approaches[J].PLoS
One, 10(4):e0122558.

BASHINSKAYA V V, et al., 2015. GWAS-identified multiple sclerosis risk loci involved in
immune response: validation in Russians[J].J Neuroimmunol, 282:85-91.

BATRA J, et al., 2011. Association between Prostinogen (KLK15) genetic variants and pros-
tate cancer risk and aggressiveness in Australia and a meta-analysis of GWAS data[J].PLoS
One, 6(11):e26527.

BATZLI J M, et al., 2014. Beyond Punnett squares: Student word association and explana-
tions of phenotypic variation through an integrative quantitative genetics unit investigating an-
thocyanin inheritance and expression in Brassica rapa Fast plants[J].CBE Life Sci Educ, 13
(3):410-424.

BAUCOM R S, et al., 2011. Morning glory as a powerful model in ecological genomics: trac-
ing adaptation through both natural and artificial selection[J].Heredity (Edinb), 107(5):
377-385.

BAXTER A G, JORDAN M A, 2012. From markers to molecular mechanisms: type 1 diabe-
tes in the post-GWAS era[J].Rev Diabet Stud, 9(4):201-223.

BAYRAKTAR S, et al., 2013. The relationship between eight GWAS-identified single-nu-
cleotide polymorphisms and primary breast cancer outcomes [J]. Oncologist, 18 (5):

493-500.

BEAUDOIN M, et al., 2013. Deep resequencing of GWAS loci identifies rare variants in CARD9, IL23R and RNF186 that are associated with ulcerative colitis[J].PLoS Genet, 9 (9):e1003723.

BECK T, et al., 2014. GWAS Central: a comprehensive resource for the comparison and interrogation of genome-wide association studies[J].Eur J Hum Genet, 22(7):949-952.

BEDO J, et al., 2014. Stability of bivariate GWAS biomarker detection[J].PLoS One, 9 (4):e93319.

BEEKMAN M, et al., 2010. Genome-wide association study (GWAS)-identified disease risk alleles do not compromise human longevity[J].Proc Natl Acad Sci U S A, 107(42): 18046-18049.

BEEN L F, et al., 2012. A low frequency variant within the GWAS locus of MTNR1B affects fasting glucose concentrations: genetic risk is modulated by obesity [J]. Nutr Metab Cardiovasc Dis, 22(11):944-951.

BEGUM F, et al., 2012. Comprehensive literature review and statistical considerations for GWAS meta-analysis[J].Nucleic Acids Res, 40(9):3777-3784.

BEGUM F, et al., 2015. Regionally Smoothed Meta-Analysis Methods for GWAS Datasets [J].Genet Epidemiol, 40(2):154-160.

CHENG H, FERNANDO R L, GARRICK D J, 2018. JWAS: Julia implementation of whole-genome analysis software[C].Proceedings of the World Congress on Genetics Applied to Livestock Production 11.859.Auckland, New Zealand.